藤本植物茎干结构与缠绕机理

——破解藤本植物缠绕之谜

刘洪景　黄玉叶　著

古人云：『兄弟同心，其利断金』。植物亦然。生长在丛林中的『连体植物』，同胞兄弟以茎干『髓心』为中心，紧密团结为一体，同心协力，将柔弱藤本之躯紧紧缠绕于所在植物群落的大树身上，一步一步爬到树顶，开枝散叶，以弱制强，争抢阳光，从而在竞争激烈的生存环境中争得一席立身之地。

中国林业出版社
China Forestry Publishing House

藤本植物茎干结构与缠绕机理——破解藤本植物缠绕之谜

刘洪景　黄玉叶　著

策　　划：王颢颖

特约编辑：吴文静

图书在版编目（CIP）数据

藤本植物茎干结构与缠绕机理：破解藤本植物缠绕之谜 / 刘洪景，黄玉叶著．-- 北京：中国林业出版社，2023.11

ISBN 978-7-5219-2365-0

Ⅰ．①藤… Ⅱ．①刘… ②黄… Ⅲ．①藤属－树干－研究 Ⅳ．① Q949.71

中国国家版本馆 CIP 数据核字 (2023) 第 184710 号

责任编辑　张　健

版式设计　柏桐文化传播有限公司

出版发行　中国林业出版社（100009，北京市西城区刘海胡同 7 号，电话 010- 83143621）

电子邮箱　cfphzbs@163.com

网　　址　www.forestry.gov.cn/lycb.html

印　　刷　北京雅昌艺术印刷有限公司

版　　次　2023 年 11 月第 1 版

印　　次　2023 年 11 月第 1 次印刷

开　　本　889 mm×1194 mm　1/16

印　　张　13

字　　数　220 千字

定　　价　168.00 元

追梦四十年

我于 1980—1983 年就读于广东省广州林业学校（现广东生态工程职业学院）。期间，我在按照学校教学要求认真学好特定学科知识的同时，还利用课余时间深入钻研植物分类、植物解剖、植物生理和植物遗传育种等学科知识。

我的母校位于广州市郊区，毗邻广东省林业科学研究所（现广东省林业科学研究院）和华南植物园。在校期间，我常常利用课余时间到广东省林业科学研究所的树木园和华南植物园辨认植物。另外，学校附近的农村有许多风水林，林中的植物种类繁多，群落结构复杂。为使自己认识更多的乡土植物，我还时常到这些风水林中辨认植物，遇到不认识的种就采集标本回来请教老师。就读三年，在老师们的亲切关怀和教导下，我充分利用上述难得的植物资源优势，认识了较多植物，为毕业后顺利开展工作奠定了坚实的基础。就读期间，我还有缘得到了中国林业科学研究院热带林业研究所研究员杨民权先生的悉心教导，受益一生。

在读中专二年级时（1982 年），我意外发现藤本植物似乎有着与普通维管植物不一样的茎干结构。自从有了这个发现之后，我一直苦思冥想，藤本植物茎干的异常结构与缠绕之间是否存在着必然的联系？这个问题，极大地激发了我钻研植物学知识的兴趣和动力，梦想从知识的海洋中找到答案。但是，受知识水平和参考资料等因素的限制，在校三年，转眼即逝，未能如愿。

毕业后，因忙于工作和照顾家庭，对上述问题只能一直记挂在心上，实质性的研究断断续续。2003 年，我在广州市从化区流溪河国家森林公园旅游时，在公园门前遇到一位摆摊卖草药的民间老中医。在他的摊位中，我发现了一种茎干结构十分奇特的藤状药材，他说这种药的名称为“过岗龙”。从这种藤本植物的茎干横切面清晰可见，有 4 条源于髓心的、非木质化的褐色线条穿过木质部直达韧皮部。线条近似“十字形”分布，在茎干的横切面上将木质部分割成 4 个“扇形”片区。当时，我对这种奇特的结构百思不得其解。

退休后，我于 2016 年受聘在江门市江海区绿化管理所工作。期间，我与该所的所长黄玉叶女士（副高级工程师）谈及“缠绕性藤本植物茎干结构与缠绕规律”项目研究中遇到的一些问题。她听后对这个项目也很感兴趣，后来直接参与了该项目的研究工作。在采集植物标本时，她发现鸡矢藤、五爪金龙和牛白藤等植物干枯的茎干，在韧皮部和髓心等组织腐烂后，剩下的木质部用手轻轻一剥就很自然地分离为若干股。基于这个发现，她提出了新的研究思路。按照她的想法，我们对一些缠绕性藤本植物进行了茎干竖向结构的解剖，以探索这些植物茎干木质部的竖向结构与茎干缠绕之间是否存在必然的联系。通过对大量标本进行解剖、整理、归纳和分析，从而使项目的研究工作取得了突破性进展。

本项目研究的创新点有以下八个方面：

一是发现了新型的茎干结构。研究表明，缠绕性藤本植物具有完全有别于普通“双子叶植物”和“禾本科植物”的茎干结构，其内部由两股或多股“木质部小茎轴”组成。表面上，这是一种异常结构；实质上，这是不同种类的缠绕性藤本植物，在不同生长阶段所形成的特定的正常茎干结构。

因受研究技术手段和设备的限制，虽然在本项目研究中未能从基因检测、胚胎和种子结构解剖等层面进行深入研究，但是，茎干解剖结果显示，缠绕性藤本植物的茎干结构具有“连体双胞胎”“连体多胞胎”或“寄生胎”的特点。由此推想，缠绕性藤本植物可能是“连体植物”或“寄生胎植物”。

二是发现了藤本植物的茎干缠绕包括“茎轴错位”“茎干扭转”和“茎干缠绕”三个环节。

三是发现了缠绕性藤本植物的生长包括“初生生长”“次生生长”和“后次生生长”三个阶段。

在“初生生长”阶段，所形成的茎干结构与普通双子叶植物的茎干结构基本相同。在此阶段，茎干也不会发生扭转和缠绕。

在“次生生长”阶段，所形成的茎干由两股或多股“木质部小茎轴”组成，并且具有由薄壁组织组成的“轴间分离区”，将其分隔。在此阶段，茎干开始发生扭转和缠绕。

在“后次生生长”阶段，所形成的茎干“轴间分离区”逐渐消失，木质部逐渐连成一体。有些种类形成“双木质部、双韧皮部”结构，甚至“多木质部、多韧皮部”结构。在这个阶段，茎干的生长只会导致茎干不断加粗，但不再增加茎干的扭转和缠绕程度。

四是发现了藤本植物茎干缠绕的过程遵循有关的物理学原理——“风车原理”和“绞绳原理”。

五是发现了藤本植物茎干缠绕的规律。凡是向着“逆时针”方向发生“茎干扭转”的植物，必然向着“顺时针”方向发生“茎干缠绕”；凡是向着“顺时针”方向发生“茎干扭转”的植物，必然向着“逆时针”方向发生“茎干缠绕”。这个规律与“风车原理”和“绞绳原理”是完全一致的。

六是对缠绕性藤本植物茎干竖向结构的形成方式进行了探索。

七是对缠绕性藤本植物茎干木质部的形成方式进行了探索。

八是对缠绕性藤本植物的茎干异常结构进行了系统性探索。

缠绕性藤本植物研究是一个内容十分广泛的课题。在本项目研究中，虽然我们对大量不同种类的缠绕性藤本植物的茎干进行了解剖，在深入研究这些植物茎干的外观结构、节横切面结构、节间横切面结构和木质部竖向结构的基础上，依据茎干的扭转和缠绕方向、“风车原理”和“绞绳原理”，以及植物学和植物生理学等相关学科的基本原理，对缠绕性藤本植物的茎干结构形成方式和缠绕规律进行了探索，但是，对缠绕性藤本植物的基因、各器官的微观结构及其生理活动机理诸多方面的内容均未涉及。主要内容包括基因检测、胚胎结构、种子结构、侧芽显微结构及其生理活动机理、“轴间分离区”显微结构及其生理活动机理、“轴间形成层”显微结构及其生理活动机理、“后次生形成层”显微结构、“后次生结构”形成机理，等等。

我们在研究过程中还遇到一些悬而未决的问题。例如，扭肚藤和买麻藤等植物的茎干虽然会缠绕，但“连体植物”或“寄生胎植物”的特征不够明显。又如水瓜、蒜香藤和西番莲等植物的茎干结构虽然具有多股“木质部小茎轴”，但不会缠绕。

经过四十年断断续续地探索研究，并在后期与黄玉叶女士的共同努力下，我们对“缠绕性藤本植物茎干结构与缠绕规律”进行了较为深入的研究。在此基础上，完成此书。在书稿修改过程中，我们有幸得到了仲恺农业工程学院周厚高教授和柏桐文化王颢颖老师的热心帮助，他们在百忙之中抽出了宝贵的时间，详细指导我们对书稿进行修改，从而使书中原有的一些错误之处得到了订正。值此机会，特向他们致以崇高的敬意和衷心的感谢！

由于我们的水平十分有限，书中肯定还有许多错误之处，敬请批评指正。同时殷切期望有识之士对缠绕性藤本植物进行更加全面和深入的研究，从而彻底破解藤本植物缠绕之谜。

刘洪景

2023 年 2 月 22 日

目录

第一章　科学家研究成果

对于植物运动、藤本植物茎干异常结构和藤本植物缠绕机理等学术问题，科学家们早有研究，并试图找到这些问题的答案，但各有各的说辞，至今没有达成统一的、具有充分说服力的结论。

第一节　植物运动

科学家们在研究植物过程中发现，所有植物都在运动。但对于植物运动的驱动力这个问题，则有不同的观点。

一、内秉说

据丹尼尔•查莫维茨的《植物知道生命的答案》（刘夙 译）记载：达尔文通过对野甘蓝等 100 多种植物的运动进行监测和标记后，绘出了这些实验对象的精确运动轨迹。通过研究，他发现所有植物都在做重复性的螺旋状摇摆运动，并将这种运动称为“回旋转头运动”。达尔文认为这种运动不光是所有植物行为中的固有成分，实际上也是所有植物运动的驱动力，是一种内秉行为。在他看来，向光性和向地性只是植物瞄准某一特殊方向的修饰过的回旋转头运动。

1983 年，一位叫阿兰•布朗的著名植物生理学家用向日葵在航天飞机上进行了“植物运动在无重力状态下是否继续进行”的试验。向日葵的幼苗在地球上能展现出十分有力的运动，所以是适合飞船搭载以观察其太空行为的理想植物。在地球遥远上空的哥伦比亚号上，几乎百分之百的幼苗都展现出旋转生长的运动形态，即使在几乎无重力的条件下，向日葵的幼苗仍然像它们在地球上那样继续打着旋儿运动。这有力地支持了达尔文的理论。

二、重力说

据丹尼尔•查莫维茨的《植物知道生命的答案》（刘夙 译）记载：植物的地下和地上部位是利用不同的组织察觉重力的。在根中察觉重力的是根尖，在茎中则是内皮层。

根尖和内皮层中这些特殊的植物细胞是如何感知重力的？第一个答案来自对根冠的研究。研究者用显微镜看到了其惊人的细胞内部结构。根冠中央区域的细胞内含有叫做平衡石（statolith）的致密球状结构。就像人类耳朵中的耳石，平衡石比细胞的其他成分要重，因此落在根冠细胞的底部。当根被侧着放置时，平衡石又落在细胞的新底部，正如一粒玻璃弹子会在放倒的坛子里滚动到最低处一样。毫无意外的是，植物地上部分唯一含有平衡石的组织是内皮层。就像根冠的情况一样，当植株被放倒时，内皮层里的平衡石就落到原本是细胞侧面的位置，这个地方就成为植物的新底部。平衡石对重力作出反应的方式，使科学家猜测它们正是真正的重力感应器。

在达尔文得出植物的“回旋转头运动”是一种内秉行为这个结论 80 年后，隆德技术研究所的多纳尔德•伊斯雷尔森和安德尔斯•约翰森产生了质疑，并提出了一个替代的假说，认为植物的摇摆运动不过是向地性的结果（而不是原因）。他们认为，植物在生长时，茎的位置发生一点轻微的变化（不管是由风、光，还是物理障碍引发的）都将导致平衡石位移，哪怕外界因素只让它的位置变了一点儿，都会继而引发弯曲。可是这些弯曲常常做得过了火，当茎在打算重新竖直回来的时候，会越过笔直的上下线，多少又弯向另一侧。既然这时又不是直立状态，而且又朝向另一个方向，平衡石会第二次重新分布，引发朝向着相反方向的向地性反应。可是，这次的新生长还是会矫枉过正，于是这个过程就循环往复，引发了摇摆运动。植物的茎在追求平衡时，便在空中转了起来。

三、激素说

据丹尼尔•查莫维茨的《植物知道生命的答案》（刘夙 译）记载：20 世纪初，丹麦科学家彼得•博依森 - 延森对植物进行向光实验。他切掉燕麦的茎尖，在把残桩放回茎尖前，在残桩和茎尖之间放置一片薄薄的明胶或玻璃。当他用侧面光照射这些植株时，放明胶的植株向光弯曲，放玻璃片的植物则笔直生长。20 世纪 30 年代早期，科学家确认这种从茎尖出发穿过明胶向下到达茎中段的促进生长的化学物质为生长素。

生长素的功能之一是让细胞增加其长度。光引发生长素积聚在茎的阴暗的一侧，导致茎只在其暗侧伸长，于是茎向光弯曲。重力还使生长素出现在根的上侧和茎叶的下侧，从而分别导致根向下生长，茎叶向上生长。

第二节　藤本植物茎干异常结构

与普通双子叶植物和禾本科植物比较，缠绕藤本植物的茎干结构有很大的区别。

据斯蒂芬•帕拉帝的《木本植物生理学》（尹伟伦 等 译）记载：Obaton（1960）在研究中发现，非洲西部有 21 科 108 个木质藤植物存在不正常的形成层生长现象。由于这些植物的形成层处于不正常的位置及活动不平衡，因而导致木质部和韧皮部的数量与位置发生改变。

对藤本植物茎干的异常结构，谷安根、陆静梅、王立军的《维管植物演化形态学》如下阐述："异常肥大生长又称异常次生生长（Abnormalous secondary growth），指在一些植物中（多见藤本植物及热带植物）其次生生长与一般次生生长不同，即在轴周围形成层不同部位的不均活动，次生木质部和次生韧皮部相对位置与数量改变，以及副形成层（Accessory cambium）的出现，等等"。异常次生生长，常见主要有如下 6 种类型（Ogura，1934）。

一、板状型或星状型

由于维管形成层的各部分的活动程度不同，以致出现次生木质部部分向某一方向呈板状乃至多方向延伸，于是形成板状或星状的异常次生生长。

二、紫葳型

此亦为维管形成层部分活动程度不同而引起的异常生长，即某一部分的次生木质部发育不良，形成深沟状，而次生韧皮部发育良好并充塞沟内，形成特殊的内含韧皮部（Included phloem）。

三、多环型

此为正常的维管形成层之外，尚可由外面的皮层部分产生副形成层，各形成层均能形成良好的次生维管组织，故于轴的横切面上出现多环型的异常次生生长。

四、无患子型

此为除了中央正常的具次生结构的维管系统之外，于皮层部分又出现多数同形的具维管形成层的圆形类似分枝部分，在横切面上形成许多花瓣状。

五、菊木型

由于形成层的不规则分布与无规则地活动，而在茎的横切面形成分散的花朵状的花纹。

六、马钱型

此型冷眼看颇似普通型的次生生长，但仔细观察之则不同。即其次生木质部中，到处可见分散成束状的内生韧皮部。

第三节 藤本植物缠绕

一、缠绕模式

据达尔文的《攀援植物的运动和习性》（张肇骞 译）记载，经过观察，他发现藤本的缠绕包含着茎轴扭转和节间自动旋转两种模式。

（一）茎轴扭转

茎轴扭转是指藤本植物的茎干围绕自身的轴线扭转。据达尔文观察，几乎一切缠绕植物的轴都是真正扭转的，它们的扭转方向和自发旋转运动一致。

（二）节间旋转

节间旋转是指藤本植物茎干节间向着固定的方向旋转。通过节间的自动旋转，从而使茎干缠绕在支持物上。

二、茎轴扭转与节间旋转的内在联系

据达尔文的《攀援植物的运动和习性》（张肇骞 译）记载：“胡戈•冯•莫尔认为轴的扭转引起旋转运动。”另外，达尔文还做了以下假设：“假定枝条的北面从基部到顶端的一些细胞生长得比其他三侧面快得多，整个枝条势必会弯向南方；并且让这个纵向生长面绕茎而转移，缓慢地离开北面而转到西面，再转到南面、东面，重新转向北面。在这种情况下，这个枝条将永远保持着弓状弯曲。这恰好正是缠绕植物的旋转枝所进行的运动。”

三、旋转方向

在达尔文的《攀援植物的运动和习性》（张肇骞 译）记载，他为描述藤本植物的缠绕方向做了专门的假设：“当枝条的旋转线路随着太阳的方向时，假定支持物竖立于观察者的前面，它便从右向左缠绕着支持物；当枝条按反方向旋转时，缠绕的路线逆转。”由此可以推断，茎干随着太阳方向旋转的为左旋缠绕植物，逆着太阳旋转的为右旋植物。

在李景功的《关于缠绕植物旋向的起源》中，他对植物旋向起源提出如下假说：“两类缠绕植物旋向的发生与地球相对太阳运行而形成的南北两个半球有关。设想几亿年前，有两种缠绕植物的始祖，一种在南半球，一种在北半球。假定太阳运动沿地球赤道进行，植物的茎一面向上生长，一面迎着太阳跟踪太阳东升西落运动……这两种运动的合成就形成了南北半球上两种植物的相反旋向曲线。”（图 1-1，引自李景功的《关于缠绕植物旋向的起源》）“右旋缠绕

植物起源于北回归线以南的地方，左旋缠绕植物起源于南回归线以北的地方”，而起源于回归线之间（特别是赤道附近）的植物有可能形成左右均可的中性缠绕植物。

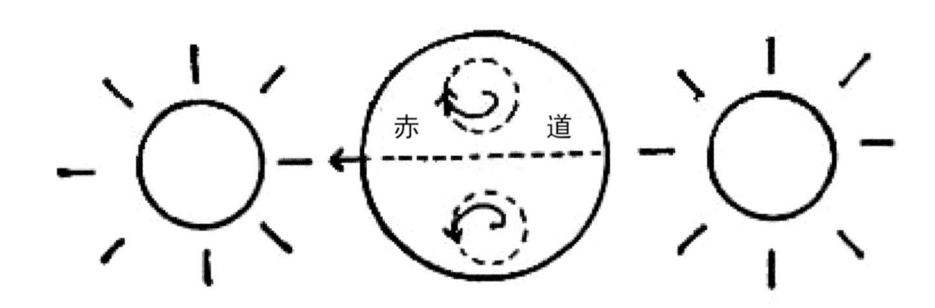

图 1-1　缠绕植物旋向起源

据《科技日报》2019 年 11 月 19 日报道：“中国科学院南京地质古生物研究所的科研人员，在内蒙古约 3 亿年前植物庞贝城沼泽森林中却发现一种稳定左旋的缠绕植物化石。这是地质历史上第二例缠绕植物化石，该发现将植物缠绕习性的出现追溯至 3 亿年前的晚古生代。”

第四节　成果局限性

从以上的成果可见，从 19 世纪以来，达尔文等众多科学家对藤本植物开展了深入的研究，硕果累累。然而，科学家们的研究成果还存在一定的局限性。主要体现在以下两个方面：

一、研究内容局限性

科学家们在研究藤本植物的内容方面，有的专门研究藤本植物茎干的异常结构，但没有涉及植物运动的问题；有的专门研究藤本植物的运动，但没有涉及茎干结构的问题；有的专门研究藤本植物缠绕机理，但没有涉及茎干异常结构的问题。更加值得注意的是，为什么所有缠绕性藤本植物的茎干都存在异常结构？对于这个问题，科学家们几乎都没有涉及。

二、研究方向局限性

在研究藤本植物的茎干结构方面，科学家们仅着眼于茎干横切面异常结构的研究，却忽略了茎干竖向结构的研究。藤本植物的缠绕是茎干在竖直方向上所作的运动，这种运动是否与茎干的竖向结构有关？对于这个问题，科学家们几乎也没有涉及。

第二章 动植物界几种自然现象

本章罗列藤本植物缠绕、植物“连理枝”、植物“多胚”、动物“连体双胞胎”和“寄生胎”等自然现象，旨在为后续章节探索藤本植物的茎干结构及其形成方式，以及茎干缠绕的规律性等方面提供依据。

图 2-1 鸡矢藤的茎

第一节 藤本植物缠绕现象

在自然界，缠绕性藤本植物的种类繁多。根据茎干的缠绕方向，缠绕性藤本植物可分为 3 种类型。一是茎干向着“顺时针”方向缠绕的植物，如鸡矢藤（图 2-1）；二是茎干向着“逆时针”方向缠绕的植物，如五爪金龙（图 2-2）；三是茎干既可“顺时针”缠绕、又可“逆时针”缠绕的植物，如牛白藤（图 2-3）。

图 2-2 五爪金龙的茎

图 2-3 牛白藤的茎

第二节 植物连理枝现象

在自然界，“连理枝”现象普遍存在。民间有关“连理枝”的事故传说也很多，人们常常将其视作美好爱情的象征。诗云：“在天愿作比翼鸟，在地愿为连理枝。”“连理枝”是指两棵树的枝干，或者同一棵树的两条枝结合在一起的现象。

在自然界，当树木的主干或枝条连接在一起时，存在着多种不同的情况，不一定都是“连理枝”现象。

一、挤压现象

图 2-4 所示，土蜜树和鸭脚木的茎干紧贴在一起。随着时间的推移，茎干不断加粗，相互挤压，导致两者接触的部位膨大变形。从表面上看，这两棵树木的茎干已无缝连接，但实际上，由于两者在遗传上没有亲缘关系，导致树干交接处的维管束相互分离，因而无法进行水分和营养物质的交流。由此可见，这仅仅是一种“挤压现象”，并不是真正意义上的“连理枝”。

图 2-4 不同种植物挤压现象

二、合抱现象

图 2-5 所示，此处原种植着一棵蒲葵，后来在同一地点又长出了一棵黄葛榕。黄葛榕具有发达的气生根，而且生长速度比蒲葵快得多，天长日久，蒲葵就被黄葛榕紧紧地环抱在一起。从表面上看，这两棵树木的茎干已紧密结合为一体，但实际上，由于它们在遗传上也没有亲缘关系，因而导致两者的维管束无法相通，始终无法进行水分和营养物质的交流。由此可见，这两棵树应为“合抱树”，也不是真正意义上的“连理枝”。

图 2-5 不同种植物合抱现象

三、包裹现象

图 2-6 所示，鸡眼藤的藤蔓缠绕在降真香的树干上，天长日久，随着降真香的快速生长，鸡眼藤的藤蔓逐渐被包裹在其树干内。由图片可见，虽然鸡眼藤的藤蔓已经与降真香的茎干融为一体，但是，由于这两种植物在遗传上也没有任何的亲缘关系，因此不管它们结合得有多么紧密，也只是一种“包裹现象”，同样不是真正意义上的“连理枝”。

图 2-6 不同植物包裹现象

四、连理枝现象

同一种类的两棵树，或者同一棵树上的两条枝近距离接触，在风的作用下相互摩擦导致韧皮部破损，从而使两者的形成层结合在一起。每当静风、树干不再摆动之时，形成层活动产生的愈伤组织就会逐渐使两者紧密连结在一起。在交接处，两者的维管束相互连通，并可进行水分和营养物质的交流。这种情况，就是真正意义上的“连理枝”现象。

图 2-7 所示，两棵并列种植的高山榕，其中一棵的树干倾斜，紧贴在另一棵的树干上，经过长久的磨合生长后，两棵树的树干紧紧结合在一起，于是形成了“连理枝”。

图 2-7　同种植物不同植株连理枝现象

图 2-8、图 2-9 所示，同一棵高山榕上两条并列树干的树枝经过长期磨合生长后，紧密连接在一起，于是形成了“连理枝”。

图 2-8　同一树木不同枝条连理枝现象

图 2-9 同一树木不同枝条连理枝现象

第三节 植物多胚现象

据胡适宜的《被子植物生殖生物学》介绍："在一个胚珠中产生两个或两个以上的胚，称为多胚现象（polyembryony）。"根据多胚是在胚珠的同一胚囊中产生或是在多个胚囊中产生，可分为简单多胚和复多胚 2 种类型。

一、简单多胚（又称真多胚）

是指在一胚囊中产生多个胚。根据附加胚的不同来源，又可分为以下 4 种类型。

①裂生多胚。即由合子胚通过出芽或裂生的方式产生附加的胚。

②由额外卵细胞产生胚。即在一些植物的变异胚囊中存在两个或更多的卵细胞，而且额外的卵细胞也可发育成胚，导致出现多胚现象。

③从胚囊中卵细胞以外的细胞产生胚。一是由助细胞经受精或不受精发育成胚；二是由反足细胞未经受精形成的胚，这种胚甚少发育达到成熟。

④从胚囊以外的细胞产生的胚。即从胚囊以外的珠心或珠被形成的胚，称为不定胚。

二、复多胚（又称假多胚）

指同一胚珠中存在两个或更多的胚囊，并且在每个胚囊中只有一个胚，因而导致在一个胚珠中存在多个胚。

第四节 动物连体双胞胎现象

据有关资料介绍，在动物界，连体双胞胎是一种先天性畸形，如猪、牛、羊、鳄鱼、蛇和龟等动物中均有连体双胞胎现象。动物的连体双胞胎是由一个受精卵分裂而成。与正常的单卵双胞胎不同的是，在怀孕初期受精卵没能完全分离。随着孕期的推移，仅局部分离的受精卵继续发育成熟，便形成一个连体的胎儿。

第五节 动物寄生胎现象

据有关资料介绍，在动物界，寄生胎是孪生双胞胎在母体孕育中形成的一种寄生现象。在孪生双胞胎中，根据母体一次排卵的数量，可分为同卵孪生和异卵孪生两种类型。同卵孪生是由一个受精卵在分裂时发育成两个胎儿。异卵孪生是由两个卵子同时受精，出现两个受精卵，然后发育成两个胎儿。

当出现同卵孪生时，如果受精卵分裂，并发育成一大一小的两个细胞团，那么小的细胞团就有可能被包囊在大的细胞团发育而成的胎儿体内，形成寄生胎。

第六节　联想与推敲

一、植物界是否存在连体现象

如前所述，在动物界，当怀孕动物的一个受精卵分裂成单卵双胞胎时，如果这个受精卵分裂不完全，并继续发育成熟，便形成连体双胞胎。

在植物界也存在“多胚现象”。如前所述，“裂生多胚”是由合子胚通过出芽或裂生的方式产生多个附加胚。和动物同理，如果这些附加胚分裂不完全，在继续发育成熟后，是否也有可能形成连体双胞胎或连体多胞胎植物呢？

另外，既然同一种类的两棵树或两条枝紧贴在一起便能形成“连理枝”，那么在植物其他类型的“多胚现象”中，当两个或多个胚紧贴在一起，并继续发育成熟后，是否也能遵循“连理枝”原理，形成连体双胞胎或连体多胞胎植物呢？

但是，对于植物界的连体双胞胎或连体多胞胎现象，迄今未见报道或刊载。

二、植物界是否存在寄生胎现象

如前所述，在动物界，同卵孪生的两个细胞团中，当小的细胞团被包囊在大的细胞团发育而成的胎儿体内，便形成寄生胎。

根据胡适宜的《被子植物生殖生物学》介绍，在植物“裂生多胚”现象中，“有些植物可以从胚柄增殖而产生多胚，数个原胚同时生长，但只一个达到成熟。有一定数量突变体胚表现发育的缺陷，包括细胞分裂不正规的模式和形态不正常。”

上述情况表明，动物的“同卵孪生”现象与植物的“裂生多胚”现象的细胞发育过程有着极其相似之处。既然动物界有“寄生胎”现象，那么植物界是否同样存在“寄生胎”现象呢？但是，对于植物界的“寄生胎”现象，迄今也未见报道或刊载。

综上所述，对于植物界是否存在连体双胞胎、连体多胞胎和寄生胎等现象？这是十分值得深入研究的问题。

第七节　新的发现

在本项目研究中，因受技术手段和设备等诸多因素的限制，虽然未能从基因检测、胚胎和种子结构解剖等层面上证实自然界中存在“连体植物”和“寄生胎植物”，但是，茎干解剖结果显示，缠绕性藤本植物的茎干由两股或多股“木质部小茎轴”组成，在结构上具有“连体双胞胎”“连体多胞胎”或“寄生胎”的特点。根据缠绕性藤本植物的茎干结构和植物的“多胚现象”推想，自然界可能存在“连体植物”和“寄生胎植物”（如鸡矢藤和葛等）。在后续章节中，笔者依据植物学、植物生理学、植物生殖生物学和物理学等相关学科的基本原理，试图从“连体植物”和“寄生胎植物”的角度，探索缠绕性藤本植物的茎干结构及其形成方式，以及茎干缠绕的规律。

第三章 茎干基本结构与缠绕规律

缠绕性藤本植物的茎干之所以能够缠绕，其主要原因：一是具有特殊的茎干结构；二是茎干的生长和缠绕遵循相关的物理学原理——“风车原理”和“绞绳原理”。

第一节 茎干基本结构

茎干解剖结果显示，缠绕性藤本植物的茎干由两股或多股“木质部小茎轴”组成。在相邻的“木质部小茎轴”之间，具有由薄壁组织组成的“轴间分离区”，将其分隔，在结构上具有“连体双胞胎”“连体多胞胎”或“寄生胎”的特点（详见第四至第八章）。

一、木质部小茎轴

“木质部小茎轴”是指缠绕性藤本植物茎干内部被薄壁组织分隔，具有独立结构的木质部区域。

如前所述，缠绕性藤本植物的茎干由两股或多股“木质部小茎轴”组成。例如，在鸡矢藤的茎干中有两股“木质部小茎轴”（图 3-1 至图 3-4）。

图 3-1 鸡矢藤的茎

二、轴间分离区

“轴间分离区”是指位于缠绕性藤本植物茎干相邻的“木质部小茎轴”之间，由薄壁细胞组成的，具有分隔作用的区域（图 3-2、图 3-4）。

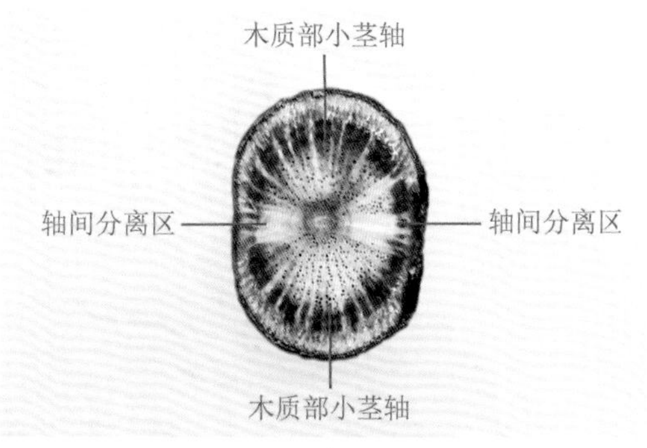

图 3-2 鸡矢藤茎干节间横切面结构图

三、侧芽

如前所述，缠绕性藤本植物的茎干由两股或多股“木质部小茎轴”组成。在茎干各个节上，由相对应的“木质部小茎轴”经分枝，有规律地萌发侧芽。侧芽与相对应“木质部小茎轴”的维管束直接相通。

例如，鸡矢藤的茎干由两股“木质部小茎轴”组成，在各个节上有两个对生的侧芽（图 3-5、图 3-6）。另外，鸡矢藤是一种茎干向着“逆时针”方向扭转、向着“顺时针”方向缠绕的植物。根据鸡矢藤的茎干结构，以及茎干的扭转和缠绕方向推想，在鸡矢藤种子萌发后所形成的第一段茎干上（即从子叶至第一个节），由“木质部小茎轴 A”经分枝，在“顺时针”方向的一侧（亦为图 3-6 轴 A 左侧）萌发“侧芽 A”；由“木质部小茎轴 B”经分枝，在“顺时针”方向的一侧（亦为图 3-6 轴 B 左侧）萌发“侧芽 B”。根据侧芽的起源也可推想，“侧芽 A”与“木质部小茎轴 A”的维管束直接相通，“侧芽 B”与“木质部小茎轴 B”的维管束也直接相通。

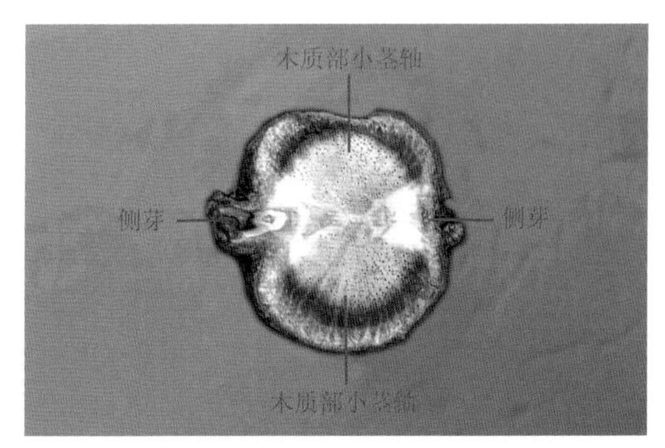

图 3-3　鸡矢藤茎干节横切面结构图

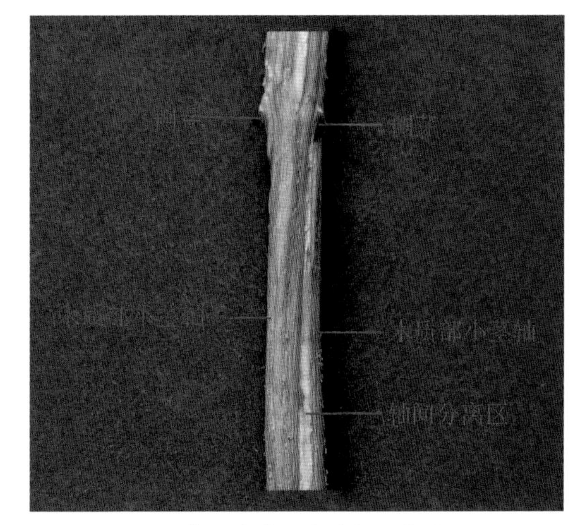

图 3-4　鸡矢藤茎干木质部结构图

四、侧芽与生长素

根据《植物生理学》理论，生长素主要在植物的顶端分生组织中合成，具有极性运输的特点，只能从植物体的形态学上端向下端运输。运输方式有两种：一是和其他同化产物一样，通过韧皮部运输；二是局限于胚芽鞘、幼茎、幼根薄壁细胞之间短距离单方向的极性运输。

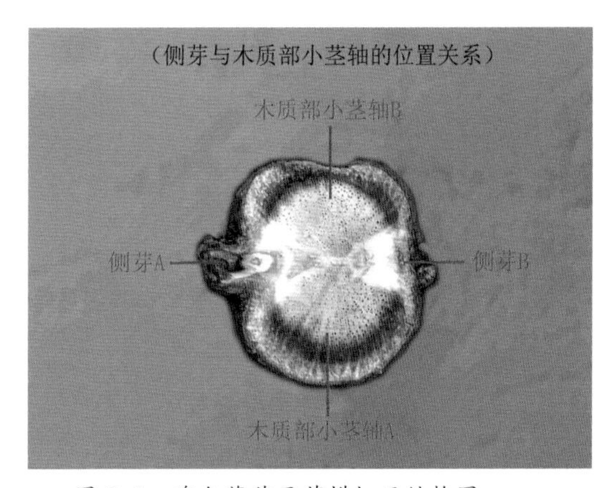

图 3-5　鸡矢藤茎干节横切面结构图

依据上述理论推想，在缠绕性藤本植物侧芽的顶端分生组织中也能合成一些生长素，并可透过相通的维管束，通过“短距离单方向的极性运输”方式运送至相对应的“木质部小茎轴”。例如，在鸡矢藤的第一段茎干中，“侧芽 A”产生的生长素可通过“短距离单方向的极性运输”方式，运送至“木质部小茎轴 A”；“侧芽 B”产生的生长素可按照上述方式运送至“木质部小茎轴 B”。

五、生长素与轴间形成层

“轴间形成层”是指缠绕性藤本植物茎干的“轴间分离区”中部分薄壁组织脱分化，转变为侧生分生组织，恢复细胞分裂能力的区域。

根据《植物生理学》理论，分生组织的细胞分裂和细胞增大是植物生长的重要基础。分生

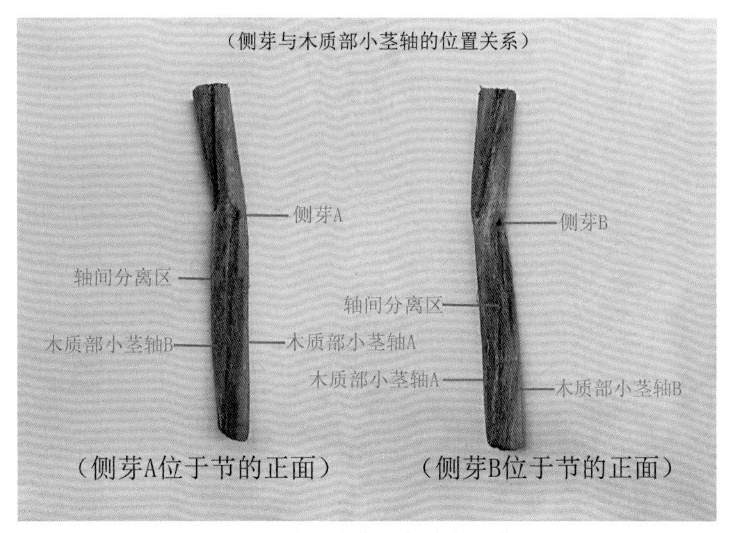

图 3-6　鸡矢藤茎干木质部结构图

组织的细胞属于胚性细胞，细胞壁维持初生结构，无特化性的增厚或木质化（即为薄壁细胞）。分生组织具有自动调节能力，通过调节使占有特定位置的细胞在特定的时间内向一定的方向有序发展。分生组织的细胞分裂和伸长与生长素有关。生长素在低浓度时可促进生长，浓度较高时将抑制生长，如果浓度更高则会抑制植物生长，甚至使植物死亡。

如前所述，在缠绕性藤本植物的茎干中，侧芽产生的生长素可通过“短距离单方向的极性运输”方式，运送至相对应的“木质部小茎轴”，然后渗透至木质部旁边的“轴间分离区”。依据缠绕性藤本植物的茎干结构和生长素的特点可以推想，在来自侧芽产生的生长素刺激下，“轴间分离区”的部分薄壁组织脱分化，转变为“轴间形成层”，恢复细胞分裂能力。

例如，在鸡矢藤茎干生长过程中，“侧芽 A”产生的生长素可透过相通的维管束，通过“短距离单方向的极性运输”方式，运送至“木质部小茎轴 A”，然后渗透至木质部旁边的“轴间分离区”，从而使“轴间分离区”中紧靠“木质部小茎轴 A”侧的薄壁组织脱分化，转变为“轴 A 的轴间形成层”，恢复细胞分裂能力。但是，由于生长素具有“短距离单方向极性运输”的特点，而“侧芽 A”与“木质部小茎轴 B”的维管束又互不相通，因此“侧芽 A”产生的生长素无法运送至“木质部小茎轴 B”。于是，在“轴间分离区”中紧靠“木质部小茎轴 B”侧的薄壁组织仍然保持“轴间分离区”功能，并在这个位置上始终将“木质部小茎轴 A”和“木质部小茎轴 B”分隔开来（图 3-7 至图 3-9）。

同样，“侧芽 B”产生的生长素也可透过相通的维管束，通过“短距离单方向的极性运输”方式，运送至“木质部小茎轴 B”，然后渗透至木质部旁边的“轴间分离区”，从而使“轴间分离区”中紧靠“木质部小茎轴 B”侧的薄壁组织脱分化，转变为“轴 B 的轴间形成层”，恢复细胞分裂能力。由于“侧芽 B”与“木质部小茎轴 A”的维管束也不相通，因此“侧芽 B”产生的生长素也无法运送至“木质部小茎轴 A”。于是，在“轴间分离区”中紧靠“木质部小茎轴 A”侧的薄壁组织也可保持“轴间分离区”功能，并在这个位置上始终将“木质部小茎轴 A”和“木质部小茎轴 B”分隔开来（图 3-7 至图 3-9）。

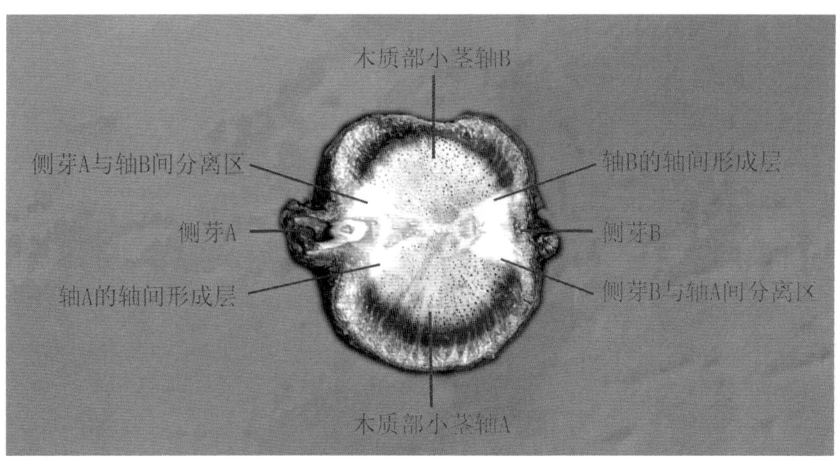

图 3-7　鸡矢藤茎干节横切面结构图

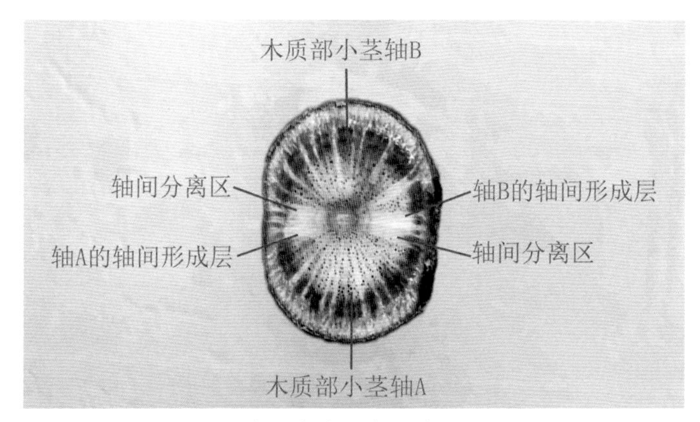

图 3-8　鸡矢藤茎干节间横切面结构图

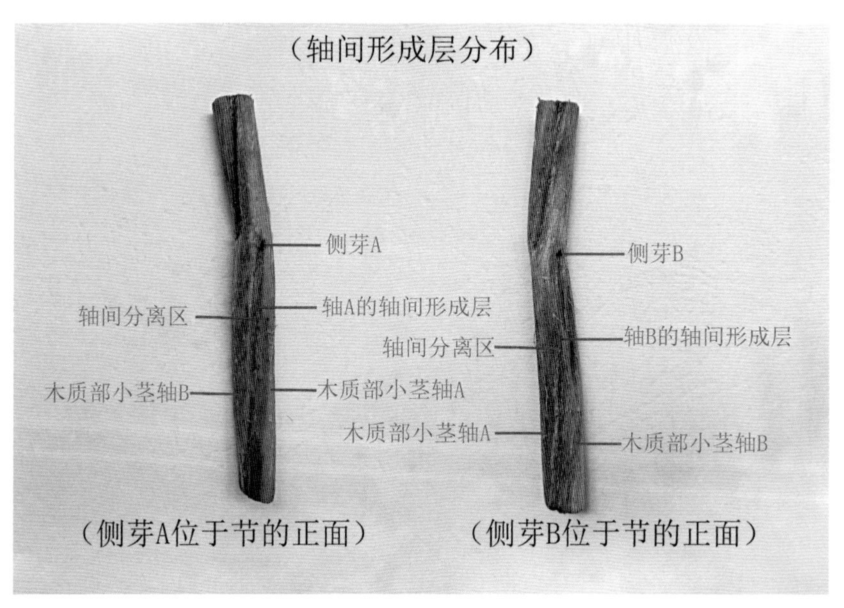

图 3-9　鸡矢藤茎干木质部结构图

第二节　物理学原理

如前所述，缠绕性藤本植物的茎干之所以能够缠绕，除了具有特殊的茎干结构外，还因为茎干的生长过程遵循了“风车原理”和“绞绳原理”。

一、风车原理

风车是一种利用杠杆原理，按照旋转对称设计，单向受力转动的机械。当风吹到风叶时就会产生推动力，推动风车转动（图 3-10）。

由于风车上的风叶全部设计为同一径向、同一规格、单向受风，因此风车在任何时候都能保持向着同一方向转动。当“风兜”朝向风叶的“逆时针”方向一侧时，风力就推动风车向着“顺时针”方向旋转（图 3-11）；当“风兜”朝向风叶的“顺时针”方向一侧时，风力就推动风车向着“逆时针”方向旋转（图 3-12）。这就是“风车原理”。

二、绞绳原理

取一段处于自然状态的纤维带，将其一端固定，然后手握另一端连续向着同一方向转动。当将纤维带转动至紧绷状态时，在纤维带内部就会形成一股与转动方向相反的“内应力”，从而导致纤维带发生扭曲。当将扭曲至紧绷状态的纤维带对折时，在“内应力”的作用下，两股纤维带就会自然而然地纠缠在一起，扭成一条结构稳定的绳。由于两股纤维带纠缠在一起后，“内应力”已经相互抵消，于是绳的结构达到了平衡稳定状态。

图 3-10　风车结构图

图 3-11　风车结构图

图 3-12　风车结构图

这就是“绞绳原理”。

当将纤维带向着“顺时针”方向转动至紧绷状态，将其对折，两股纤维带就会相互纠缠在一起，形成一条向着“逆时针”方向缠绕的绳（图 3-13）。当将纤维带向着“逆时针”方向转动至紧绷状态，将其对折，两股纤维带就会相互纠缠在一起，形成一条向着“顺时针”方向缠绕的绳（图 3-14）。

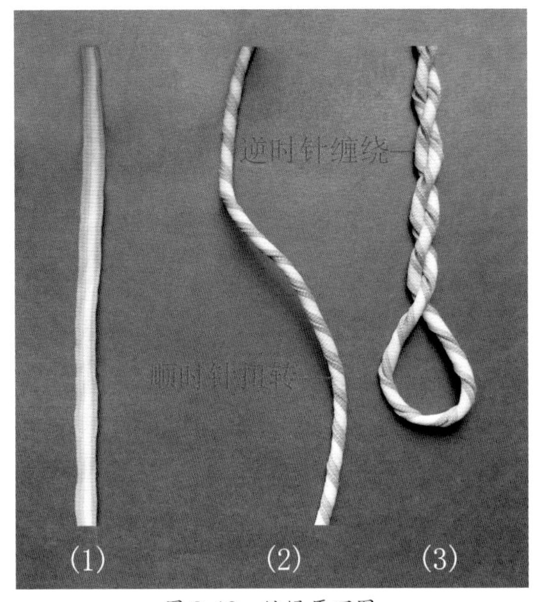

图 3-13　绞绳原理图

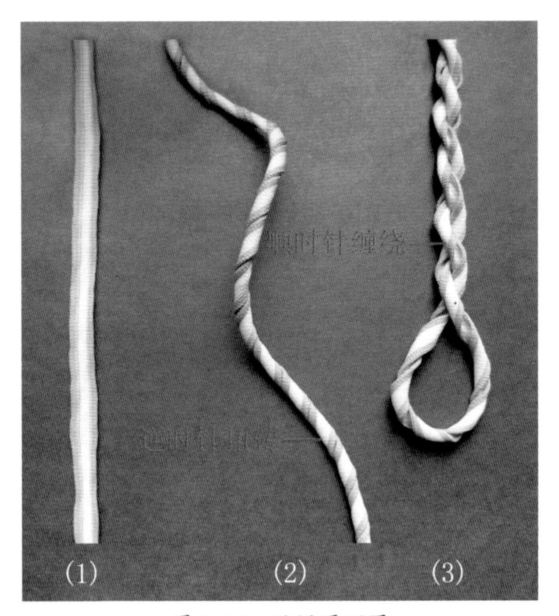

图 3-14　绞绳原理图

第三节　茎干缠绕环节

茎干解剖结果显示，藤本植物的缠绕包括“茎轴错位”“茎干扭转”和“茎干缠绕”三个环节。在本章着重介绍“茎干扭转”和“茎干缠绕”两个环节，对于“茎轴错位”，将在第四章至第八章根据不同类型植物茎干结构的特点进行详细介绍。

一、茎干扭转

风车在风力的作用下就会旋转。由此推断，缠绕性藤本植物的茎干也必须在力的作用下，才能发生“茎干扭转”。

如前所述，缠绕性藤本植物的茎干由两股或多股“木质部小茎轴”组成，在相邻的两股“木质部小茎轴”之间具有“轴间分离区”和“轴间形成层”。从缠绕性藤本植物的茎干结构，结合“风车原理”推想，在缠绕性藤本植物茎干中呈竖向分布的“轴间形成层”，具有相当于风车中风叶上的“风兜”功能。

在缠绕性藤本植物茎干生长过程中，受到来自各个节上侧芽产生的生长素刺激，位于茎干各段落相对应“木质部小茎轴”侧的“轴间分离区”部分薄壁组织脱分化，转变为“轴间形成层”，恢复细胞分裂能力。通过“轴间形成层”细胞分裂，从而使茎干相对应“木质部小茎轴”的维管组织不断增加。随着维管组织细胞数量的增加和体积的增大，必然在相对应“木质部小茎轴”的“顺时针”或“逆时针”方向一侧产生推动力，推动“木质部小茎轴”遵循“风车原理”向着“顺时针”或“逆时针”方向移动。在来自相对应“木质部小茎轴”同一方向的两股或多股推动力所形成的合力共同作用下，茎干必然以髓心为中心，遵循“绞绳原理”，向着“顺时针”或“逆时针”方向发生“茎干扭转”。

例如，鸡矢藤（图 3-15 至图 3-17）是一种茎干向着“逆时针”方向扭转、向着“顺时针”方向缠绕的植物，茎干由两股“木质部小茎轴”组成。依据鸡矢藤茎干扭转和缠绕方向，以及“风车原理”和“绞绳原理”推想，茎干中的侧芽和“轴间形成层”位于相对应“木质部小茎轴”的“顺时针”方向一侧（亦为图 3-15 相对应“木质部小茎轴”的左侧）。在茎干生长过程中，通过“轴间形成层”细胞分裂，从而使相对应“木质部小茎轴”的“顺时针”方向一侧的维管组织逐渐增加。

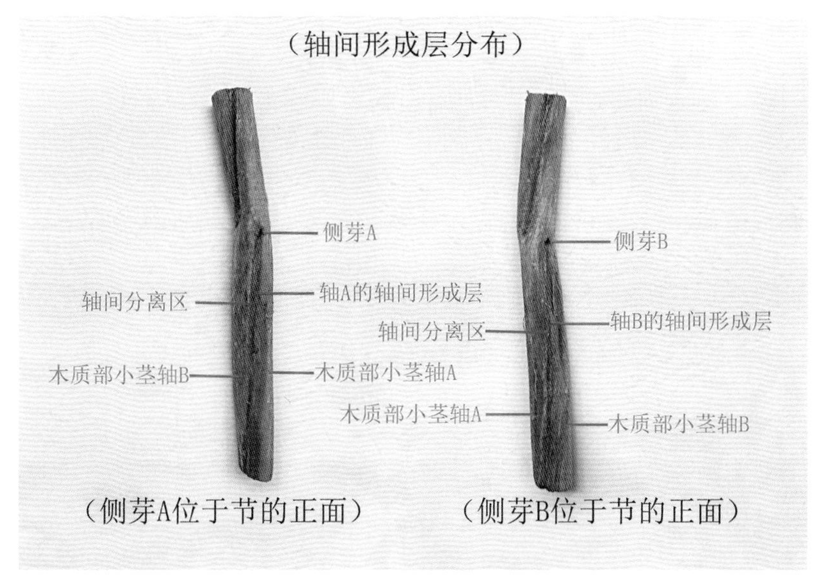

图 3-15　鸡矢藤茎干木质部结构图

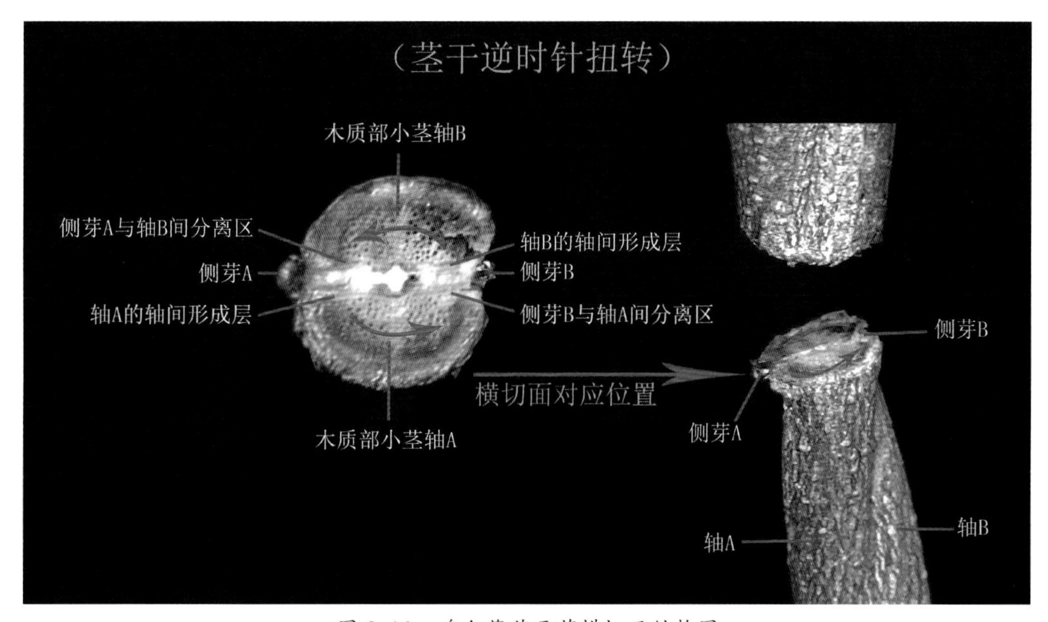

图 3-16　鸡矢藤茎干节横切面结构图

随着新增维管组织细胞数量的不断增加和体积的不断增大，必然在相对应“木质部小茎轴”的“顺时针”方向一侧产生推动力，推动“木质部小茎轴”遵循“风车原理”向着“逆时针”方向移动。在来自相对应“木质部小茎轴”同一方向的两股推动力所形成的合力共同作用下，茎干就会遵循“绞绳原理”，自然而然地向着“逆时针”方向发生扭转（图 3-15 至图 3-17）。

二、茎干缠绕

如前所述，在缠绕性藤本植物茎干生长过程中，通过“轴间形成层”的细胞分裂，在增加木质部维管组织的同时，所产生的作用力还可推动茎干遵循“风车原理”和“绞绳原理”向着“顺时针”或“逆时针”方向发生扭转。

当扭转至紧绷状态的茎干在伸展过程中遇到“支持物”时，就会遵循“绞绳原理”向着“顺时针”或“逆时针”方向缠绕在“支持物”上，从而使茎干处于平衡稳定的状态。

如前所述，鸡矢藤的茎干由两股“木质部小茎轴”组成。侧芽和“轴间形成层”位于相对应“木质部小茎轴”的“顺时针”方向一侧。在茎干生长过程中，通过“轴间形成层”细胞分裂，在不断增加木质部维管组织的同时，也在相对应“木质部小茎轴”的“顺时针”方向一侧产生推动力，推动“木质部小茎轴”向着“逆时针”方向移动。在来自相对应“木质部小茎轴”同一方向两股推动力所形成的合力共同作用下，茎干就会以髓心为中心，向着“逆时针”方向发生扭转。当茎干扭转至紧绷状态时，在茎干内部就会产生一股与扭转方向相反的“内应力”，导致茎干发生扭曲（图 3-18）。当扭转至紧绷状态的茎干在向前伸展过程中遇到“支持物”时，就会遵循“绞绳原理”向着“顺时针”缠绕在“支持物”上（图 3-19）。这时，茎干的“内应力”就会被“支持物”中产生的“反作用力”所抵消。于是，缠绕在“支持物”的茎干处于平衡稳定的状态。另外，当两条或多条扭转至紧绷状态的茎干近距离接触时，也会纠缠在一起，扭成一股绳（图 3-20）。

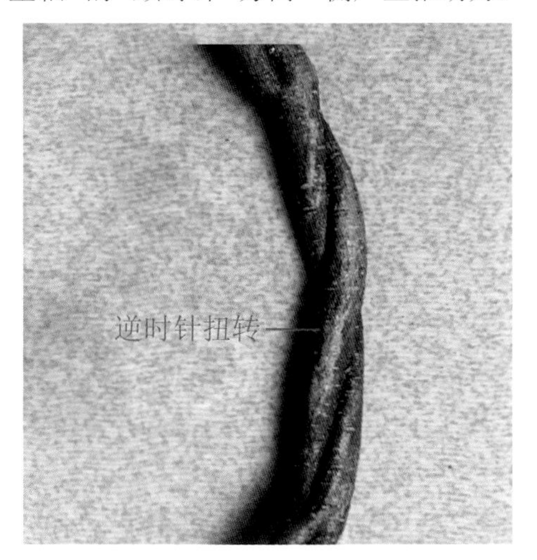

图 3-17　鸡矢藤的茎

图 3-18　鸡矢藤的茎

第四节　茎干缠绕规律

综上所述，缠绕性藤本植物具有特定的茎干结构，导致茎干在生长过程中必然遵循相关的物理学原理——“风车原理”和“绞绳原理”，不断向着“顺时针”或“逆时针”方向发生扭转和缠绕。根据茎干的扭转和缠绕方向，以及“风车原理”和“绞绳原理”推想，当侧芽和“轴间形成层”位于茎干相对应“木质部小茎轴”的“顺时针”方向一侧时，茎干就会向着“逆时针”方向发生扭转，向着“顺时针”

图 3-19　鸡矢藤的茎

图 3-20　鸡矢藤的茎

方向发生缠绕。当侧芽和“轴间形成层”位于茎干相对应“木质部小茎轴”的“逆时针”方向一侧时，茎干就会向着“顺时针”方向发生扭转，向着“逆时针”方向发生缠绕。

简而言之，凡是茎干向着“逆时针”方向扭转的植物，必然向着“顺时针”方向缠绕；凡是茎干向着“顺时针”方向扭转的植物，必然向着“逆时针”方向缠绕。这是一个恒定不变的规律，这个规律和“绞绳原理”是完全一致的。

第五节　典型例子

一、茎干可向两个方向缠绕的微甘菊

图 3-21 至图 3-24 所示为微甘菊的茎干结构。微甘菊的茎干由六股“木质部小茎轴”组成。在节的位置上，以三股“木质部小茎轴”为一组，组合成“木质部小茎轴组合体”（即每个节上有两个组合体），并由每个“木质部小茎轴组合体”各萌发一个侧芽（即每个节上有两个侧芽）。

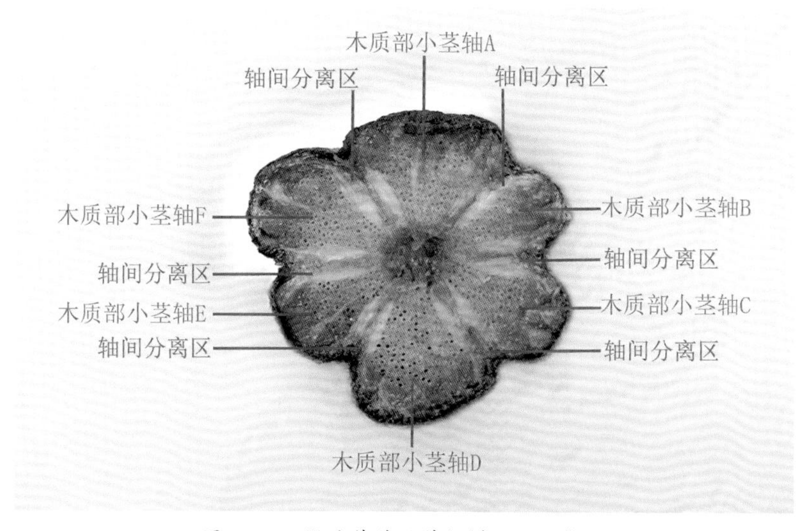

图 3-21　微甘菊茎干节间横切面结构图

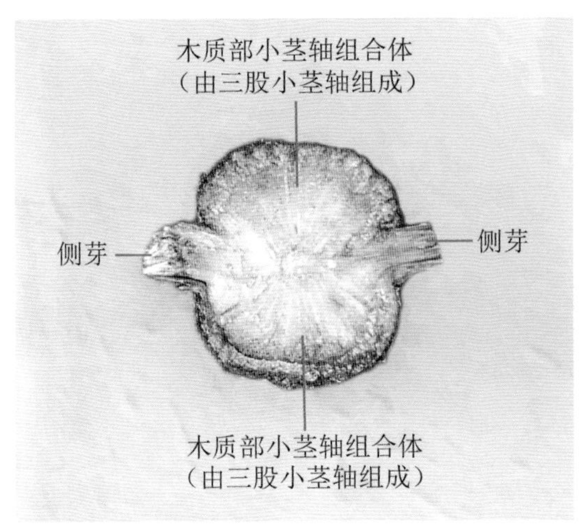

图 3-22　微甘菊茎干节横切面结构图

图 3-23　微甘菊的茎

图 3-24　微甘菊的茎

研究表明，微甘菊是一种茎干可向着两个方向缠绕的植物。由图片可见，当“茎干扭转”的方向为“顺时针”时，“茎干缠绕”的方向必然为“逆时针”（图 3-23）。当“茎干扭转”的方向为“逆时针”时，“茎干缠绕”的方向必然为“顺时针”（图 3-24）。

这个例子也证明，藤本植物茎干的缠绕遵循“风车原理”和“绞绳原理”。

二、对折纠缠的鸡眼藤

鸡眼藤是一种茎干向着“逆时针”方向缠绕的植物，图 3-25 所示为鸡眼藤的幼茎。由图片可见，这棵鸡眼藤生长在树丛中，树冠下的光照强度有限。茎干生长初期，在重力的作用下，茎干呈倾斜状态不断向着地面伸展。植物茎干的生长具有“向光性”，在树丛的特殊环境中，越接近地面，光照强度越弱，在光照不足的情况下，茎尖就会逐渐回过头来，向上生长。于是，对折的两段茎干就会向着“逆时针”方向纠缠在一起，扭成一股绳。

图 3-25　鸡眼藤的茎

研究表明，在缠绕性藤本植物茎干生长过程中，幼茎对折，扭成一股绳的现象普遍存在（图 3-26、图 3-27）。这种现象，同样充分证明藤本植物茎干的缠绕遵循“风车原理”和“绞绳原理”。

图 3-26　绞绳原理（左）、罗浮买麻藤的茎（右）

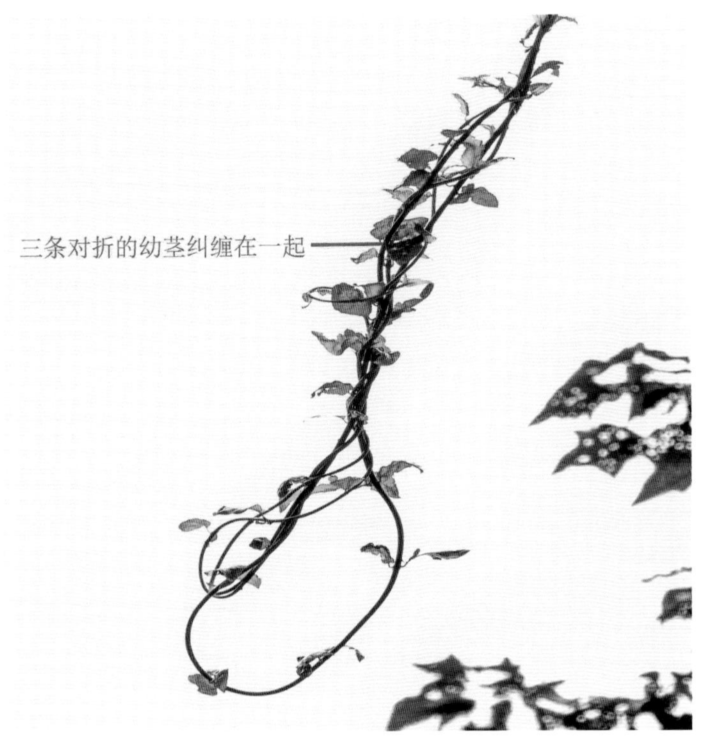

图 3-27　扭肚藤的茎

第六节　补充说明

一、有关茎干横切面位置的问题

图 3-28 所示为鸡矢藤的茎干结构，图中（2）和（3）为同一茎干在节的位置上被切成的两段，（1）为这个切口上的节横切面，位于（2）的上端。另外，图 3-29 所示也是鸡矢藤的茎干结构，

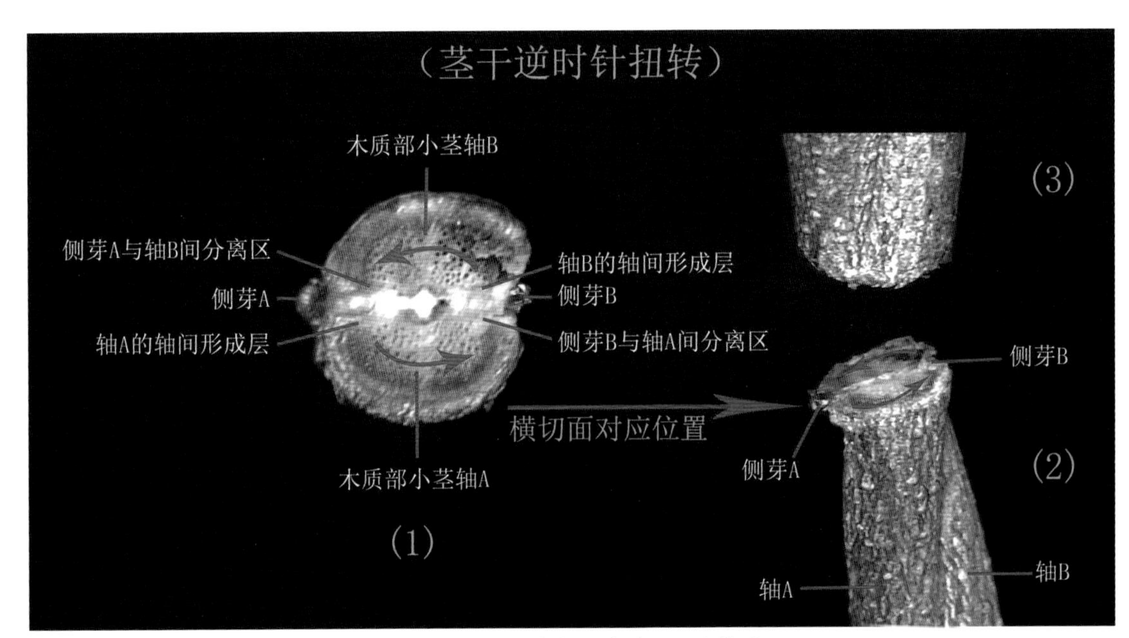

图 3-28　鸡矢藤茎干节横切面结构图

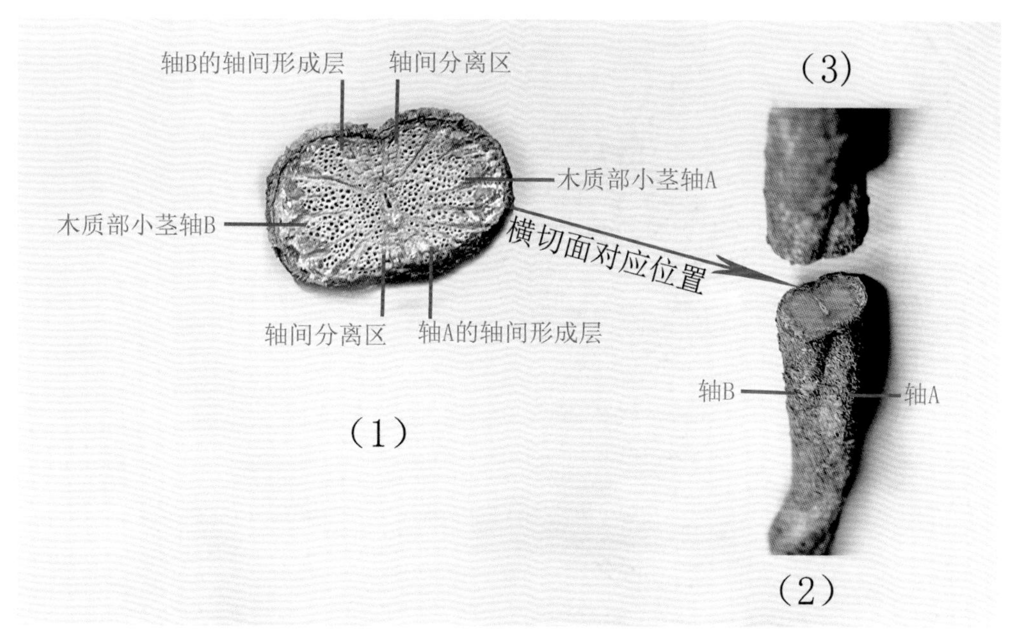

图 3-29 鸡矢藤茎干节间横切面结构图

其中（2）和（3）为同一茎干在节间的位置上被切成的两段，（1）为这个切口上的节间横切面，位于（2）的上端。

在后续章节中，为便于统一描述缠绕性藤本植物的茎干结构，对所涉及植物的茎干节横切面和节间横切面，对应的位置均与图 3-28、图 3-29 相同（即为茎干上端的横切面）。对此，在后续章节中不再另作说明。

二、有关茎干“木质部小茎轴”编号排列方向的问题

在后续章节中，因描述缠绕性藤本植物茎干结构的需要，常常在茎干的上端或下端标注“木质部小茎轴”的编号。值得注意的是，对同一茎干，当在上、下两端标注“木质部小茎轴”编号时，相对应的编号顺序则呈相反方向排列。编号顺序的相反性，是因编号标注位置和视角不同所致。

图 3-30 至图 3-32 所示为“连体四胞胎植物”——牛白藤的茎干结构。牛白藤的茎干有四股“木质部小茎轴”，编号分别为 A、B、C 和 D。

如前所述，在论述缠绕性藤本植物的茎干结构时，凡涉及茎干节和节间横切面，所对应的

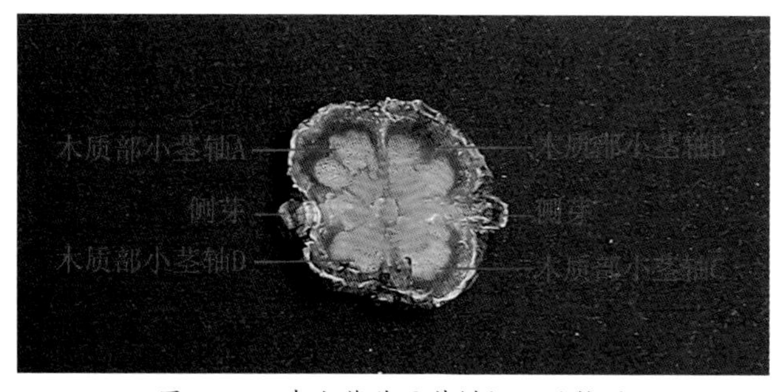

图 3-30 牛白藤茎干节横切面结构图

位置均为茎干上端。由图 3-30、图 3-31 可见，在牛白藤茎干节横切面和节间横切面上，“木质部小茎轴”的编号顺序为“顺时针”方向排列。由图 3-32（1）可见，当将“木质部小茎轴”的编号标注在茎干上端时，编号顺序也是“顺时针”方向排列。但是，由图 3-32（2）可见，当将编号标注在茎干下端时，相对应“木质部小茎轴”的编号顺序则为“逆时针”方向排列。这个例子，体现了“木质部小茎轴”的编号顺序因标注位置不同而呈现的相反性。

在后续章节中，为便于统一描述缠绕性藤本植物的茎干节横切面、节间横切面和木质部竖向结构，对“木质部小茎轴”的编号均按上述方法进行标注。对此，在后续章节中也不再另作说明。

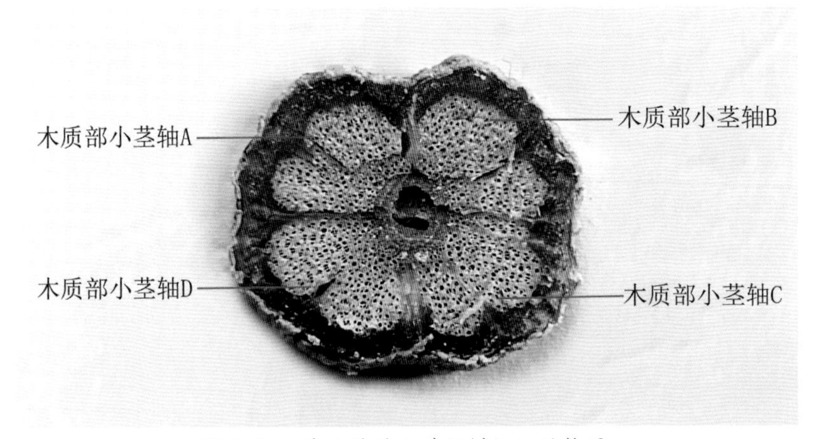

图 3-31　牛白藤茎干节间横切面结构图

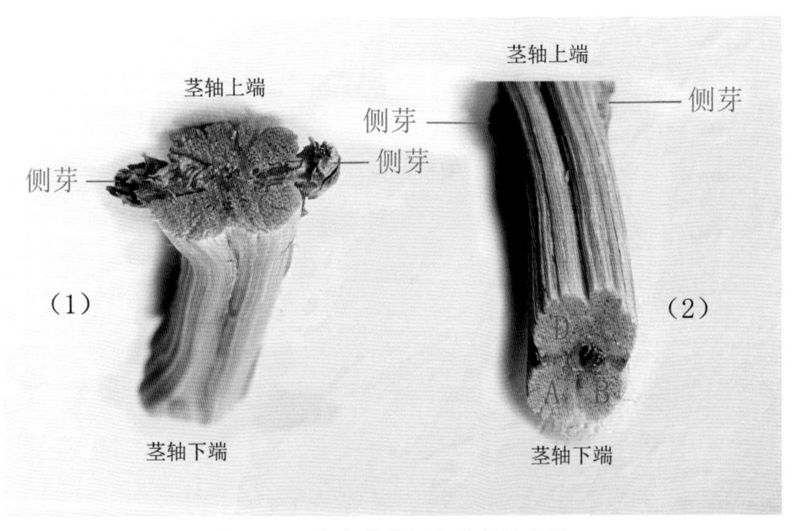

图 3-32　牛白藤茎干木质部结构图

第四章　双茎轴植物（鸡矢藤）

根据植物的“多胚现象”推想，当一个受精卵分裂成单卵双胞胎时，如果分裂不完全，且继续发育成熟，就有可能形成“连体双胞胎植物”。茎干解剖结果显示，鸡矢藤的茎干由两股“木质部小茎轴”组成，在结构上具有“连体双胞胎”的特点。根据植物的“多胚现象”和鸡矢藤茎干结构的特点，本章以鸡矢藤为例，试图从“连体双胞胎植物”的角度，探索茎干由两股“木质部小茎轴”组成的缠绕性藤本植物的茎干结构及其形成方式，以及茎干缠绕的规律。

图 4-1　鸡矢藤的叶

鸡矢藤 *Paederia scandens*（Lour.）Merr. 为茜草科。小枝无毛或近无毛。叶对生，纸质，形状变化很大，有卵形、卵状长圆形至披针形，长 4 ～ 9cm；托叶小。圆锥状聚伞花序腋生和顶生；花 5 数，花冠浅紫色。果球形。花期夏、秋季，果期 10 ～ 12 月（图 4-1 至图 4-3）。

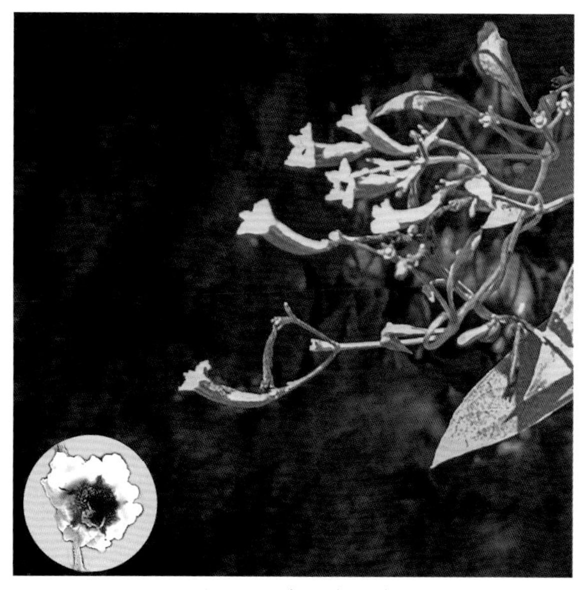

图 4-2　鸡矢藤的花

图 4-3　鸡矢藤的果

第一节　茎干结构

从茎、叶、花和果等器官的外观上看，鸡矢藤与普通维管植物似乎没有明显不同之处。但是，茎干解剖结果显示，两者的茎干结构具有极大的差别。

一、外观结构

图 4-4 至图 4-6 所示为鸡矢藤茎干结构。由图片可见，在多年生老茎的正面和背面各有一条浅沟——“轴间分离区”，沿竖向将茎干分为左右对称的两部分。扭曲的茎干，宛如两股绳纠缠在一起。茎干向着“逆时针”方向扭转、向着“顺时针”方向缠绕。从茎的外观结构上看，具有“连体双胞胎”的特点。

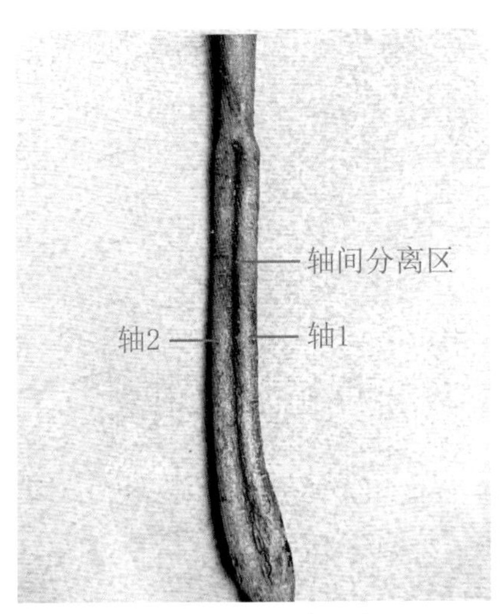

图 4-4　鸡矢藤的茎

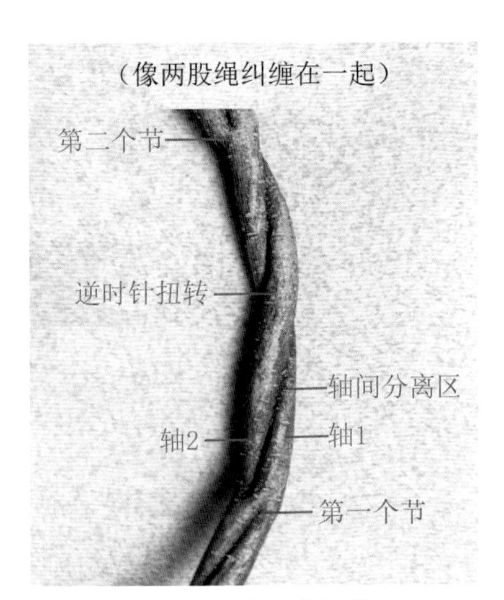

图 4-5　鸡矢藤的茎

图 4-6　鸡矢藤的茎

二、干枯茎干结构

图 4-7 所示为鸡矢藤干枯的茎干结构。由图片可见，在茎干的韧皮部和髓心等组织腐烂后，剩下的木质部自然而然地分成两股。干枯的茎干在结构上也具有“连体双胞胎”的特点。

图 4-7　鸡矢藤干枯的茎干

三、节间横切面结构

图 4-8、图 4-9 所示为鸡矢藤茎干节间横切面结构。由图片可见，在茎干节间横切面的结构上，鸡矢藤与其他维管植物比较，既有相似之处，又有明显区别。

（一）相似之处

和其他维管植物一样，茎干也由髓心、初生木质部、木质部、韧皮部和木栓层等组织构成。

（二）不同之处

①茎干由两股“木质部小茎轴”组成，并具有由薄壁细胞组成的“轴间分离区”，将其分隔。

②两股“木质部小茎轴”通过髓心、初生木质部和韧皮部连接在一起。

③木质部维管组织排列呈楔状、外宽内窄，放射性分布，具有宽阔的射线。

④没有年轮。

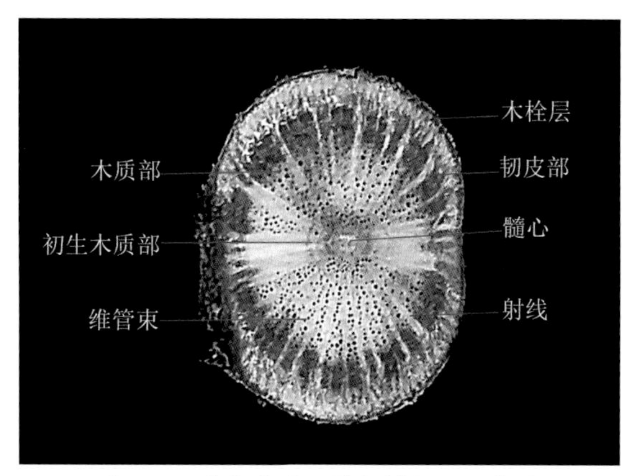

图 4-8　鸡矢藤茎干节间横切面结构图

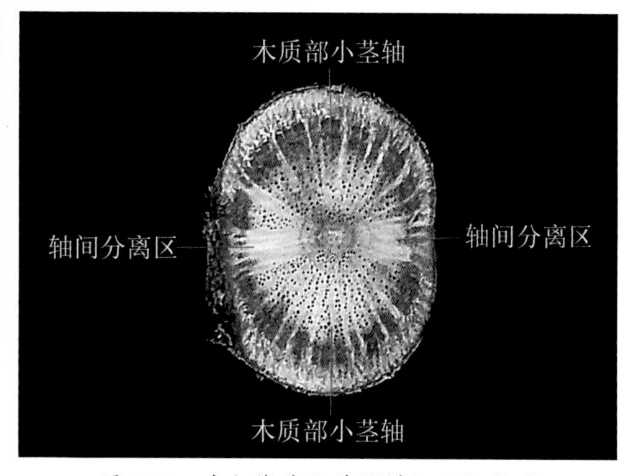

图 4-9　鸡矢藤茎干节间横切面结构图

四、节横切面结构

图 4-10、图 4-11 所示为鸡矢藤茎干节横切面结构。由图片所见，茎干节横切面结构呈现以下特点：

①节上着生两个侧芽，并通过髓心将两个侧芽连接在一起。

②通过侧芽，将两股“木质部小茎轴”分隔。

③在侧芽与木质部之间具有由薄壁细胞组成的“轴间分离区”，将侧芽与“木质部小茎轴”分隔。

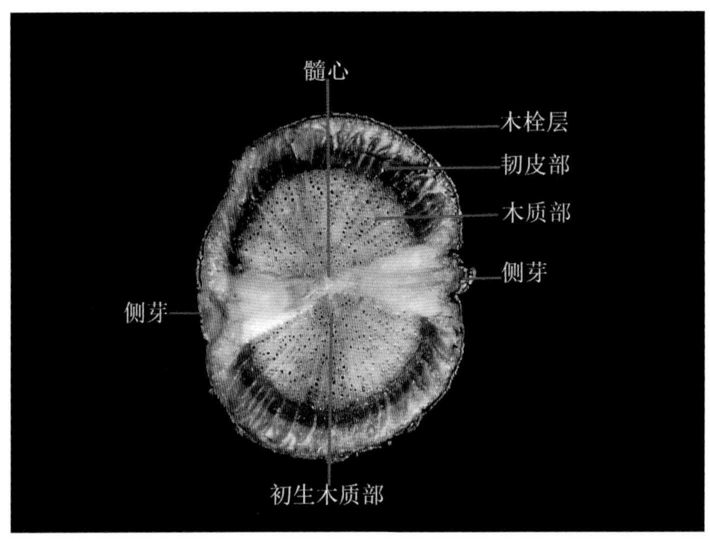

图 4-10　鸡矢藤茎干节横切面结构图

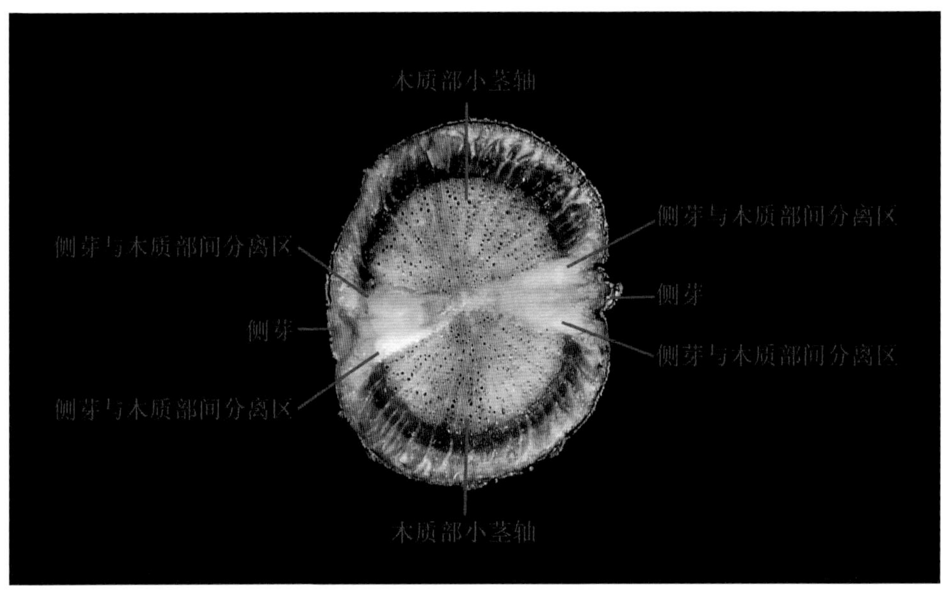

图 4-11　鸡矢藤茎干节横切面结构图

五、木质部竖向结构

如前所述，鸡矢藤的茎干由两股“木质部小茎轴”组合而成，在结构上具有“连体双胞胎”的特点。根据这个特点，为便于区分和描述茎干不同段落的木质部起源，厘清它们之间的相互关系，在后续的文字表述和图片中，将给予茎干各段落的“木质部小茎轴”一个名称。在茎干第一段，以“胎”作为“木质部小茎轴”的标记；从第二段茎干起，以“轴”作为“木质部小茎轴”的标记。在此基础上，再对“木质部小茎轴”进行编号。

例如，鸡矢藤第一段茎干的两股“木质部小茎轴”是由种子发芽后长成的。根据这两股“木质部小茎轴”起源，将其称为“胎 A”和“胎 B”。第二段茎干的两股“木质部小茎轴”是由第一段茎干的“木质部小茎轴”经过分枝和重新组合后形成的。根据第二段茎干两股“木质部小茎轴”的起源，将其称为“轴 C”和“轴 D”（图 4-12）。

另外，我们在野外采集鸡矢藤的茎干标本时，基本上无法采集到种子发芽后，从子叶至第一个节的第一段茎干。在这种情况下，为便于研究鸡矢藤的茎干结构，只能将采集到的茎干标本从基部至第一个节，当作种子发芽后从子叶至第一个节、由“胎 A”和“胎 B”组合而成的第一段茎干。

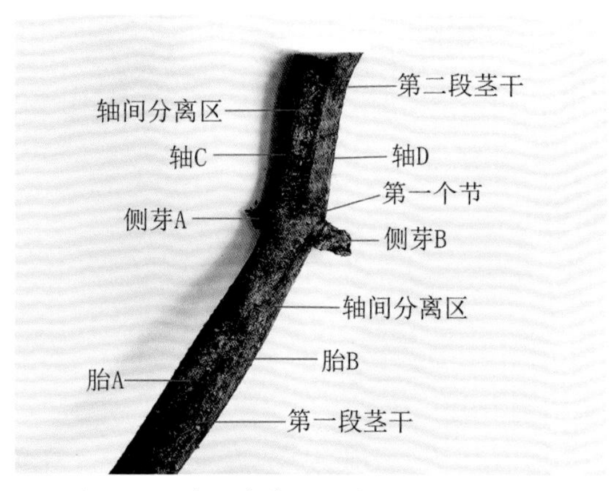

图 4-12　鸡矢藤第一至第二段茎干结构图

鸡矢藤的茎干具有“连体双胞胎”的特点。与普通的维管植物比较，其区别主要体现在茎干木质部的结构上。如前所述，鸡矢藤茎干的髓心、初生木质部和韧皮部是连接在一起的，只在木质部具有“轴间分离区”，将两股“木质部小茎轴”分隔。鉴于上述情况，为便于观察和研究鸡矢藤的茎干结构，在后续的论述中，通过将茎干韧皮部剥离后剩下的木质部图片，介绍茎干木质部的竖向结构。

（一）胎 A 与胎 B

图4-13所示为鸡矢藤第一段茎干木质部结构。由图片可见，第一段茎干木质部由“胎A”和“胎B”遵循“连理枝”原理紧密连接在一起，构成完整的茎干木质部结构。

胎 A：是指种子发芽后，由“A 胚胎”发育而成的“木质部小茎轴”。

胎 B：是指种子发芽后，由“B 胚胎”发育而成的“木质部小茎轴”。

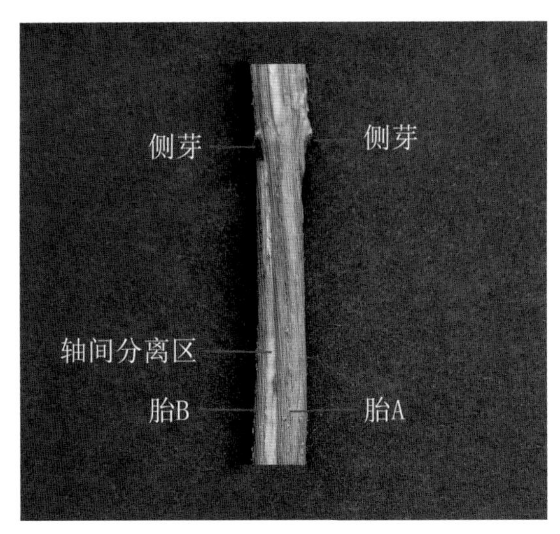

图 4-13　鸡矢藤第一段茎干木质部结构图

（二）侧芽 A 与侧芽 B

图 4-14、图 4-15 所示为鸡矢藤第一段茎干木质部结构。由图片可见，在第一个节上有两个侧芽。

侧芽 A：是指由“胎 A”经过分枝形成的侧芽。

侧芽 B：是指由“胎 B”经过分枝形成的侧芽。

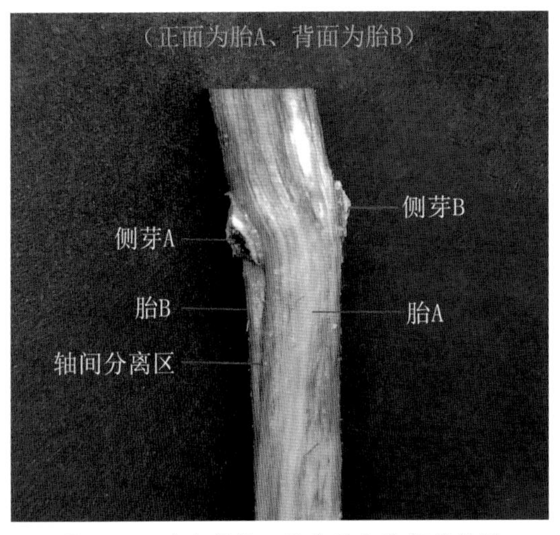

图 4-14　鸡矢藤第一段茎干木质部结构图

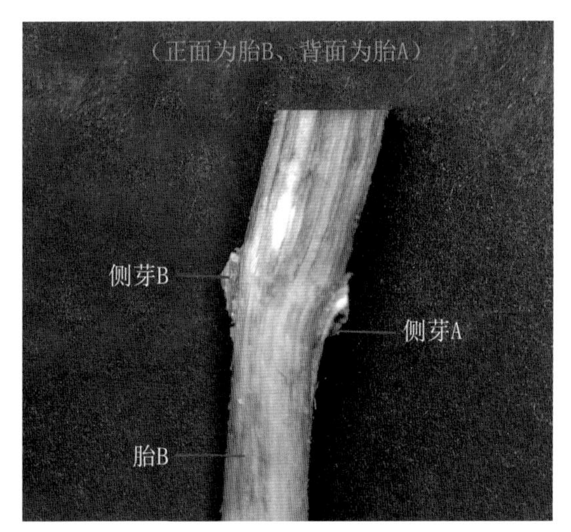

图 4-15　鸡矢藤第一段茎干木质部结构图

（三）轴 A1 与轴 A2

图 4-16 所示为鸡矢藤第一至第二段茎干木质部结构。由图片可见，第一段茎干的正面为“胎 A”，背面为“胎 B”。

轴 A1 与轴 A2：是指“胎 A”经过分枝后形成决然分开的两部分，分别为“轴 A1”与“轴 A2”。

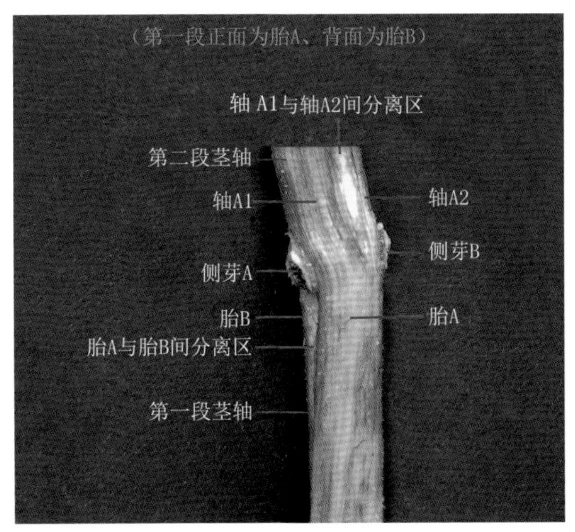

图 4-16　鸡矢藤第一至第二段茎干木质部结构图

（四）轴 B1 与轴 B2

图 4-17 所示为鸡矢藤第一至第二段茎干木质部结构。由图片可见，第一段茎干的正面为“胎 B”，背面为“胎 A”。

轴 B1 与轴 B2：是指“胎 B”经过分枝后形成决然分开的两部分，分别为“轴 B1”与“轴 B2”。

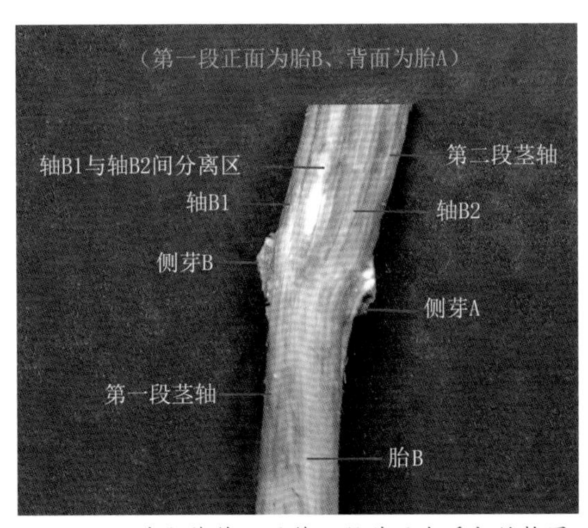

图 4-17　鸡矢藤第一至第二段茎干木质部结构图

（五）轴 C 与轴 D

图 4-18 所示为鸡矢藤第一至第二段茎干木质部结构。由图片可见，第二段的正面为“轴 C”，背面为“轴 D”。

轴 C：是指在第二段茎轴中，由“轴 A1”与“轴 B2”连接在一起后，重新组合而成的新茎轴。

图 4-19 为鸡矢藤第一至第二段茎干木质部结构。由图片可见，第二段的正面为“轴 D”，背面为“轴 C”。

轴 D：是指在第二段茎轴中，由“轴 A2”与“轴 B1”连接在一起后，重新组合形成的新茎轴。

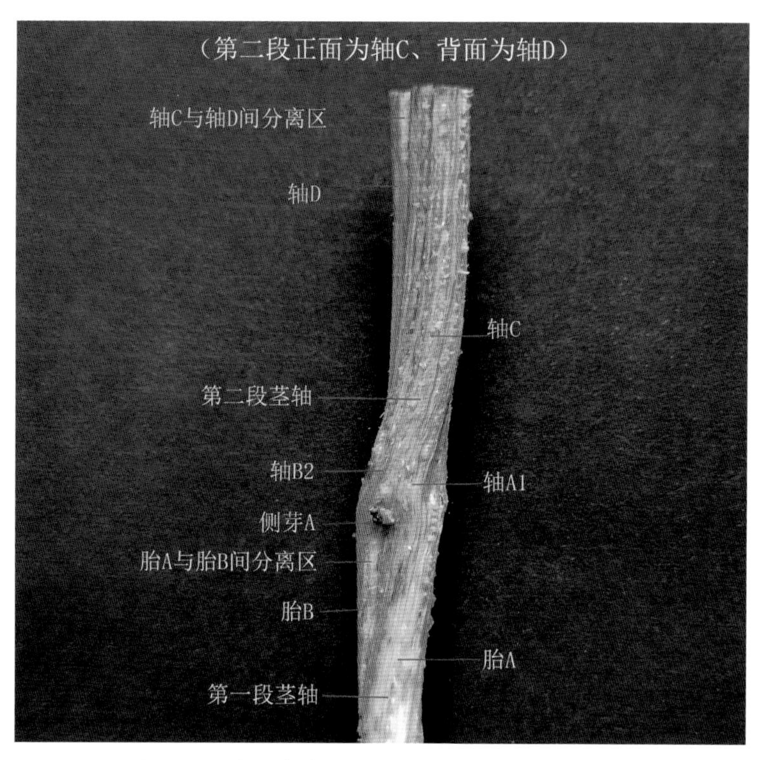

图 4-18 鸡矢藤第一至第二段茎干木质部结构图

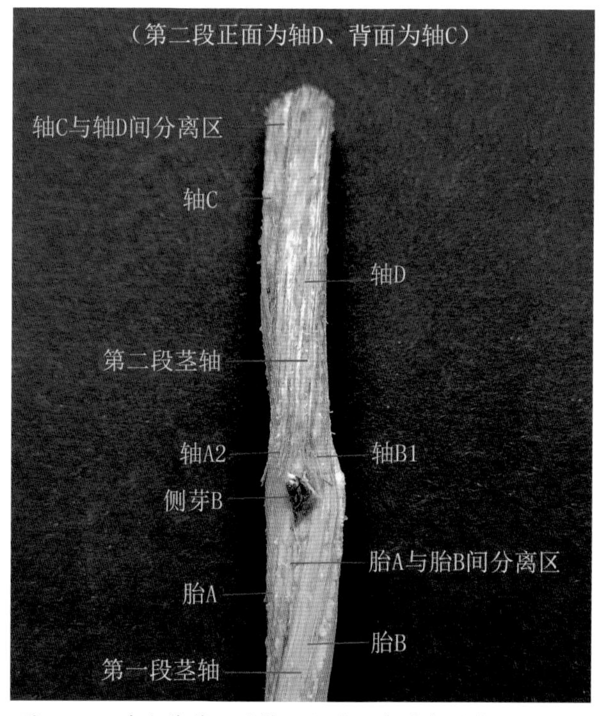

图 4-19 鸡矢藤第一至第二段茎干木质部结构图

六、茎干竖向结构形成方式

（一）基础理论

在《植物学》中，植物茎干的分枝方式有单轴分枝、合轴分枝和假二叉分枝三种。

①单轴分枝：主茎的顶芽向上生长，形成主干，同时侧芽相继展开，形成侧枝，侧枝再以同样的方式形成次级分枝。

②合轴分枝：主轴顶芽活动到一定时候，生长缓慢，最后基本停止生长或死亡，或形成花芽，然后由顶芽下面的腋芽代替顶芽继续生长，形成侧枝。不久，侧枝的顶芽同样又停止生长，再由侧枝顶芽下面的腋芽伸展成新的分枝。如此不断重复。这种分枝方式所形成的轴，主要是各级侧枝分段连合而成，所以称为合轴分枝。

③假二叉分枝：主茎顶芽活动到一定的时间就停止生长或死亡，然后由顶芽下面的两个腋芽同时伸长，形成两个分枝。每个分枝的顶芽活动到一定的时间，同样又停止生长，再由分枝顶芽下面的两个腋芽同时伸长，又形成两个新分枝。如此继续发育，形成许多二叉分枝。但这种分枝和顶端分生组织本身分裂为二而形成的二叉分枝不同，故称为假二叉分枝。

茎干解剖结果显示，缠绕性藤本植物茎干竖向结构的形成，不仅遵循植物学的“连理枝”原理，同时遵循“主轴分枝”和“假二叉分枝”两种分枝方式。例如，在鸡矢藤茎干生长过程中，通过上述原理、方式的重复和交替实施，使“连体双胞胎”组合的茎干不断被分拆，又重新连接，从而导致不同段落和不同茎轴之间的木纤维相互交织，形成铁链般环环相扣、结构严紧、错综复杂而有规律变化的茎干（图 4-20、图 4-21）。奇妙之处超乎人的想象。

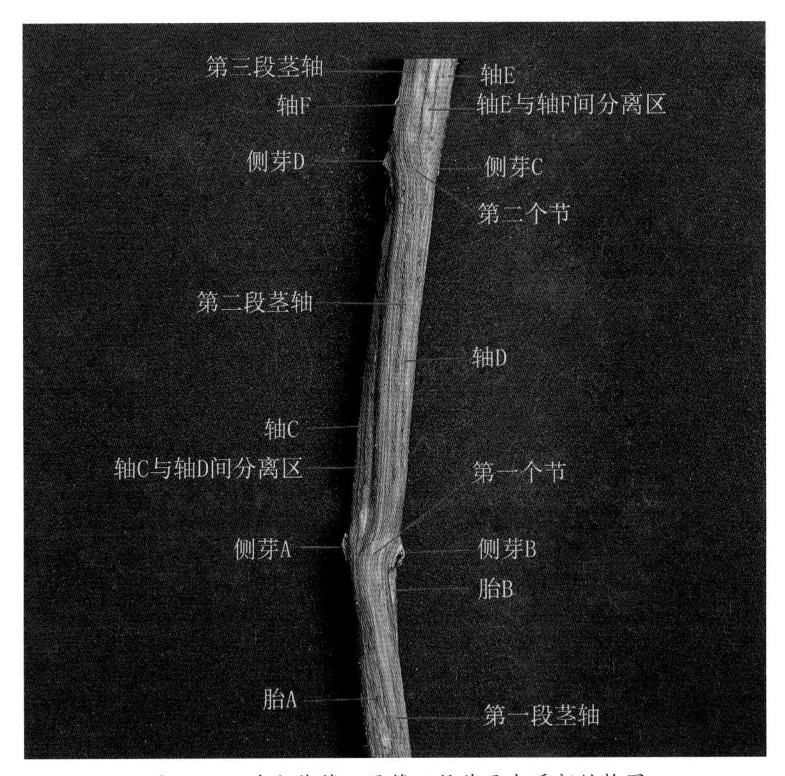

图 4-20 鸡矢藤第一至第三段茎干木质部结构图

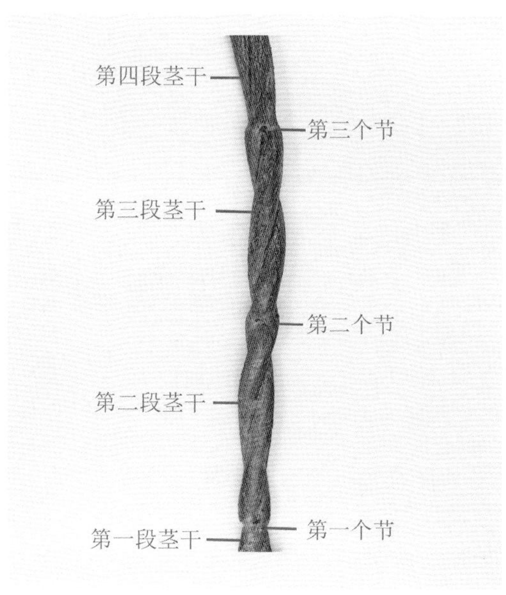

图 4-21　鸡矢藤的茎

（二）形成步骤

鸡矢藤茎干竖向结构形成的具体步骤如下：

第一步：

在鸡矢藤的种子发芽后，由“胎 A”和“胎 B”遵循“连理枝”原理紧密结合在一起，形成第一段茎干。如前所述，从外观上看，鸡矢藤的茎干与普通维管植物没有太大的区别，但是，第一段茎干内部实际上由“胎 A”和“胎 B”两股“木质部小茎轴”组合而成。在“木质部小茎轴”之间又有“轴间分离区”，将两者分隔（图 4-22、图 4-23）。

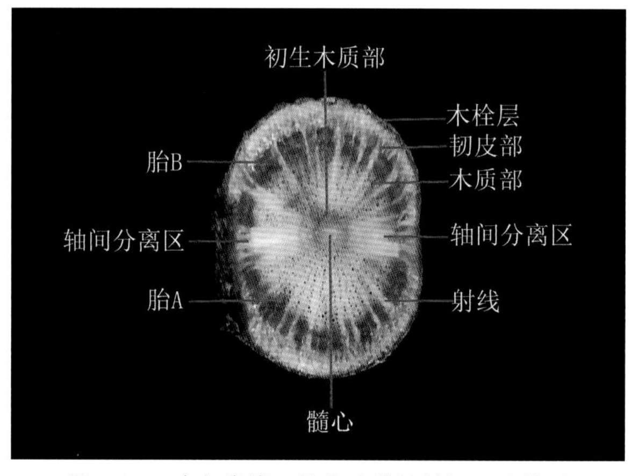

图 4-22　鸡矢藤第一段茎干节间横切面结构图

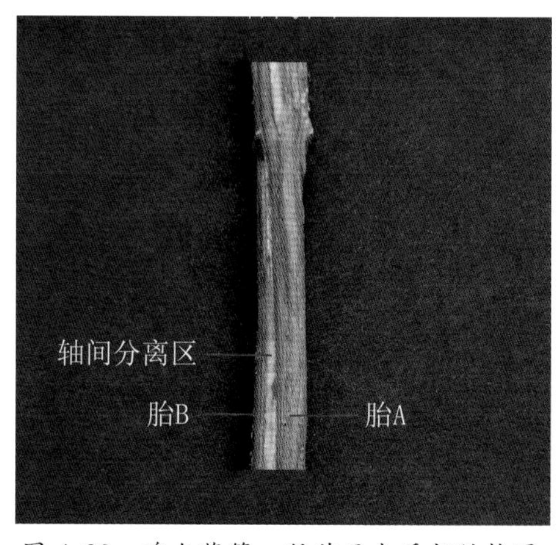

图 4-23　鸡矢藤第一段茎干木质部结构图

第二步：

在第一段茎干形成并生长一段时间后，由“胎A”和“胎B”遵循“主轴分枝”原理，并按照一致的步调，同时萌发第一组侧芽（即“侧芽A”和“侧芽B”），并形成第一个节（图4-24）。如前所述，鸡矢藤是一种茎干向着“逆时针”方向扭转、向着“顺时针”方向缠绕的植物。依据茎干扭转和缠绕方向，以及“风车原理”和“绞绳原理”推想，“侧芽A”着生“胎A”木质部的“顺时针”方向一侧（亦为图4-25“胎A”左侧），“侧芽B”着生“胎B”木质部的“顺时针”方向一侧（亦为图4-26“胎B”左侧）。

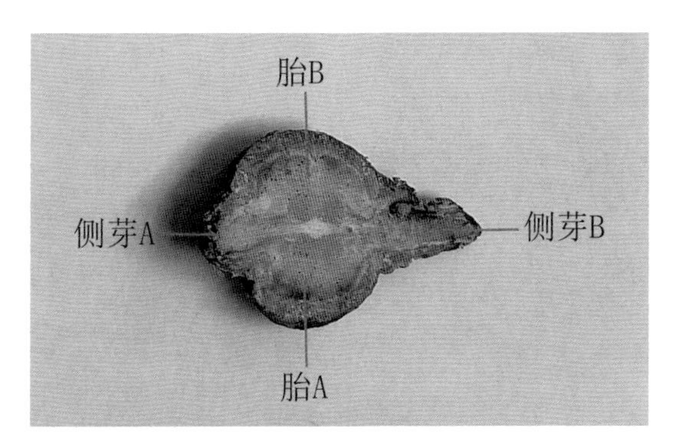

图4-24 鸡矢藤茎干第一个节横切面结构图

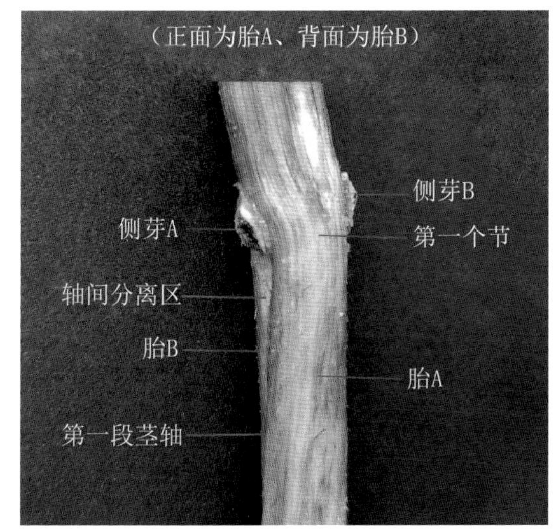

图4-25 鸡矢藤第一段茎干木质部结构图

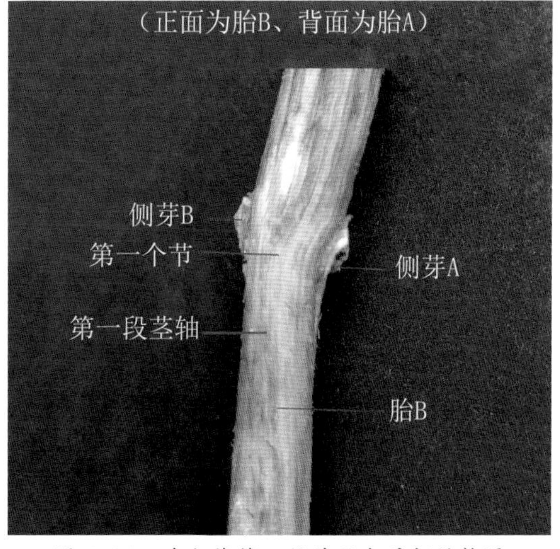

图4-26 鸡矢藤第一段茎干木质部结构图

第三步：

在茎干的第一个节形成第一组侧芽后，“胎A”的顶芽停止生长，然后进行“假二叉分枝”，由顶芽下面的两个侧芽代替顶芽生长，形成“轴A1”和“轴A2”（图4-27）。按照一致的步调，“胎B”的顶芽也停止生长，然后进行“假二叉分枝”，由顶芽下面的两个侧芽代替顶芽生长，形成“轴B1”和“轴B2”（图4-28）。

另外，在“胎A”的顶芽停止生长后，顶芽中原有的分组织转变细胞分裂方式，并继续进行分裂，形成“轴间分离区”（薄壁组织），将“轴A1”和“轴A2”两股新形成的“木质部小茎轴”分隔（图 4-27）。同样，在“轴 B”的顶芽停止生长后，顶芽中原有的分生组织也转变细胞分裂方式，并继续进行分裂，形成“轴间分离区”（薄壁组织），将“轴 B1”和“轴 B2”两股新形成的“木质部小茎轴”分隔（图 4-28）。

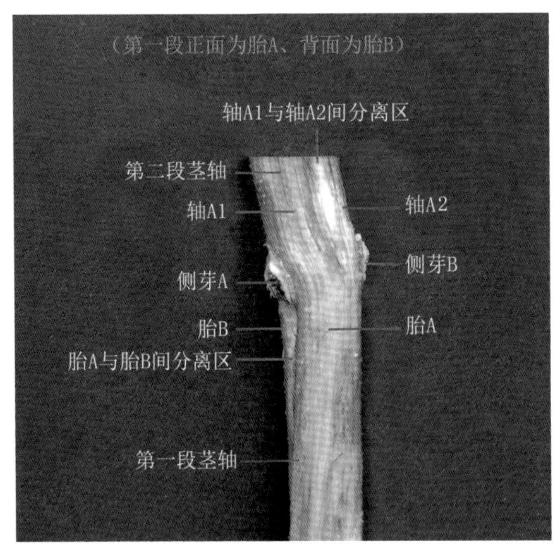

图 4-27　鸡矢藤第一至第二段茎干木质部结构图

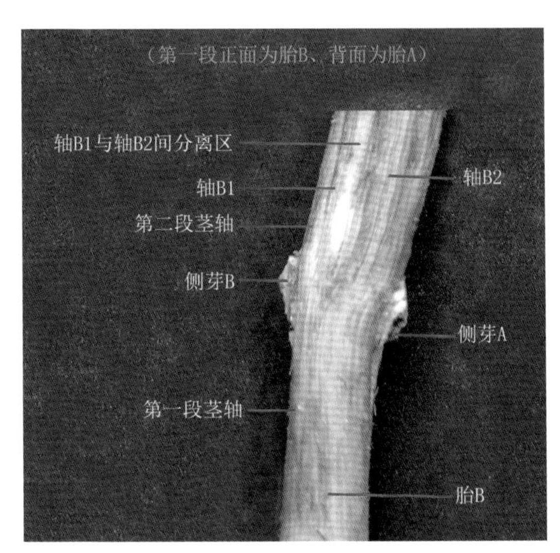

图 4-28　鸡矢藤第一至第二段茎干木质部结构图

第四步：

在第一个节形成并发育成形后，茎干继续进一步向前生长。在此阶段，由“轴 A1”和“轴 B2”遵循“连理枝”原理连接在一起，形成新的“木质部小茎轴”——“轴 C”（图 4-29）。按照一致的步调，由“轴 B1”与“轴 A2”也遵循“连理枝”原理连接在一起，形成新的“木质部小茎轴”——“轴 D”（图 4-30）。

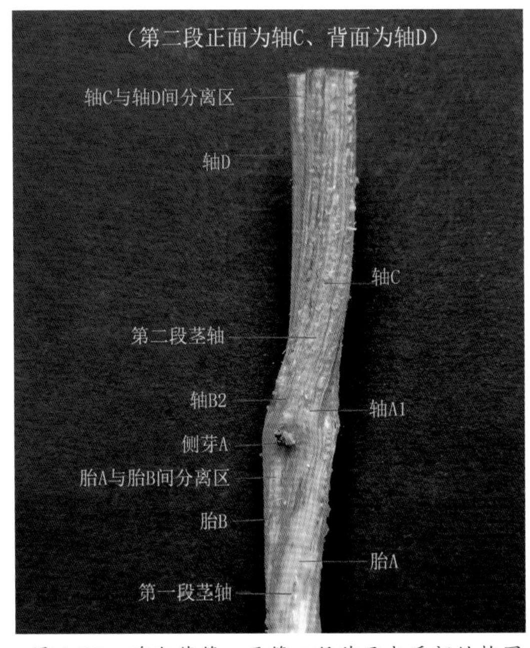

图 4-29　鸡矢藤第一至第二段茎干木质部结构图

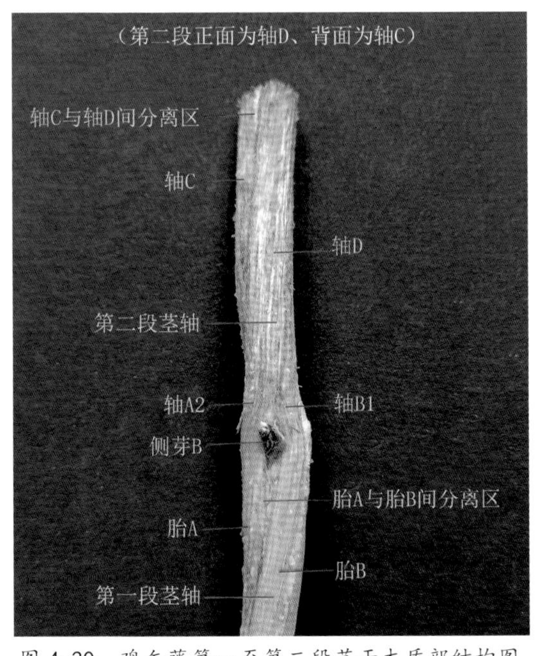

图 4-30　鸡矢藤第一至第二段茎干木质部结构图

第五步：

由“轴 C”和“轴 D”又遵循“连理枝”原理紧密结合在一起，形成具有完整结构的第二段茎干木质部（图 4-31）。

在第二段茎轴形成后，原先形成的“轴 A1 与轴 A2 间分离区”，以及“轴 B1 与轴 B2 间分离区”自然而然成为“轴 C 与轴 D 间分离区”（图 4-31）。

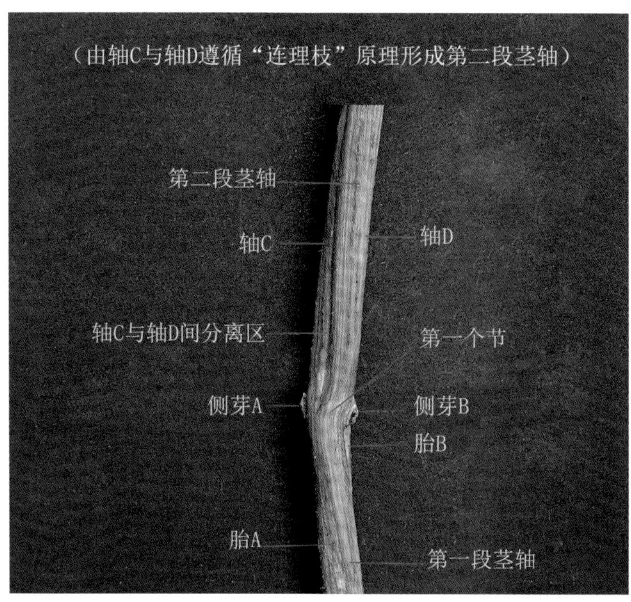

图 4-31　鸡矢藤第一至第二段茎干木质部结构图

在茎干第二段的木质部形成后，茎干继续向前生长，并由“轴 C”和“轴 D”继续按照上述第二至第五步的原理和方式，形成第二个节，继而形成由“轴 E”和“轴 F”两股“木质部小茎轴”组合而成的第三段茎干（图 4-32）。

如此循环往复，从而推动茎干的不断向前伸展。

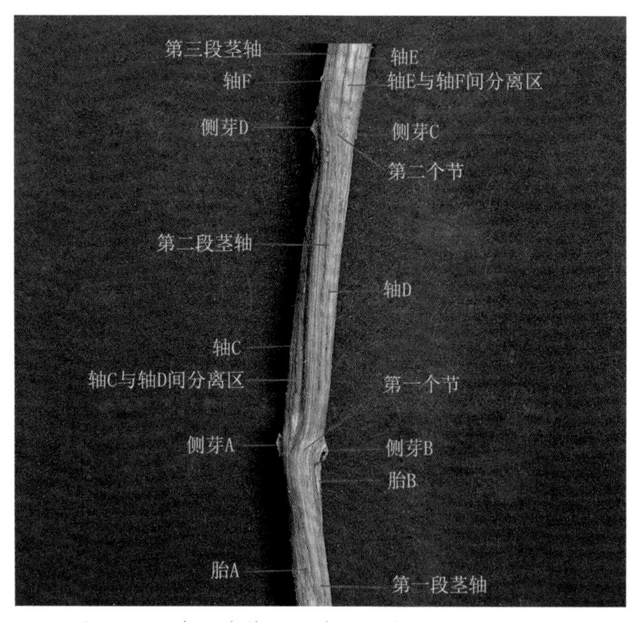

图 4-32　鸡矢藤第一至第三段茎干木质部结构图

七、相关问题

（一）植物标本的采集

如前所述，在研究鸡矢藤的茎干结构和缠绕规律时，需要采集茎干标本。但是在野外采集标本时，基本上无法采集到鸡矢藤的种子发芽后、从子叶至第一个节的第一段茎干。在这种情况下，只能将采集的茎干标本，从基部至第一个节当作种子发芽后，从子叶至第一个节的第一段茎干，以便对茎干结构和缠绕规律进行论述

在后续章节研究其他缠绕性藤本植物时，将采用上述同样的方法，对相关植物的茎干标本进行处理和论述。对这个问题，在后续章节中不再另作说明。

（二）“木质部小茎轴”的标记与编号

如前所述，在研究鸡矢藤的茎干结构时，为了区分和描述茎干不同段落木质部的起源，并厘清它们之间的相互关系，将第一段茎干的“木质部小茎轴”标记为“胎”；从第二段茎干起，以“轴”作为“木质部小茎轴”的标记。在此基础上，再对“木质部小茎轴”进行编号。

在后续章节研究缠绕性藤本植物中的其他“连体植物”时，将采用上述同样的方法，对茎干的“木质部小茎轴”进行标记和编号（“寄生胎植物”除外）。

（三）植物细胞全能性

在《植物学》中，“植物细胞全能性”是指植物体的每个细胞都包含着该物种的全部遗传信息，从而具备发育成完整植株的遗传能力。

如前所述，鸡矢藤的茎干结构具有“连体双胞胎”的特点。和其他维管植物一样，鸡矢藤的茎干组织也具有“细胞全能性”。由于鸡矢藤茎干的不同段落都是由两股“木质部小茎轴”不断通过分拆和重新组合而成的，因此由茎干上的侧芽或不定芽萌发形成的枝条，在结构上同样具有“连体双胞胎”的特点。另外，采用扦插和嫁接等无性繁殖的方式繁殖的植株，其茎干结构同样具有“连体双胞胎”的特点。

研究表明，这种情况在其他缠绕性藤本植物中同样存在，都是由植物“细胞全能性”所决定的。

第二节　茎干木质部形成方式

正如本章第一节所述，鸡矢藤的茎干由两股“木质部小茎轴”组成，并具有由薄壁组织组成的“轴间分离区”，将两者分隔。

在茎干生长过程中，各个节上的侧芽产生的生长素可刺激“轴间分离区”的部分薄壁细胞脱分化，转变为“轴间形成层”，恢复细胞分裂能力。通过“轴间形成层”细胞分裂，从而使木质部维管组织不断增加。鸡矢藤是一种茎干向着“逆时针”方向扭转、向着“顺时针”方向缠绕的植物，根据茎干扭转和缠绕方向，以及“风车原理”和“绞绳原理”推断，节上的侧芽和“轴间形成层”位于茎干相对应“木质部小茎轴”的“顺时针”方向一侧。在茎干生长过程中，通过“轴间形成层”的细胞分裂，从而使木质部维管组织不断增加。

一、侧芽与生长素

在鸡矢藤的茎干中，有些侧芽萌发形成了分枝，有些侧芽似乎长期处于休眠状态。但是，茎干解剖结果显示，即使看似处于休眠状态的侧芽，它们也随着茎干生长的不断加粗而同步缓慢伸展，并始终突出于茎干的表面。由此可见，这些看似生长缓慢的侧芽只是处于半休眠状态，并没有完全停止生命活动。既然所有侧芽都在进行着生命活动，因而或多或少都会生成一些物质（包括生长素）。

正如本章第一节所述，鸡矢藤茎干各个节上的侧芽，都是由茎干各段落相对应的“木质部小茎轴”通过“主轴分枝”萌发出来的。侧芽与相对应“木质部小茎轴”的维管束直接相通，可以直接进行水分和营养物质交换（包括生长素）。

例如，在第一段茎干，“胎 A”通过“主轴分枝”萌发“侧芽 A”，“胎 B”通过“主轴分枝”萌发“侧芽 B”。在茎干生长过程中，“侧芽 A”可合成一些生长素，通过“短距离单方向的极性运输”方式运送至“胎 A”的木质部。“侧芽 B”也可合成一些生长素，通过“短距离单方向的极性运输”方式运送至“胎 B”的木质部（图 4-33、图 4-34）。

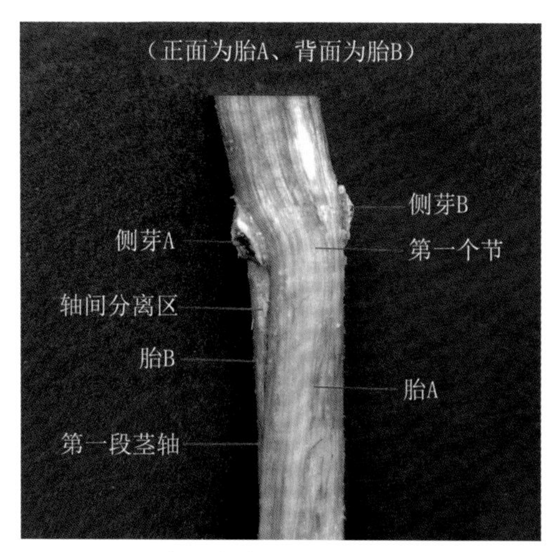

图 4-33 鸡矢藤第一段茎干木质部结构图

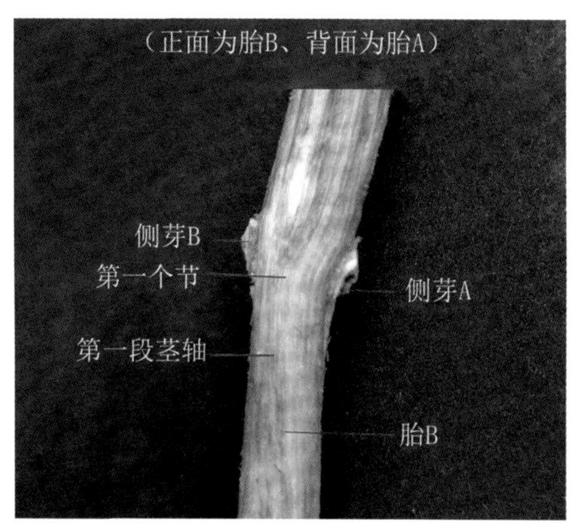

图 4-34 鸡矢藤第一段茎干木质部结构图

二、侧芽与“木质部小茎轴”的位置关系

正如本章第一节所述，鸡矢藤茎干各个节的侧芽位于相对应“木质部小茎轴”的“顺时针”方向一侧。例如，鸡矢藤茎干第一个节上的“侧芽 A”和“侧芽 B”，分别位于第一段茎干“胎A”和“胎 B”的“顺时针”方向一侧（图 4-35、图 4-36）。

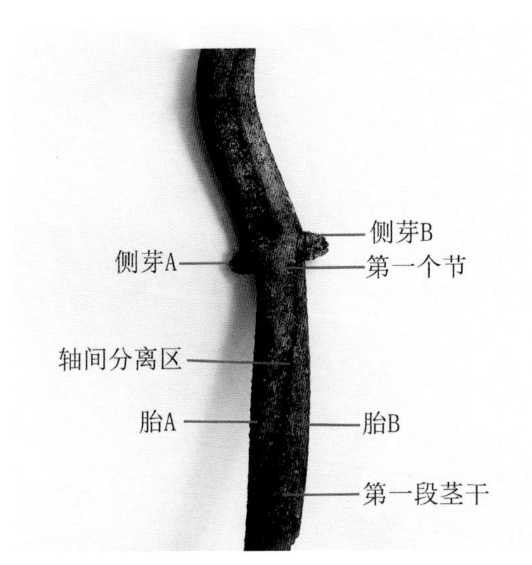

图 4-35　鸡矢藤第一段茎干结构图

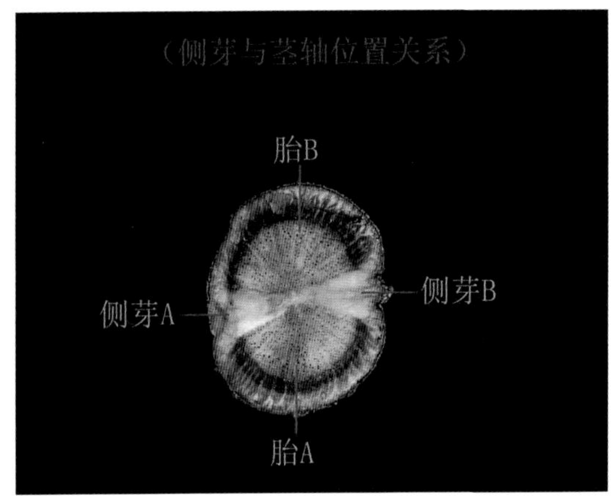

图 4-36　鸡矢藤茎干第一个节横切面结构图

三、轴间分离区——薄壁组织

图 4-37 所示为鸡矢藤第一段茎干节间横切面结构。由图片可见，“轴间分离区”细胞组织的颜色与髓心的颜色相同，均为白色。因维管植物的髓心为薄壁细胞，由此推想，“轴间分离区”的细胞同样应为薄壁细胞。

图 4-38 所示为鸡矢藤茎干第一个节横切面结构。由图片可见，侧芽与“木质部小茎轴”之间的“轴间分离区”组织的颜色均为白色，也与髓心的颜色相同。由此推想，这些“轴间分离区”组织也属于薄壁细胞。

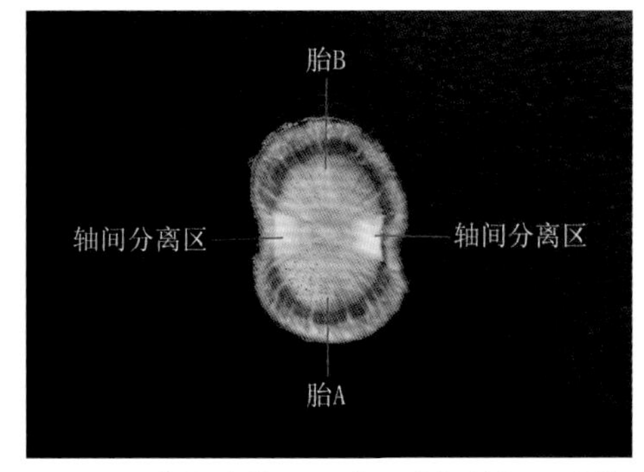

图 4-37 鸡矢藤第一段茎干节间横切面结构图

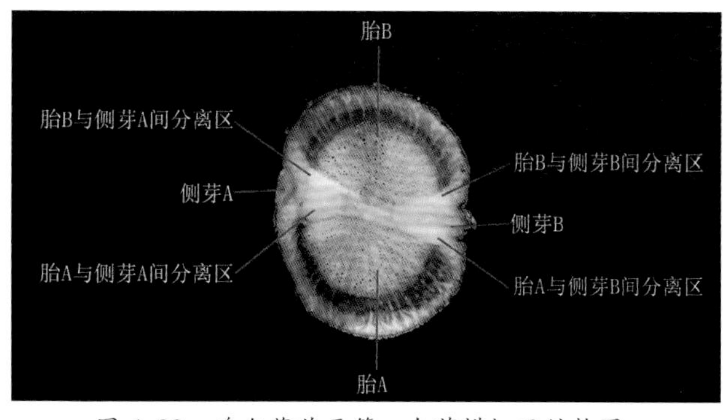

图 4-38 鸡矢藤茎干第一个节横切面结构图

图 4-39、图 4-40 所示为鸡矢藤第一段茎干木质部结构。由图片可见，在“胎 A”和“胎 B”的木质部之间具有由薄壁细胞组成的“轴间分离区”，将两者分隔。

茎干解剖结果显示，在鸡矢藤茎干其他段落的两股“木质部小茎轴”之间，同样具有由薄壁组织组成的“轴间分离区”，将两者分隔。

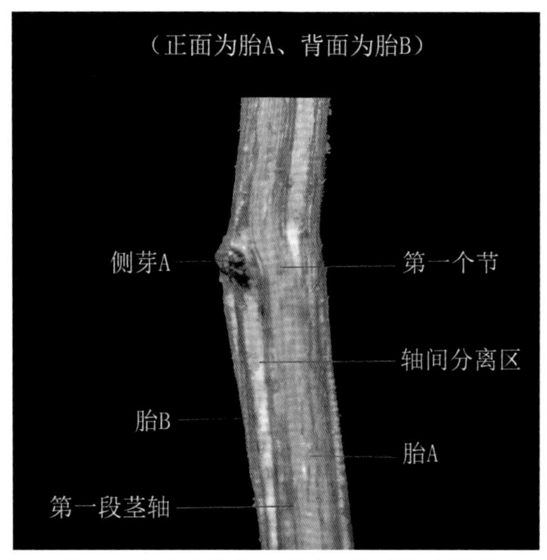

图 4-39 鸡矢藤第一段茎干木质部结构图

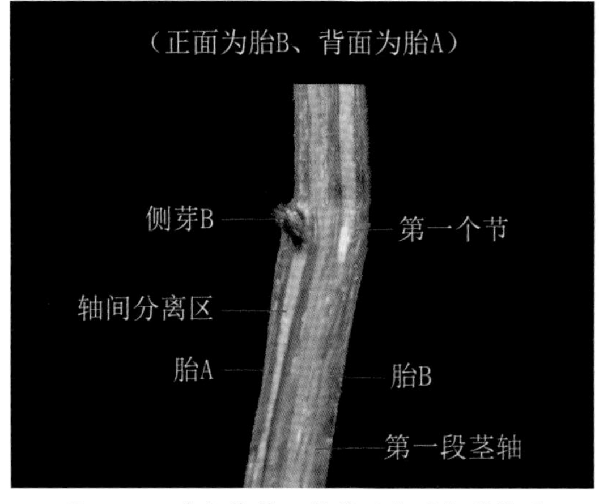

图 4-40 鸡矢藤第一段茎干木质部结构图

四、轴间形成层

如前所述，在鸡矢藤茎干的各个节上的两个侧芽是由相对应的“木质部小茎轴”通过“主轴分枝”产生的，两者的维管束相通，可直接进行物质交换（包括生长素）。在茎干生长过程中，侧芽顶端的分生组织可产生一些生长素。这些生长素通过“短距离单方向的极性运输”方式，运送至茎干各段落相对应的“木质部小茎轴”，然后渗透至“轴间分离区”。在来自侧芽产生的生长素刺激下，相对应“木质部小茎轴”旁边的“轴间分离区”部分薄壁组织脱分化，转变为“轴间形成层”，恢复细胞分裂能力。

例如，在鸡矢藤的第一段茎干，“侧芽 A”是由“胎 A”产生的，两者的维管束相通。“侧芽 A”产生的生长素可透过相通的维管束，通过“短距离单方向的极性运输”方式，运送至“胎 A”的木质部，然后渗透至木质部旁边的“轴间分离区”，从而使“轴间分离区”紧靠“胎 A”侧的薄壁组织脱分化，转变为“胎 A 的轴间形成层”，恢复细胞分裂能力。但是，由于生长素具有“短距离单方向极性运输”的特点，因此“侧芽 A”产生的生长素无法运送至“胎 B”的木质部。于是，在“轴间分离区”中紧靠“胎 B”侧的薄壁组织仍然保持“轴间分离区”功能，并在这个位置上始终将“胎 A”和“胎 B”分隔开来（图 4-41）。

在这段茎干，“侧芽 B”与“胎 B”的维管束也是相通的。“侧芽 B”产生的生长素也可通过“短距离单方向的极性运输”方式，运送至“胎 B”的木质部，然后渗透至木质部旁边的“轴间分离区”，从而使“轴间分离区”中紧靠“胎 B”侧的薄壁组织脱分化，转变为“胎 B 的轴间形成层”。同样，由于生长素具有“短距离单方向极性运输”的特点，“侧芽 B”产生的生长素也无法运送至“胎 A”的木质部，因此“轴间分离区”中紧靠“胎 A”侧的薄壁组织也始终保持着“轴间分离区”功能，并在这个位置上始终将“胎 A”和“胎 B”分隔开来（图 4-42）。

如前所述，在鸡矢藤茎干其他段落各个节上都有两个侧芽。每段茎干都有两股“木质部小茎轴”，并具有由薄壁组织组成的“轴间分离区”，将两者分隔。依据上述茎干结构推想，在茎干生长过程中，各个节上侧芽合成的生长素均可通过“短距离单方向的极性运输”方式，运送至茎干各段落相对应的“木质部小茎轴”，从而使相对应“木质部小茎轴”侧的“轴间分离区”部分薄壁组织脱分化，转变为“轴间形成层”，恢复细胞分裂能力（图 4-43）。

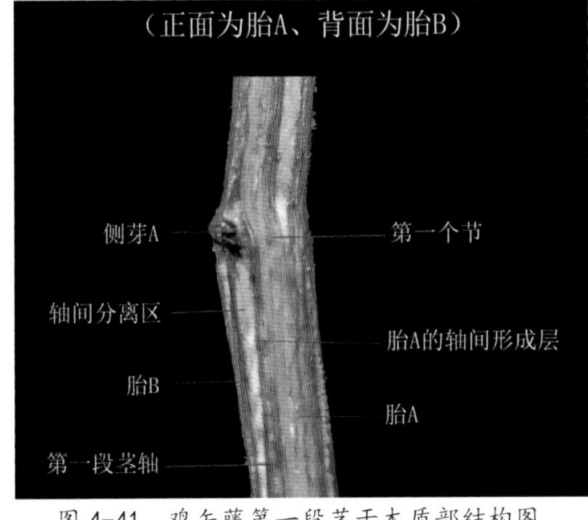

图 4-41　鸡矢藤第一段茎干木质部结构图

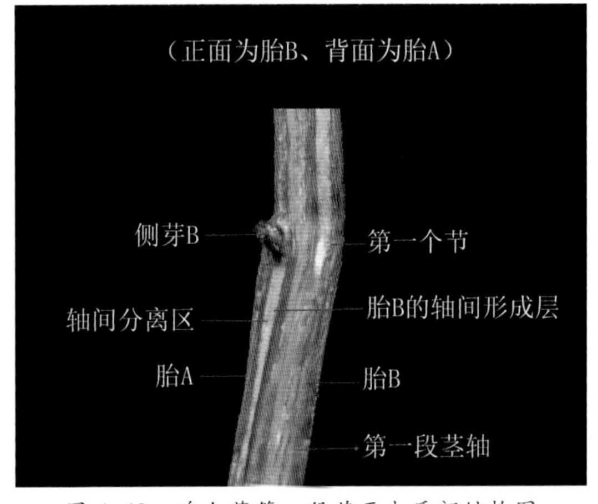

图 4-42　鸡矢藤第一段茎干木质部结构图

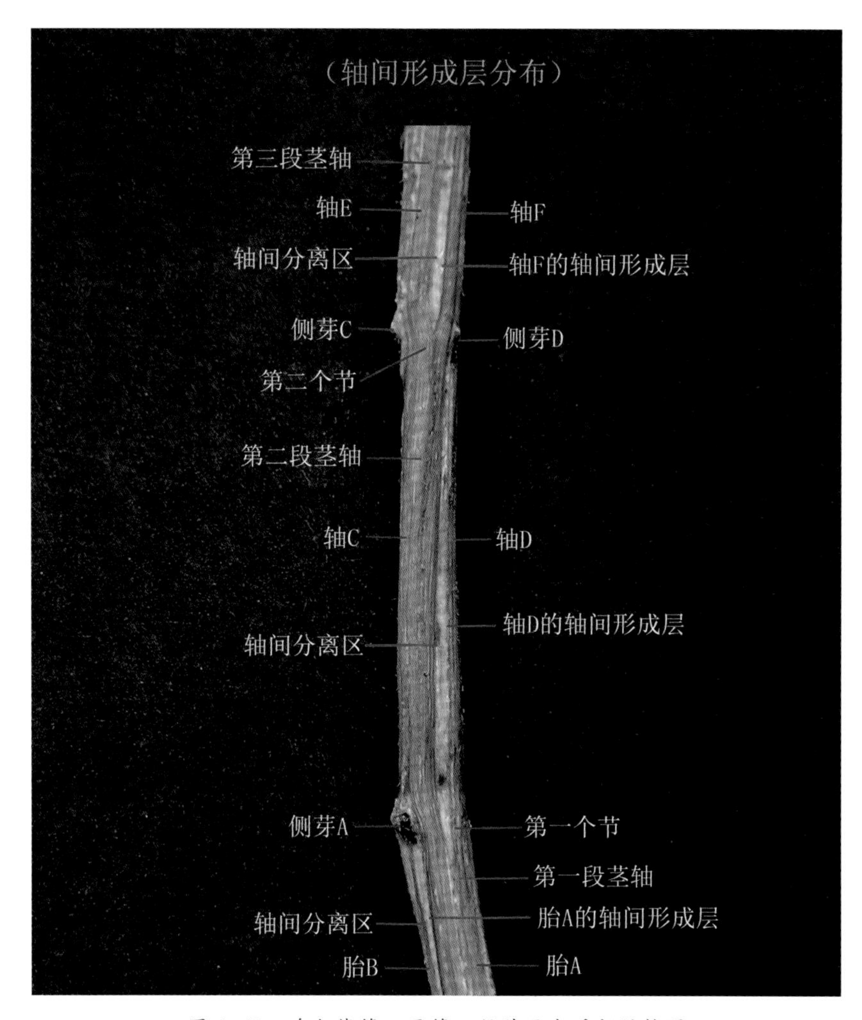

图 4-43 鸡矢藤第一至第三段茎干木质部结构图

五、茎干木质部形成方式

如前所述，鸡矢藤是一种茎干向着“逆时针”方向扭转、向着“顺时针”方向缠绕的植物，茎干由两股“木质部小茎轴”组成。依据鸡矢藤茎干扭转和缠绕方向，以及“风车原理”和“绞绳原理”推想，茎干中的侧芽和“轴间形成层”位于相对应“木质部小茎轴”的“顺时针”方向一侧。在茎干生长过程中，受到来自侧芽产生的生长素刺激，茎干各段落相对应“木质部小茎轴”侧的“轴间形成层”细胞分裂，从而使木质部维管组织不断增加，茎干不断加粗。

例如，在第一段茎干，“侧芽 A”和“胎 A 的轴间形成层”位于“胎 A 木质部小茎轴”的“顺时针”方向一侧。受到来自“侧芽 A”产生的生长素的刺激，“胎 A 的轴间形成层”不断进行细胞分裂，产生新的细胞分化为木质部维管组织，从而使“胎 A”的木质部逐渐增加。同样，“侧芽 B”和“胎 B 的轴间形成层”也位于“胎 B 木质部小茎轴”的“顺时针”方向一侧。受到来自“侧芽 B”产生的生长素的刺激，“胎 B 的轴间形成层”不断进行细胞分裂，产生新的细胞分化为木质部维管组织，也使“胎 B”的木质部逐渐增加（图 4-44 至图 4-46）。

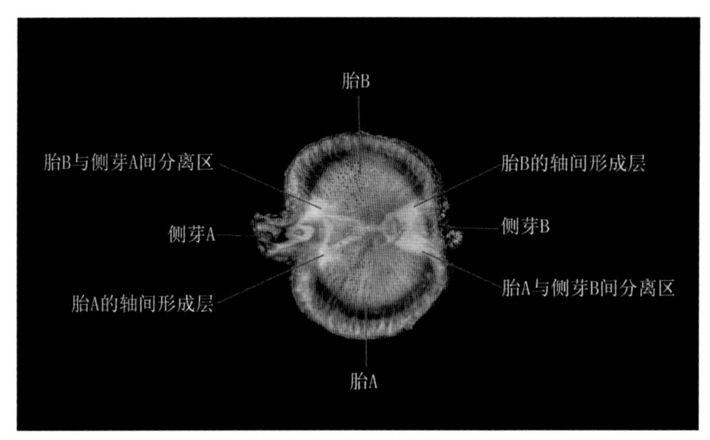

图 4-44　鸡矢藤茎干第一个节横切面结构图

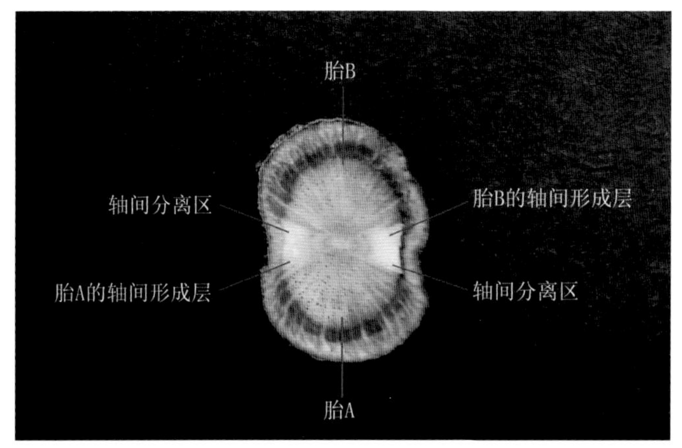

图 4-45　鸡矢藤第一段茎干节间横切面结构图

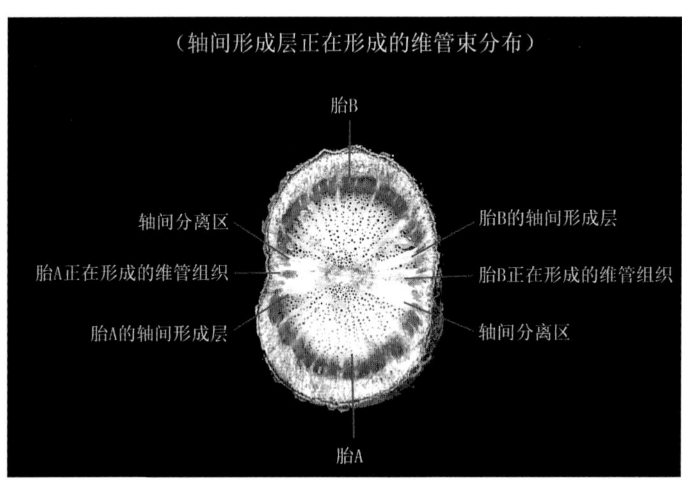

图 4-46　鸡矢藤茎干节间横切面结构图

六、相关问题

（一）维管形成层

正如本章第一节所述，和其他普通维管植物一样，鸡矢藤的茎干也由髓心、初生木质部、

木质部、韧皮部和木栓层等组织构成。另外，在鸡矢藤茎干的木质部和韧皮部之间还存在着“维管形成层”。

“维管形成层”的细胞分裂，向内产生木质部，向外产生韧皮部。由此可见，鸡矢藤茎干木质部的维管组织不仅来源于“轴间形成层”的细胞分裂，也来源于“维管形成层”的细胞分裂。也就是说，鸡矢藤茎干的木质部是由“维管形成层”和“轴间形成层”通过细胞分裂，共同产生的维管组织组合而成的（图 4-47）。

但是，鸡矢藤茎干的木质部没有年轮。由此推想，木质部的维管组织主要来源于“轴间形成层”的细胞分裂。

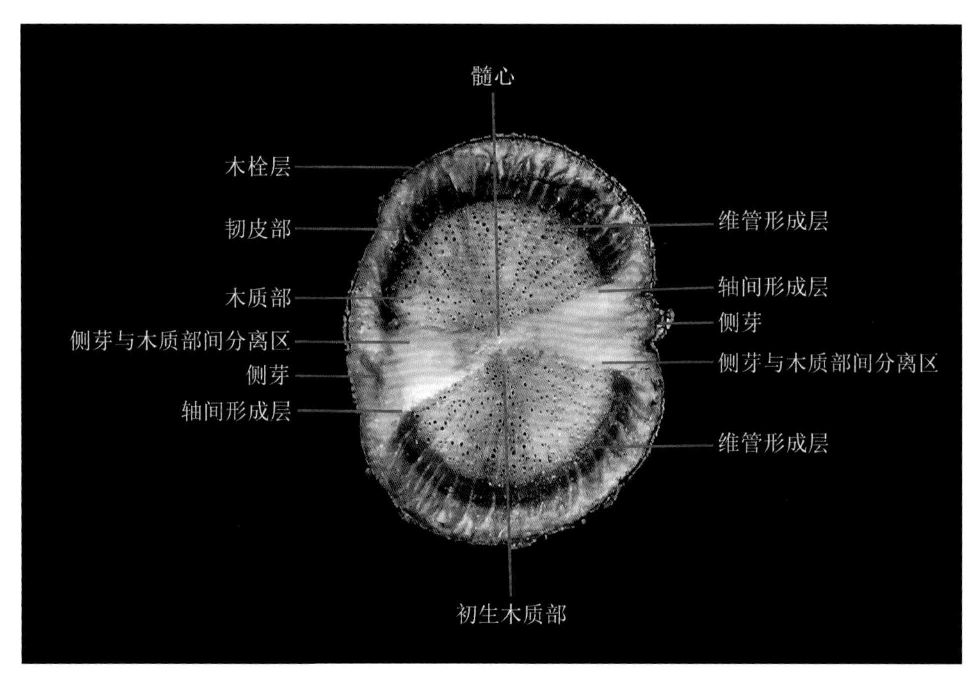

图 4-47 鸡矢藤茎干节横切面结构图

依据鸡矢藤茎干木质部的形成方式可以推想，其他缠绕性藤本植物的木质部也是由“维管形成层”和“轴间形成层”共同进行细胞分裂形成的，而且主要来源于“轴间形成层”的细胞分裂。

（二）射线

根据胡正海主编的《植物解剖学》记载，“具有宽阔的射线是藤本植物的一个普遍特征”。图 4-48 为鸡矢藤茎干节间横切面结构，由图片可见，鸡矢藤茎干的木质部确实存在宽阔的射线。依据这个特征也可断定，鸡矢藤茎干木质部的维管组织主要来源于“轴间形成层”细胞分裂。“轴间形成层”细胞分裂产生的新细胞，一部分分化为木质部维管组织，一部分分化为射线，因而导致茎干木质部中具有宽阔的射线。

研究表明，上述特征在许多缠绕性藤本植物的茎干中也确实存在。由此推想，其他缠绕性藤本植物茎干木质部维管组织也主要来源于“轴间形成层”细胞分裂。

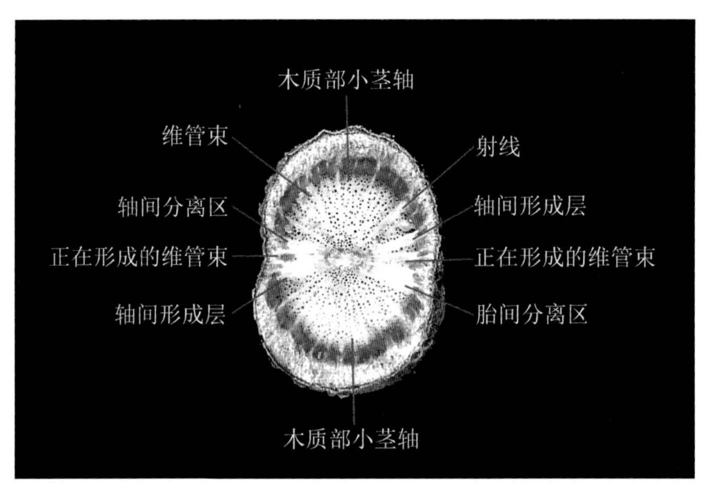

图 4-48　鸡矢藤茎干节间横切面结构图

第三节　茎干缠绕规律

与普通维管植物相比较，茎干由两股“木质部小茎轴”组成、具有“连体双胞胎”特点的鸡矢藤的茎干结构是很特别的（详见本章第一、第二节）。正因为具有特殊的茎干结构，才导致茎干按照固有的规律发生缠绕。研究表明，与其他缠绕性藤本植物一样，鸡矢藤的茎干缠绕包括“茎轴错位”“茎干扭转”和“茎干缠绕”三个环节。

一、茎轴错位

正如本章第一、第二节所述，鸡矢藤的茎干由两股“木质部小茎轴”组成，并具有“轴间分离区”将两者分隔 。在鸡矢藤的种子发芽并形成第一段茎干后，经过一系列有规律的分拆和重新组合，然后生成第二段茎干。在这个过程中，茎干木质部自然而然地发生了“茎轴错位”，错位的角度为 90°。

图 4-49 至图 4-56 所示为鸡矢藤第一至第二段茎干木质部结构和外观结构。

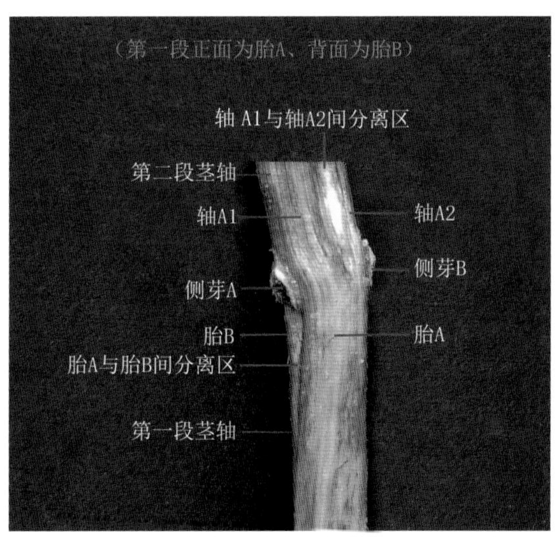

图 4-49　鸡矢藤第一至第二段茎干木质部结构图

在鸡矢藤的种子发芽，形成第一段茎干后继续生长。首先由“胎A”和“胎B”通过“主轴分枝”，分别萌发“侧芽A”和“侧芽B”，形成第一个节。然后由“胎A”通过“假二叉分枝”形成“轴A1”和“轴A2”（图4-49），由“胎B”通过“假二叉分枝”形成“轴B1”和“轴B2”（图4-50）。接着由“轴A1”和“轴B2”遵循“连理枝”原理组合成“轴C”（图4-51），由“轴A2”和“轴B1”遵循“连理枝”原理组合成“轴D”（图4-52）。紧接着，由“轴C”和“轴D”遵循“连理枝”原理组合，形成第二段茎轴（图4-53）。

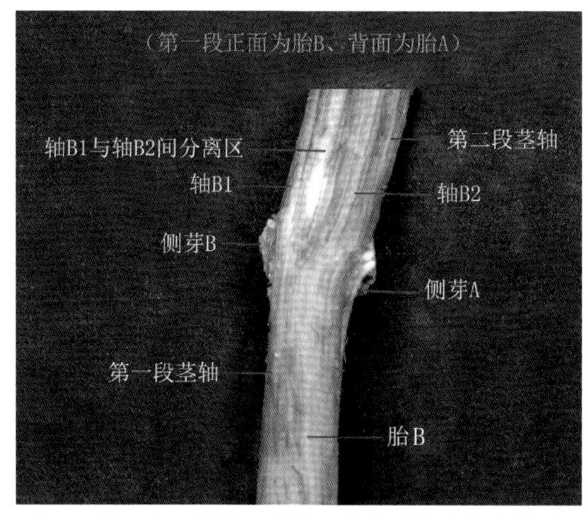

图4-50 鸡矢藤第一至第二段茎干木质部结构图

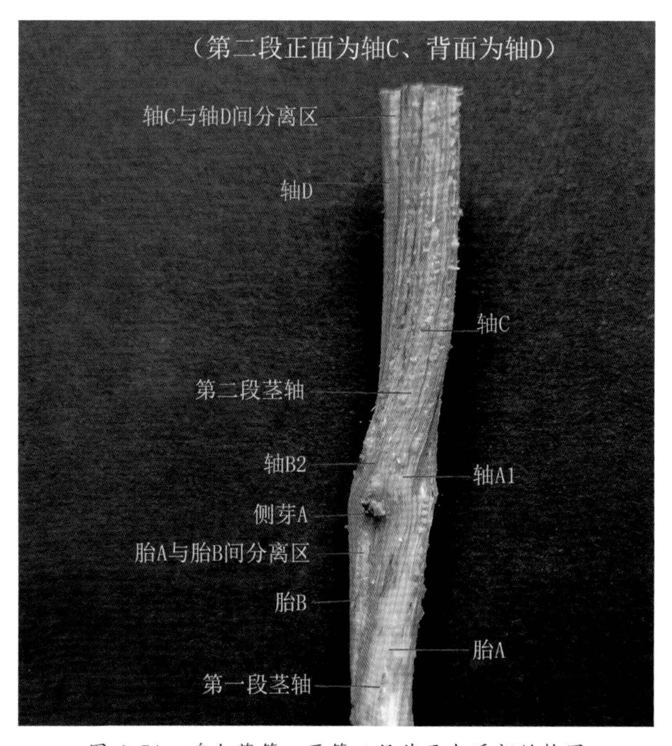

图4-51 鸡矢藤第一至第二段茎干木质部结构图

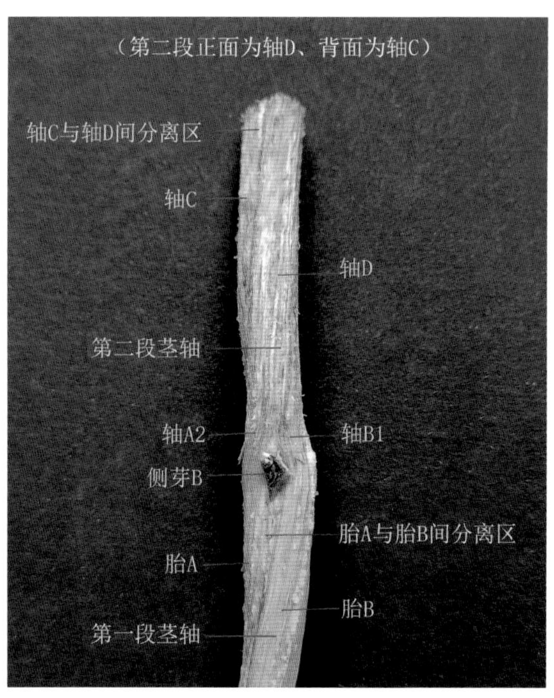

图 4-52　鸡矢藤第一至第二段茎干木质部结构图

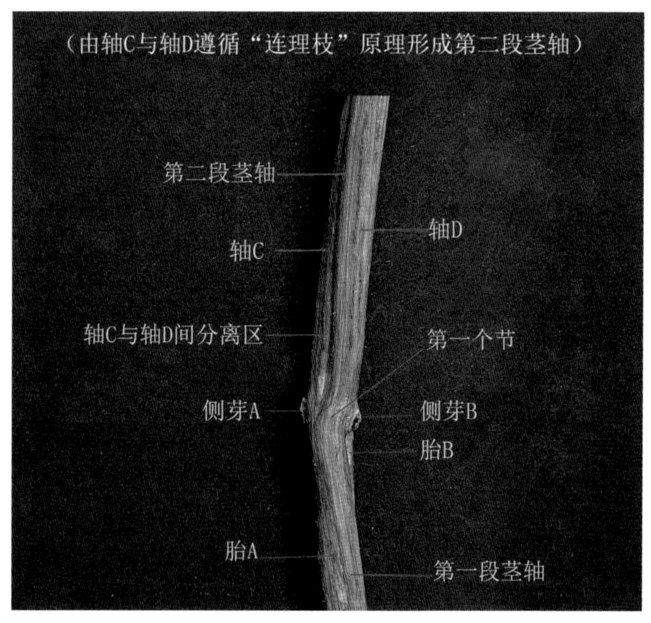

图 4-53　鸡矢藤第一至第二段茎干木质部结构图

由图4-54可见，在第一段茎轴上，“胎A”和“胎B”呈左、右两侧分布。在第二段茎轴上，“轴C”和“轴D”则呈正、背两面分布。由此可见，当茎干生长从第一段伸展至第二段后，木质部已发生了“茎轴错位”，错位的角度为90°。

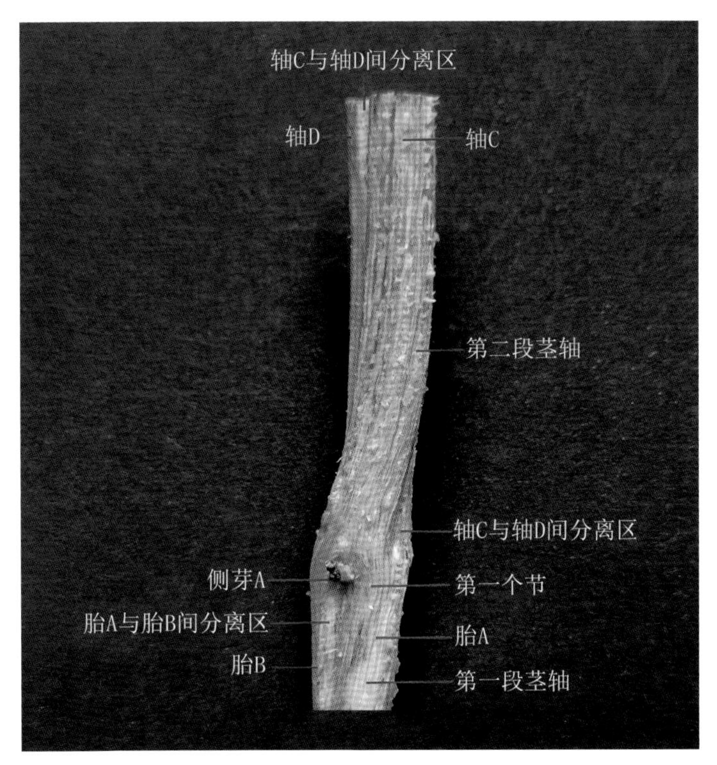

图 4-54 鸡矢藤第一至第二段茎干木质部结构图

由图 4-55 和图 4-56 可见，在第一个节上，“侧芽 A”和“侧芽 B”分别位于茎干的左、右两侧。在第二个节上，“侧芽 C”和“侧芽 D”则分别位于茎干的正、背两面。从前后两个节上侧芽分布的位置变化也可证明，当茎干生长从第一段伸展至第二段后，茎干发生了 90° 的错位。

研究表明，在鸡矢藤茎干其他段落各个节的前后，茎干木质部在竖向结构上也必然发生 90° 的“茎轴错位”。

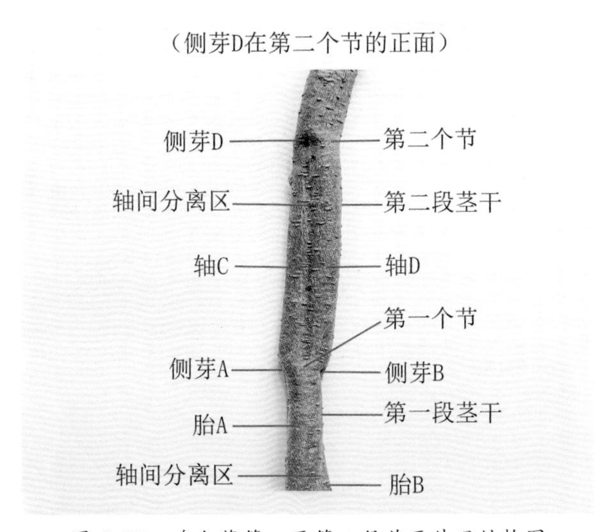

图 4-55 鸡矢藤第一至第二段茎干外观结构图

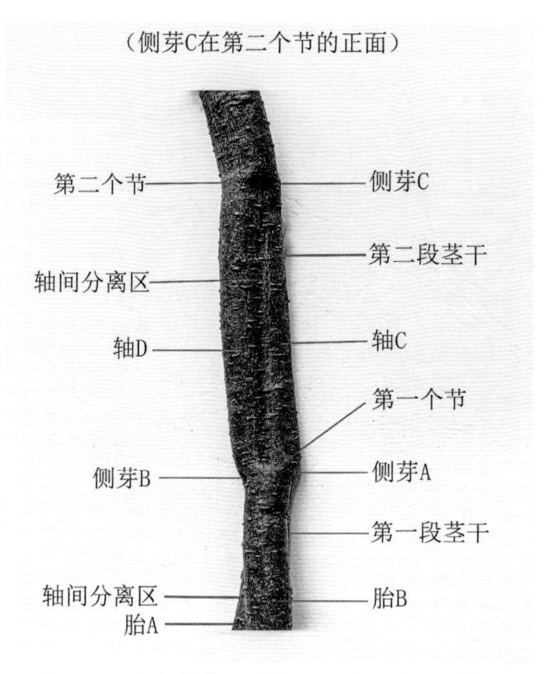

图 4-56　鸡矢藤第一至第二段茎干外观结构图

二、茎干扭转

鸡矢藤的茎干由两股“木质部小茎轴”组成。在两股“木质部小茎轴”之间具有“轴间分离区”和“轴间形成层”。依据“风车原理”，茎干中的“轴间形成层”具有相当于风车中风叶上的“风兜”功能。在茎干生长过程中，通过“轴间形成层”的细胞分裂，在不断增加茎干木质部维管组织的同时，也在茎干相对应“木质部小茎轴”的“顺时针”一侧产生推动力，从而导致茎干向着“逆时针”方向发生扭转。

图 4-57 至图 4-60 所示分别为鸡矢藤第一段茎干的横切面结构和木质部竖向结构。正如本章第一、第二节所述，鸡矢藤是一种茎干向着“逆时针”方向扭转、向着“顺时针”方向缠绕的植物，侧芽和“轴间形成层”位于相对应“木质部小茎轴”的“顺时针”方向一侧。即“侧芽 A”和“胎

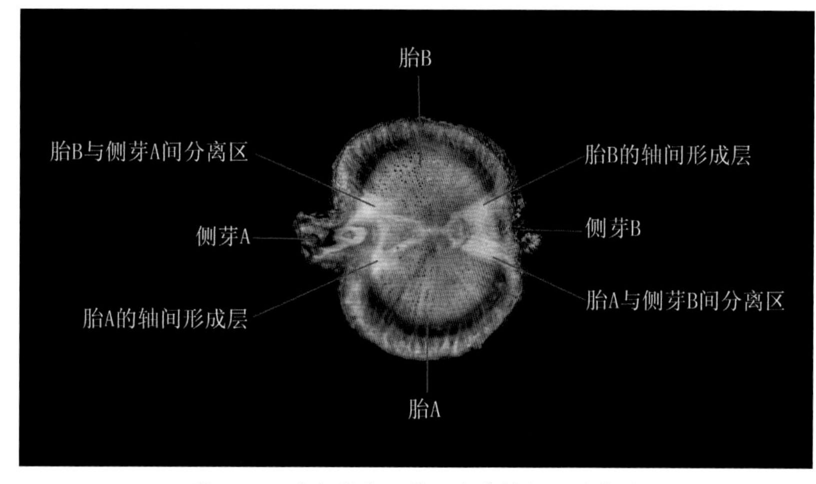

图 4-57　鸡矢藤茎干第一个节横切面结构图

A 的轴间形成层”位于“胎 A”木质部的“顺时针”方向一侧，“侧芽 B”和“胎 B 的轴间形成层”位于“胎 B”木质部的“顺时针”方向一侧。

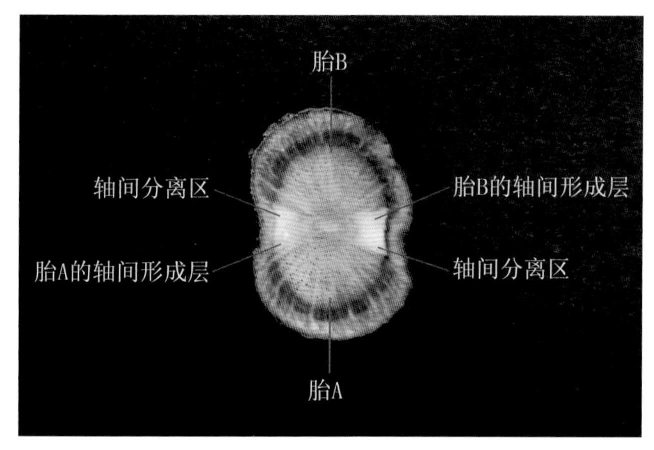

图 4-58　鸡矢藤第一段茎干节间横切面结构图

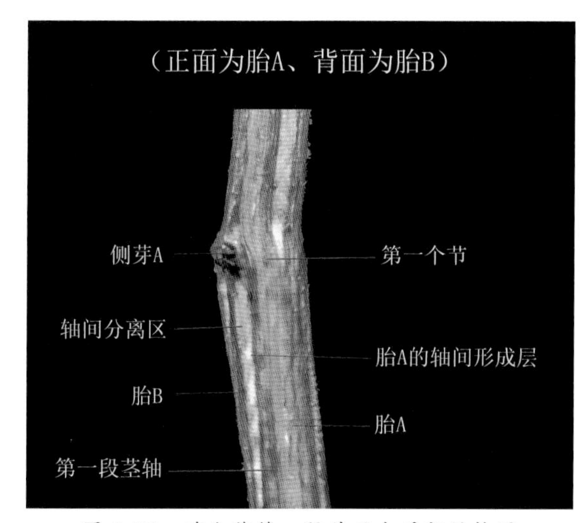

图 4-59　鸡矢藤第一段茎干木质部结构图

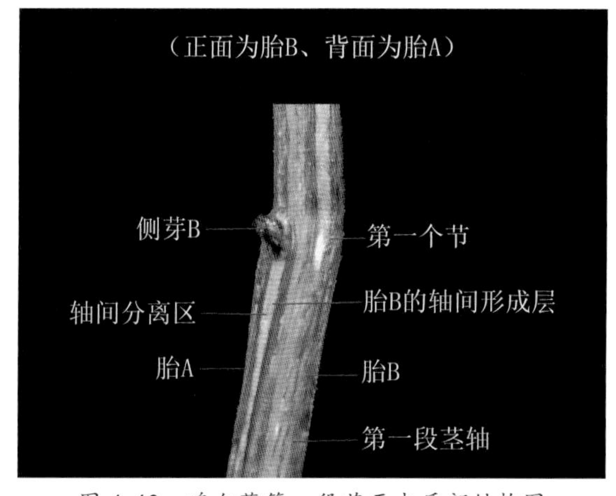

图 4-60　鸡矢藤第一段茎干木质部结构图

图 4-61 所示为鸡矢藤第一段茎干木质部剖面结构，其中（3）为第一段茎干完整的木质部，（1）和（2）为以（3）木质部的髓心为中心，沿竖向将其剖开，分成两部分，（1）为“胎 A”，（2）为“胎 B”。按照鸡矢藤茎干的扭转和缠绕方向，以及“风车原理”和“绞绳原理”推想，在图中（1）的“胎 A”中，以髓心为界，紧靠“侧芽 A”一侧为“胎 A 的轴间形成层”，另一侧为“轴间分离区”。在图中（2）的“胎 B”中，以髓心为界，紧靠“侧芽 B”一侧为“胎 B 的轴间形成层”，另一侧为“轴间分离区”。

在茎干生长过程中，受到来自“侧芽 A”产生的生长素刺激，“胎 A 的轴间形成层”细胞分裂，必然导致“胎 A”的“顺时针”方向一侧的维管组织数量不断增加。同样，受到来自“侧芽 B”产生的生长素刺激，“胎 B 的轴间形成层”的细胞分裂，也可导致“胎 B”的“顺时针”方向一侧的维管组织数量不断增加。

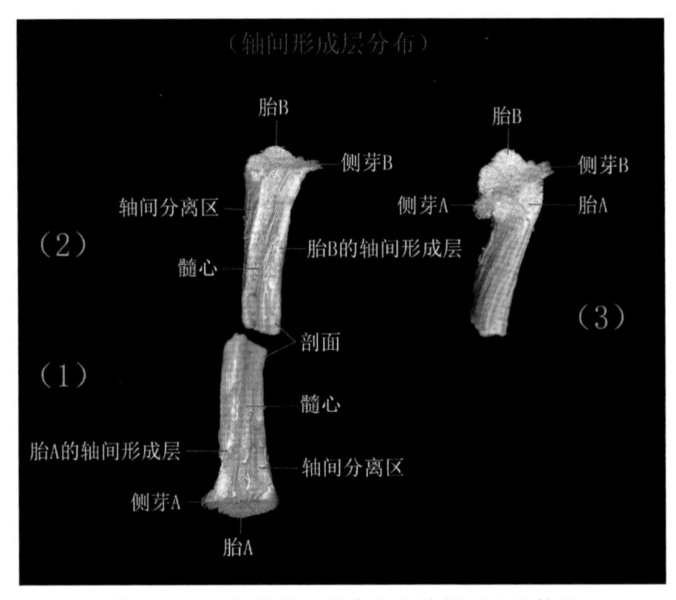

图 4-61　鸡矢藤第一段茎干木质部剖面结构图

图 4-62 所示为鸡矢藤第一段茎干节间横切面结构。由图片可见，在“胎 A”的“顺时针”方向一侧，“胎 A 的轴间形成层”正在进行细胞分裂，形成一些新的维管组织外宽内窄，呈“木楔”状镶嵌在“胎 A”的边缘。同样，在“胎 B”的“顺时针”方向一侧，“胎 B 的轴间形成层”细胞分裂，也形成一些新的维管组织，呈“木楔”状镶嵌在“胎 B”的边缘。随着新的维管组织数量不断增加和细胞体积不断增大，必然在“胎 A”和“胎 B”的“顺时针”方向一侧分别产生推动力，推动“胎 A”和“胎 B”向着“逆时针”方向移动。

按照“风车原理”，在来自“胎 A 的轴间形成层”和“胎 B 的轴间形成层”细胞分裂产生的两股推动力共同作用下，“胎 A”和“胎 B”必然以“髓心”为中心，像“风车”一样向着“逆时针”方向旋转（图 4-63）。于是，第一段茎干向着“逆时针”方向发生“茎干扭转”（图 4-64）。

研究表明，和第一段茎干一样，鸡矢藤茎干其他段落“轴间形成层”细胞分裂所产生的推动力，也会导致各段落向着“逆时针”方向不断发生“茎干扭转”。

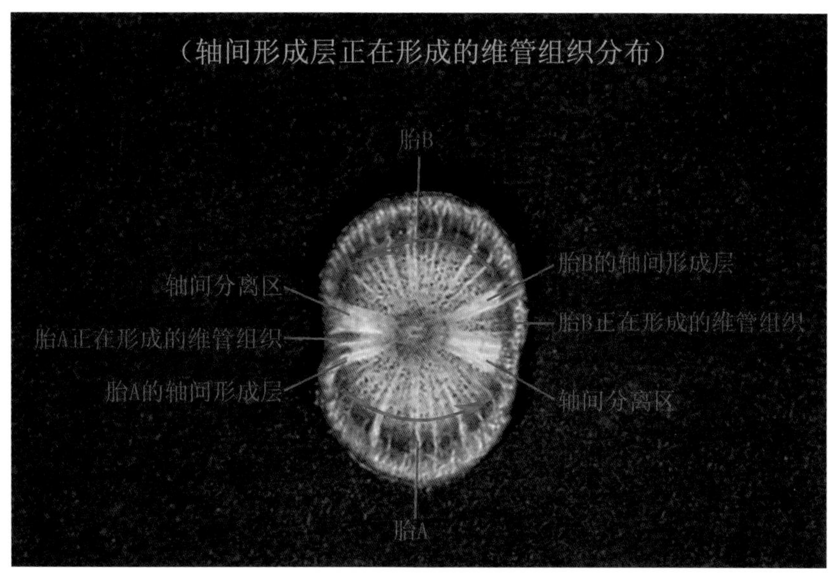

图 4-62 鸡矢藤第一段茎干节间横切面结构图

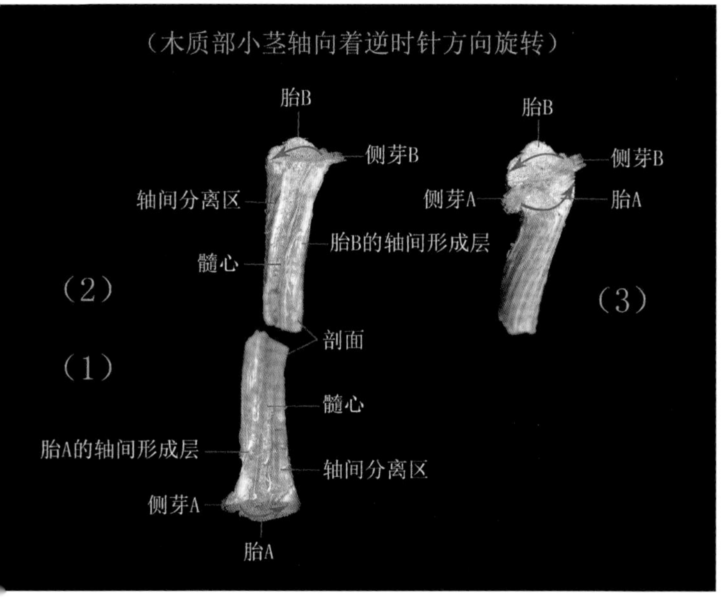

图 4-63 鸡矢藤第一段茎干木质部剖面结构图

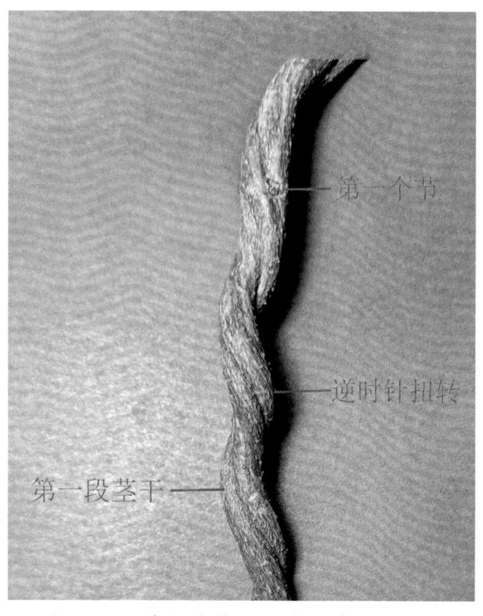

图 4-64 鸡矢藤第一段茎干外观结构图

三、茎干缠绕

如前所述，在鸡矢藤茎干生长过程中，“轴间形成层”细胞分裂，在使木质部维管组织不断增加的同时，还产生推动力，推动各段落向着“逆时针”方向不断发生“茎干扭转”。

按照“绞绳原理”，当茎干向着“逆时针”方向扭转至紧绷状态，在内部就会形成一股与茎干扭转方向相反的“内应力”，导致茎干发生扭曲（图 4-65）。当扭转至紧绷状态的茎干在不断向前伸展时遇到“支持物”，就会遵循“绞绳原理”，向着“顺时针”方向缠绕在“支持物”上（图 4-66）。

图 4-65　鸡矢藤的茎

图 4-66　鸡矢藤的茎

图 4-67 所示为鸡矢藤的茎。由图片可见，因茎干在向前生长过程中受到了障碍物的阻挡，不得已回过头来继续生长。于是，同一条茎干对折成两段，并遵循“风车原理”和“绞绳原理”向着“顺时针”方向相互纠缠在一起，扭成一股绳。

图 4-67　鸡矢藤的茎

综上所述，在鸡藤茎干生长过程中，“轴间形成层”细胞分裂产生的作用力，推动茎干向着“逆时针”方向扭转、向着“顺时针”方向缠绕。这就是“连体双胞胎植物”——鸡矢藤茎干缠绕的规律。

四、相关问题

（一）茎干木质部连带韧皮部同步转动

图 4-68 所示为鸡矢藤的茎干结构。由图片可见，茎干的韧皮部紧贴着木质部。当木质部在

“轴间形成层”细胞分裂产生的作用力推动下，遵循“风车原理”和“绞绳原理”发生转动时，必然连带着韧皮部作同步转动。

其他缠绕性藤植物亦然。

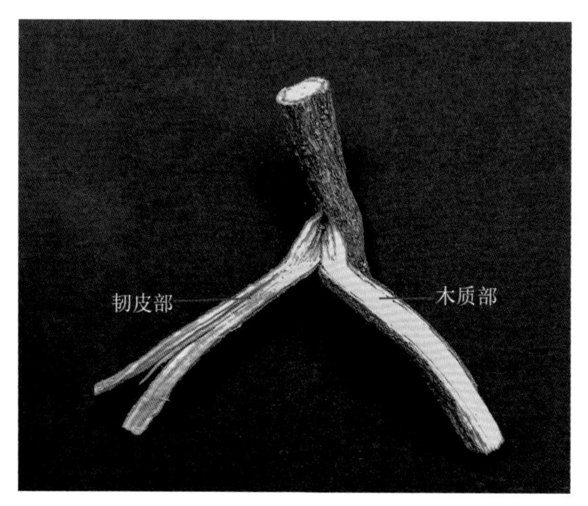

图 4-68 鸡矢藤茎干结构图

（二）缠绕在“支持物”上的茎干总是向上生长

和其他维管植物一样，缠绕性藤本植物的茎干生长也具有向光性。当遵循“绞绳原理”扭转至紧绷状态的幼茎在不断向前伸展过程遇到“支持物”时，为使叶片获得更多的阳光，提高光合作用的效率，幼嫩的茎干就会缠绕在“支持物”上，不断向上生长。

（三）藤本植物的旋绕方向可能与始祖植物起源地无关

长期以来，学术界普遍认为藤本植物的缠绕方向与太阳运动及阳光移动方向有关，并认为在自然界存在着生长于南半球和北半球两类缠绕植物的始祖，因此产生两种向着相反方向缠绕的植物。

根据达尔文的《攀援植物的运动和习性》（张肇骞 译）记载，他在观察缠绕植物的运动时发现：“几乎一切缠绕植物的轴都是真正扭转的，它们扭转的方向和自发旋转运动一致。”在书中，达尔文作出了一个假设，“假定沿枝条的北面从基部到顶端的一些细胞生长得比其他三面快得多，整个枝条势必会弯向南方，并且整个纵向生长面绕茎而转移，缓慢地离开北面并且转向西面，再转南面、东面，重新转到北面。”

从表面上看，上述假设是成立的，但经过深入分析，觉得还有一些说不清道不明的问题。当然，根据植物茎干生长“向光性”的特点，对于生长在北半球的藤本植物，在白天，其茎干随着光照角度的变化，由东面逐渐转向南面，再转向西面，这似乎是合理的。但在晚上，究竟有什么力量导致植物的茎干围绕着“支持物”，再由西面转向北面，然后重新回到东面呢？另外，同样是藤本植物，茎干的生长同样具有“向光性”，为什么有的藤本植物的茎干会缠绕，有的藤本植物的茎干不会缠绕？还有，为什么同一棵植物的不同植株，有的向着“顺时针”方向缠绕，有的向着“逆时针”方向缠绕？由此可见，达尔文所观察的现象，只不过是植物运动的过程，

还不能充分论证藤本植物在生长过程中有规律缠绕的机理。

如前所述，鸡矢藤茎干的缠绕包括“茎轴错位”“茎干扭转”和“茎干缠绕”三个环节。“茎轴错位”是由茎干各段落两股“木质部小茎轴”不断分拆和重新组合所致。“茎干扭转”和“茎干缠绕”是由茎干的侧生分生组织——“轴间形成层”细胞分裂产生的推动力所致。鸡矢藤茎干缠绕过程的三个环节足以证明，缠绕性藤本植物的茎干之所以能够缠绕，是因为其茎干具有的特定结构，以及茎干的生长过程遵循了“风车原理”和“绞绳原理”，这是内因。由此可见，缠绕性藤本植物茎干缠绕的方向与始祖植物起源地（南、北半球）、太阳运动及阳光移动方向等外在因素不一定有太大的关系。

第五章 双茎轴植物（葛）

胡适宜的《被子植物生殖生物学》记载，“在植物‘裂生多胚’现象中，有些植物可以从胚柄增殖而产生多胚……数个原胚同时生长一些时候，但只一个达到成熟……有一定数量突变体胚表现发育的缺陷。”依据这种现象推想，在植物开花授粉后，形成的“合子胚”可通过胚柄增殖的方式产生两个“原胚”。这两个“原胚”同时生长一段时间后，可能只有一个达到成熟，另一个则表现为发育的缺陷。在由这两个“原胚”发育而成的细胞团中，当小的细胞团被包裹在大的细胞团发育而成的胎儿体内时，就有可能形成“寄生胎植物”。

图 5-1　葛的叶

茎干解剖结果显示，葛的茎干由两股“木质部小茎轴”组成，并且在各个节上并列着生两个侧芽，在结构上具有“寄生胎”的特点。根据葛茎干的特殊结构，按照上述推想，本章以葛为例，试图从“寄生胎植物”的角度，探索“茎干由两股‘木质部小茎轴’组成，且节上并列着生两个侧芽”这一类型缠绕性藤本植物的茎干结构及其形成方式，以及茎干缠绕规律。

葛 *Pueraria lobata*（Willd）Ohwi 为蝶形花科。粗壮藤本，长达 8m，全体被黄色长硬毛。羽状复叶具 3 小叶，顶生小叶宽卵形或斜卵形，长 7 ～ 15cm。总状花序；花冠紫红色，旗瓣倒卵形。荚果扁平。花期 9 ～ 10 月，果期 11 ～ 12 月（图 5-1 至图 5-3）。

图 5-2　葛的花

图 5-3　葛的果

第一节　茎干结构

研究表明，葛也具有完全有别于普通维管植物的茎干结构，具有“寄生胎”的特点。

一、外观结构

图 5-4 至图 5-10 所示为葛的茎。由图片可见，茎的外观结构呈现以下特点：

①茎干扁平。

②茎干向着“顺时针”方向扭转、向着“逆时针”方向缠绕。

③前后两个节上着生的侧芽呈背向分布，前一个节的侧芽位于后一个节侧芽的背面。例如，茎干第二个节的侧芽位于第一个节侧芽的背面，第三个节的侧芽位于第二个节侧芽的背面，依此类推。如果将扭曲的茎干拉直，则前后两个节上的侧芽呈现背向 180° 分布。

④在茎干正面和背面各有一条浅沟。在节的正面，浅沟被侧芽分隔成段；在节的背面没有侧芽和节痕，浅沟穿节而过，贯穿前后两段茎干。

⑤在节的正面，有两个并列分布的侧芽。

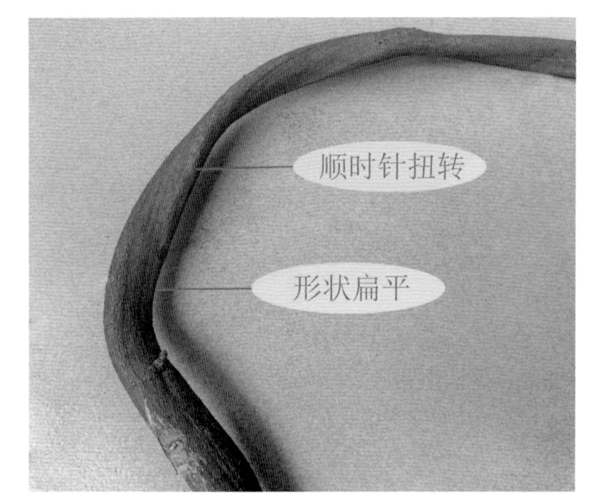

图 5-4　葛的茎

图 5-5　葛的茎

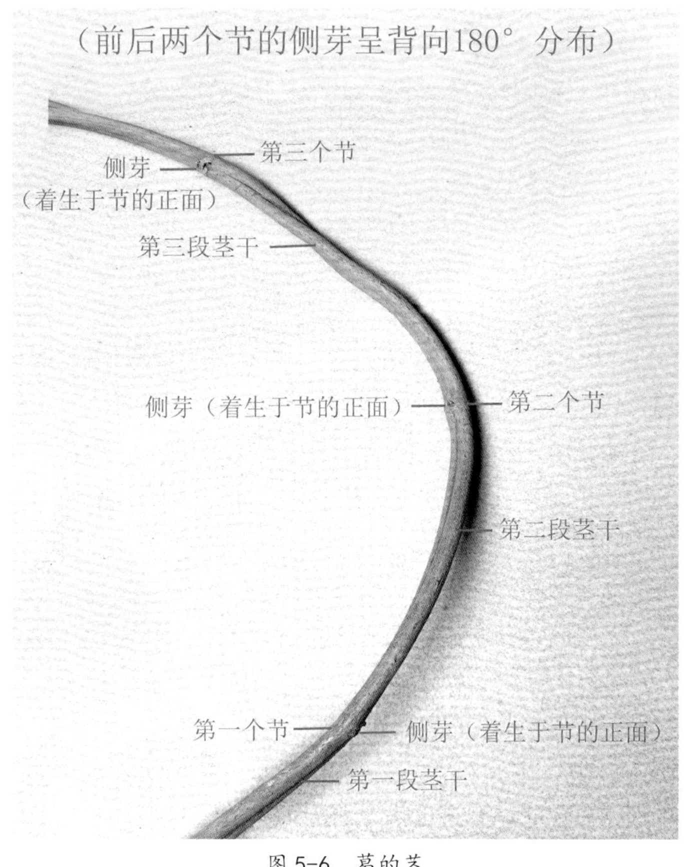

图 5-6 葛的茎

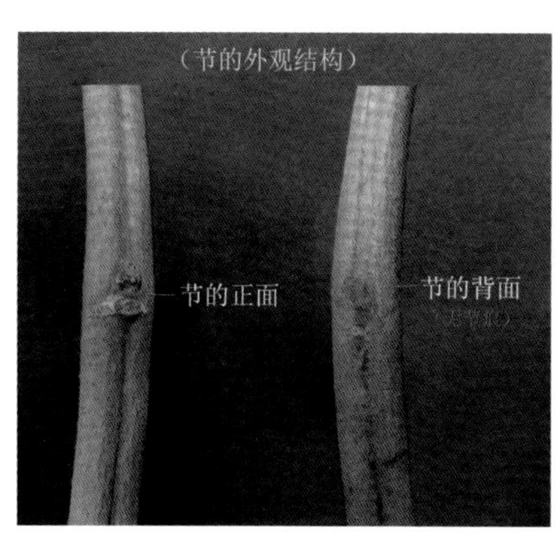

图 5-7 葛的茎

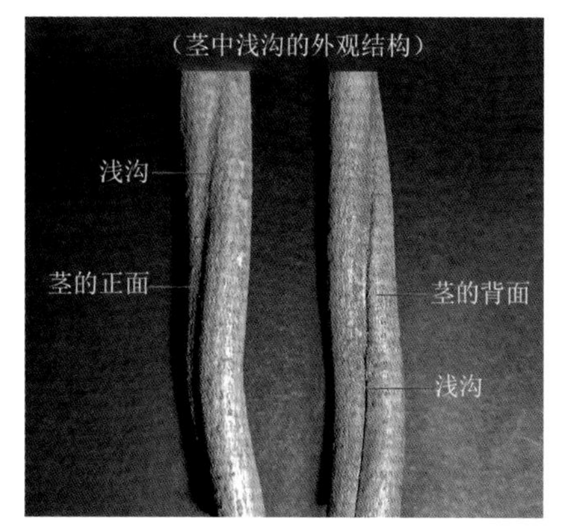

图 5-8 葛的茎

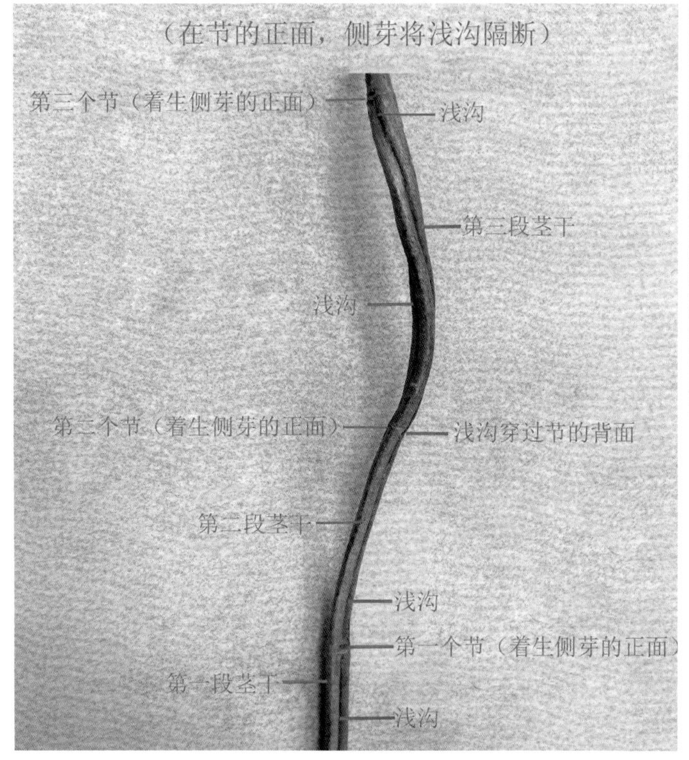

图 5-9 葛的茎

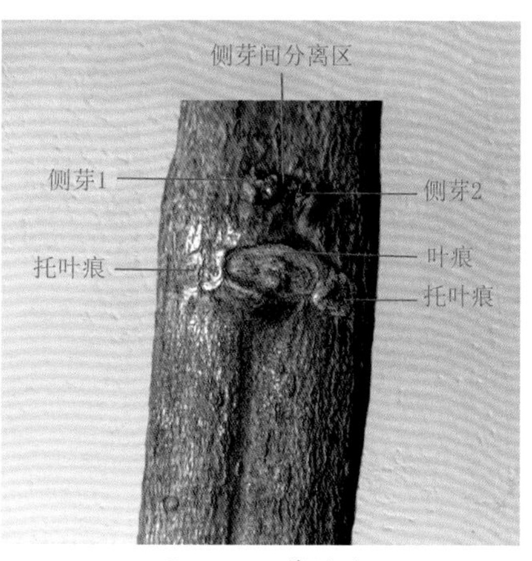

图 5-10 葛的茎

二、干枯茎干结构

图 5-11 所示为葛干枯的茎。由图片可见，在茎干的韧皮部和髓心等组织腐烂后，对剩下的木质部用手轻轻一剥就会分成两股。

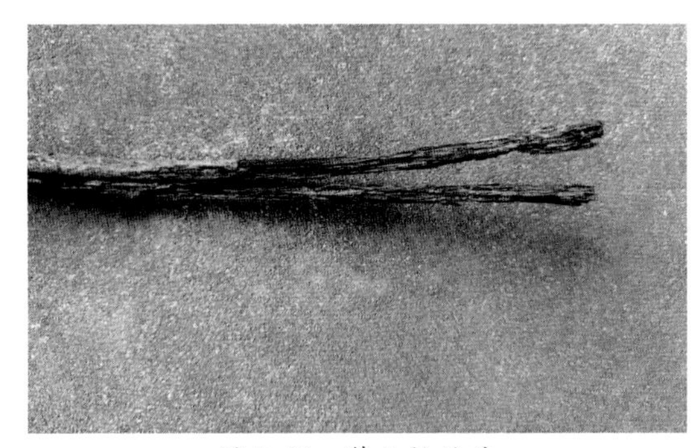

图 5-11　葛干枯的茎

三、节间横切面结构

图 5-12、图 5-13 所示为葛第一段茎干节间横切面结构。由图片可见，节间横切面结构具有以下特点：

①茎干由两股“木质部小茎轴”组成，并具有由薄壁细胞组成的“轴间分离区”，将其分隔。

②两股“木质部小茎轴”通过髓心、初生木质部和韧皮部连接在一起。

③没有年轮。

茎干解剖结果显示，茎干其他段落的节间横切面结构与第一段茎干相同。

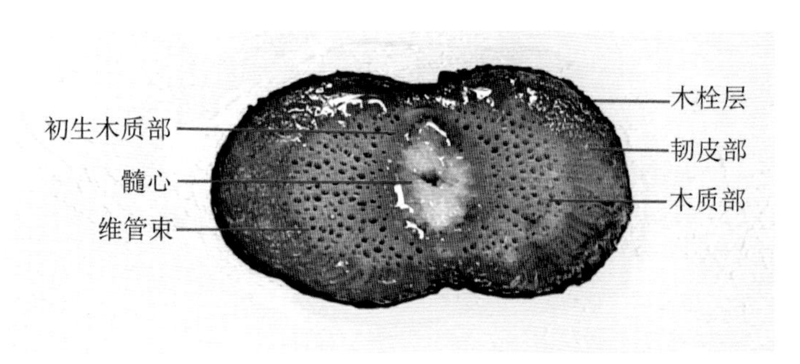

图 5-12　葛第一段茎干节间横切面结构图

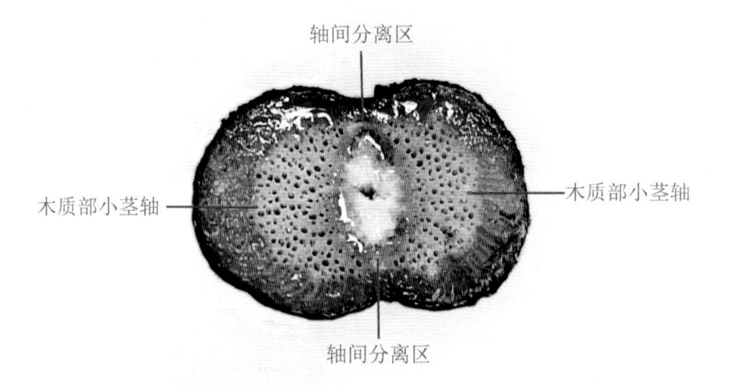

图 5-13　葛第一段茎干节间横切面结构图

四、节横切面结构

图 5-14、图 5-15 为葛茎干第一个节横切面结构。由图片可见，节横切面结构呈现以下特点：

①由侧芽和“轴间分离区”（薄壁组织）将两股“木质部小茎轴”分隔。

②在侧芽与“木质部小茎轴”之间具有由薄壁组织组成的“分离区”，将两者分隔。

茎干解剖结果显示，茎干其他段落的节横切面结构与第一个节相同。

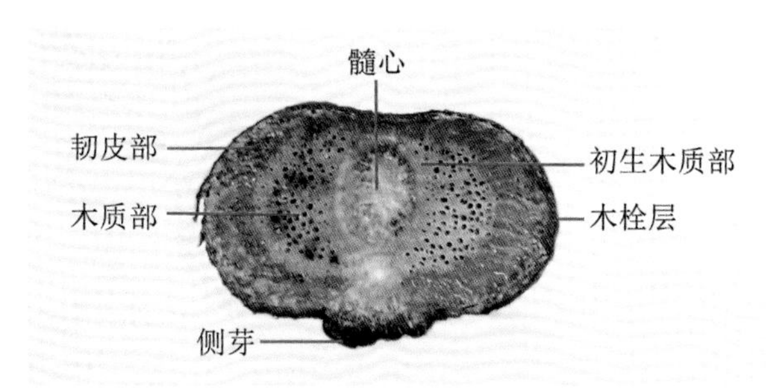

图 5-14 葛茎干第一个节横切面结构图

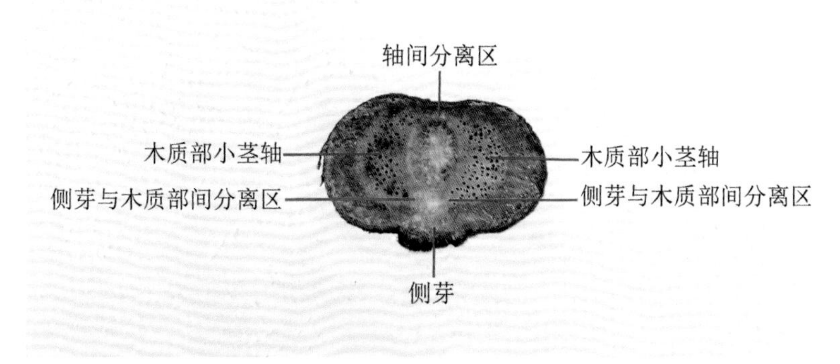

图 5-15 葛茎干第一个节横切面结构图

五、侧芽结构

图 5-16 为葛茎干第一个节侧芽结构。由图片可见，侧芽结构具有以下特点：

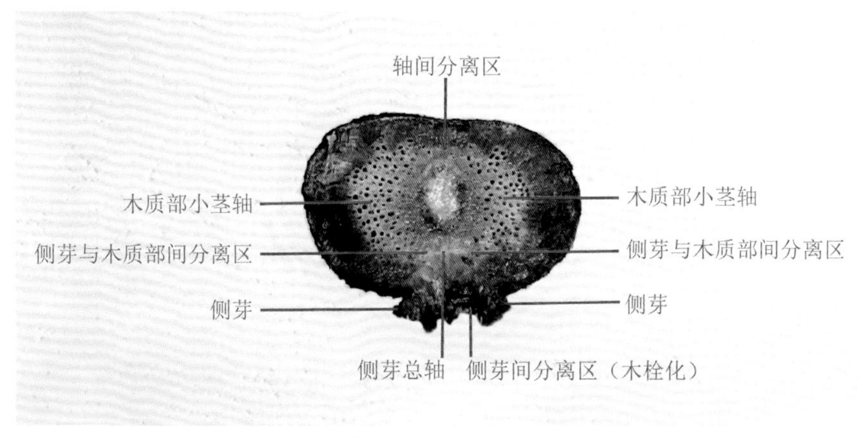

图 5-16 葛茎干第一个节横切面结构图

①在节的正面并列着生一大一小两个侧芽。

②两个侧芽的“芽轴”连接在一起，形成“侧芽总轴”，即在同一“侧芽总轴”上着生两个侧芽。

③“侧芽总轴”的基部与初生木质部和髓心相连。

茎干解剖结果显示，茎干其他段落各个节的侧芽结构，与第一个节的侧芽结构相同。

上述特征显示，葛的侧芽结构与其他维管植物的侧芽结构具有明显区别。葛在茎干各个节的“侧芽总轴”上并列着生一大一小两个侧芽，这种独特结构明显具备“寄生胎”的特征。

六、茎干木质部竖向结构

（一）第一段茎干

图 5-17 所示为葛第一段茎干木质部结构（将茎干剥皮）。由图片可见，第一段茎干木质部的竖向结构具有以下特点。

①在茎干的正、背两面都具有“轴间分离区”（薄壁组织），将两股“木质部小茎轴”分隔。

②在节的正面并列着生两个侧芽。

茎干解剖结果显示，茎干其他段落木质部的竖向结构与第一段茎干相同。

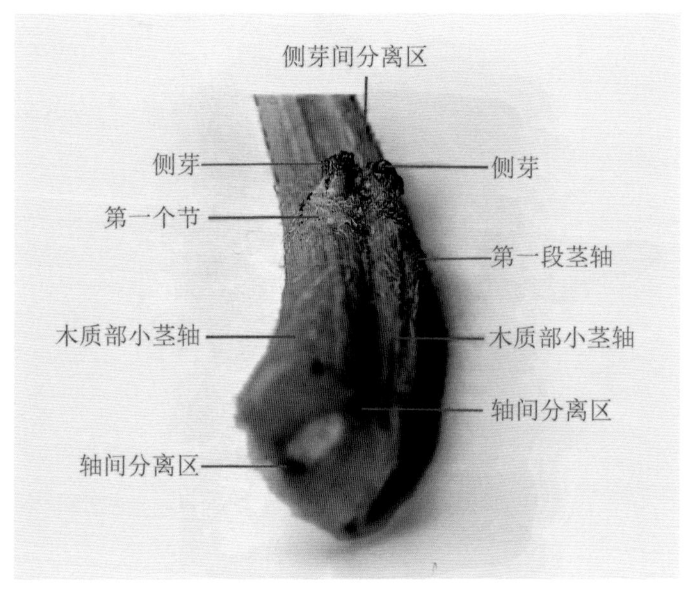

图 5-17　葛第一段茎干木质结构图

（二）第一至第二段茎干

图 5-18 所示为葛第一至第二段茎干木质部竖向结构。由图片可见，茎干的第一个节，以及第一与第二段茎干木质部在结构关系上具有以下特点：

①在节的正面，第一与第二段茎轴的“轴间分离区”被侧芽分隔。

②在节的背面既无侧芽，又无“节痕”，第一与第二段茎轴的“轴间分离区”直接连通。

茎干解剖结果显示，茎干其他段落木质部的竖向结构，与第一至第二段茎干（即第一个节前后）相同。

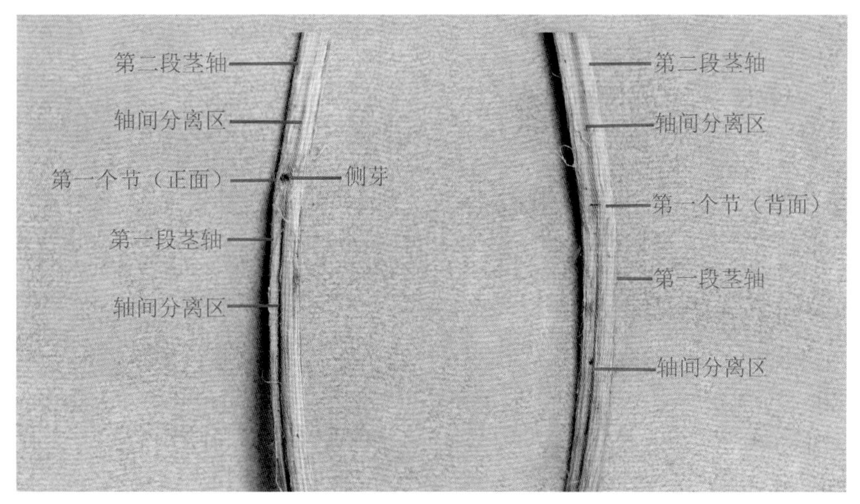

图 5-18 葛第一至第二段茎干木质部结构图

七、茎干竖向结构形成方式

如前所述，葛是一种茎干结构具有“寄生胎”特点的植物。由于“寄生胎”的存在，导致“寄主”茎干畸形，在茎干中产生一条竖向分布的、由薄壁组织组成的“轴间分离区”，将木质部分隔为两个部分，从而形成由“寄主木质部 A 轴”和“寄主木质部 B 轴”组成的独特茎干结构。葛是一种茎干向着“顺时针”方向扭转、向着“逆时针”方向缠绕的植物。依据葛茎干的扭转和缠绕方向，以及“风车原理”和“绞绳原理”（详见第三章）推想，“寄生胎”附生在“寄主木质部 B 轴”上。

在茎干各个节上并列着生两个侧芽，其中一个为“寄主侧芽”，另一个为“寄生胎侧芽”。“寄主侧芽”着生在的“寄主木质部 A 轴”上，“寄生胎侧芽”附生在“寄主侧芽”的“芽轴”上，两个侧芽的“芽轴”连成一体，形成“侧芽总轴”。

葛茎干竖向结构的具体形成方式如下。

（一）第一段茎干

图 5-19、图 5-20 所示分别为葛茎干第一个节横切面结构和第一段茎干木质部结构。

当葛的种子发芽后，由“寄主”的胚芽生长发育，形成第一段茎干。按照一致的步调，附生在“寄主”中的“寄生胎”也同时萌发胚芽。但是，“寄生胎”生长发育过程十分缓慢，甚至处于半休眠状态，因而严重阻碍“寄主”的正常生长发育，导致“寄主”茎干畸形。于是，在茎干中出现一条竖向分布的“轴间分离区”，将木质部分隔为两部分，形成“寄主木质部 1A 轴”和“寄主木质部 1B 轴”。在第一段茎干中，“寄生胎”附生在“寄主木质部 1B 轴”上。

当“寄主”的第一段茎干生长发育到一定程度后，通过“主轴分枝”（详见第四章第一节），在“寄主木质部 1A 轴”的“逆时针”方向一侧（亦为图 5-20“寄主木质部 1A 轴”右侧）萌发第一个侧芽（“寄主侧芽 1”），并形成第一个节。按照一致的步调，“寄生胎”也在这个节上萌发第一个侧芽（“寄生胎侧芽 1”）。“寄主侧芽 1”着生在“寄主木质部 1A 轴”上，“寄生胎侧芽 1”附生在“寄主侧芽 1”的“芽轴”上。

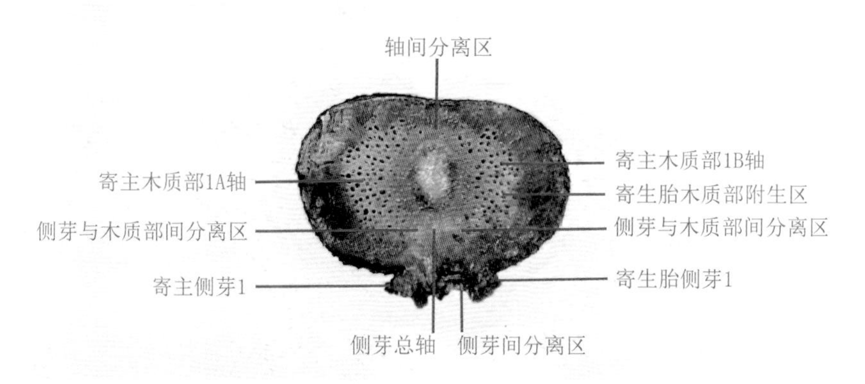

图 5-19　葛茎干第一个节横切面结构图

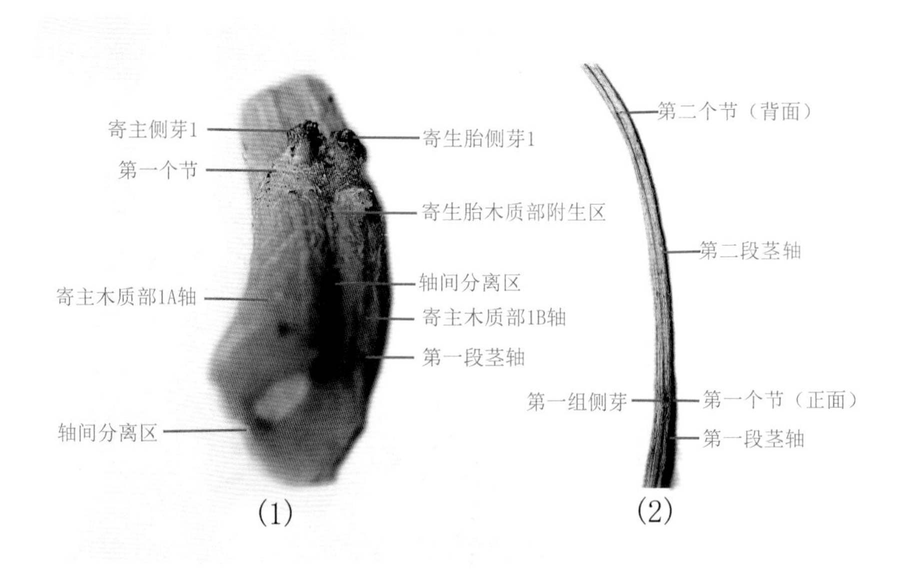

图 5-20　葛第一段茎干木质部结构图

（二）第二段茎干

图 5-21、图 5-22 所示分别为葛茎干第二个节横切面结构和第二段茎干木质部结构。

当茎干第一个节形成后，“寄主”的顶芽继续生长，形成第二段茎干。与此同时，“寄生胎”也继续缓慢生长。由于“寄生胎”发育不良，同样导致“寄主”的第二段茎干畸形，因而在这段茎干的木质部中继续出现一条竖向分布的“轴间分离区”，将木质部分隔为两部分，形成“寄主木质部 2A 轴”和“寄主木质部 2B 轴”。

当“寄主”的第二段茎干生长发育至一定程度后，通过“主轴分枝”，在“寄主木质部 2A 轴”的“逆时针”方向一侧（亦为图 5-22“寄主木质部 2A 轴”右侧）萌发第二个侧芽（“寄主侧芽 2”），并形成第二个节。按照一致的步调，“寄生胎”也在这个节上萌发第二个侧芽（“寄生胎侧芽 2”）。“寄主侧芽 2”着生在“寄主木质部 2A 轴”上，“寄生胎侧芽 2”附生在“寄主侧芽 2”的“芽轴”上。

研究表明，葛茎干其他段落竖向结构的形成方式，与上述第一、第二段茎干相同。

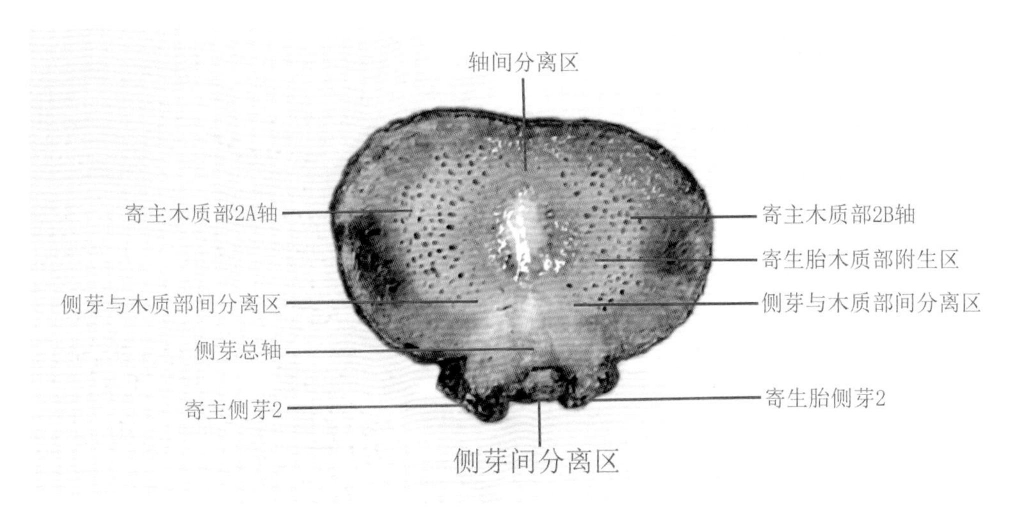

图 5-21 葛茎干第二个节横切面结构图

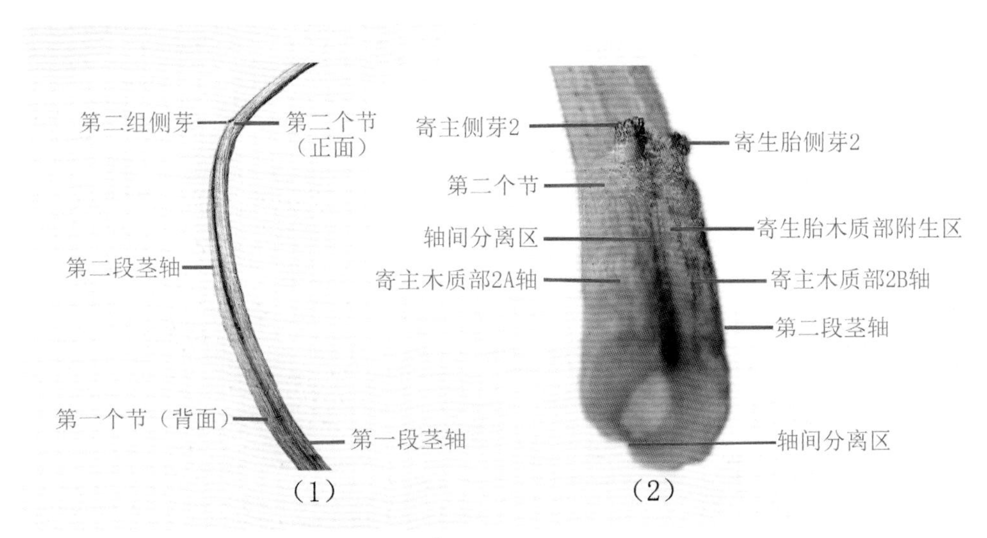

图 5-22 葛第二段茎干木质部结构图

第二节 茎干木质部形成方式

正如本章第一节所述，葛的茎干结构具有“寄生胎”的特点。在茎干生长过程中，“寄主”的生命活动相对活跃，而“寄生胎”的生长发育过程则十分缓慢，甚至处于半休眠状态。由于“寄生胎”的存在，导致“寄主”畸形，在茎干中产生一条竖向分布的“轴间分离区”（薄壁组织），将木质部分隔成两部分，形成由“寄主木质部 A 轴”和“寄主木质部 B 轴”组成的独特茎干结构。“寄生胎”附生在“寄主木质部 B 轴”上。在茎干各个节的正面并列着生两个侧芽，一个为“寄主侧芽”，另一个为“寄生胎侧芽”。其中“寄主侧芽”着生在“寄主木质部 A 轴”上，“寄生胎侧芽”附生在“寄主侧芽”的“芽轴”上。

葛是一种茎干向着“顺时针”方向扭转、向着“逆时针”缠绕的植物。根据茎干扭转和缠绕方向，以及“风车原理”和“绞绳原理”推想，在茎干各段落中，“寄主侧芽”和“轴间形成层”位于“寄

主木质部A轴”的“逆时针”方向一侧。在茎干生长过程中，“寄主侧芽”产生的生长素可刺激“轴间形成层”进行细胞分裂，从而使茎干木质部维管组织不断增加。

茎干木质部的具体形成方式如下。

一、第一段茎干

图5-23至图5-25所示分别为葛茎干第一个节横切面结构、第一段茎干节间横切面结构和木质部竖向结构。

正如本章第一节所述，第一段茎干由“寄主木质部1A轴”和“寄主木质部1B轴”组成，“寄生胎”附生在“寄主木质部1B轴”上，“寄主侧芽1”着生在“寄主木质部1A轴”上，位于其“逆时针”方向一侧（亦为图5-25“寄主木质部1A轴”右侧）。“寄生胎侧芽1”附生在“寄主侧芽1”的“芽轴”上。

在第一段茎干，“寄主侧芽1”是在“寄主木质部1A轴”上萌发的，两者的维管束直接相通。在茎干生长过程中，“寄主侧芽1”产生的生长素通过“短距离单方向的极性运输”方式，运送至“寄主木质部1A轴”，然后渗透至木质部旁边的“轴间分离区”，从而使“分离区”中紧靠“寄主木质部1A轴”侧的薄壁组织脱分化，转变为“寄主木质部1A轴形成层”，恢复细胞分裂能力。“寄主木质部1A轴形成层”的细胞分裂，不断产生新细胞并分化为木质部维管组织，从而使“寄主木质部1A轴”的木质部不断增加。

在第一段茎干，“寄生胎”附生在“寄主木质部1B轴”上。在茎干生长过程中，“寄生胎”的生长发育缓慢，甚至处于半休眠状态。由于“寄生胎侧芽1”无法产生足够的生长素，以刺激“轴间分离区”的细胞分裂，因此导致“轴间分离区”中紧靠“寄主木质部1B轴”侧的薄壁细胞始终处于休眠状态，并维持“分离区”功能，从而使“寄主木质部1A轴”与“寄主木质部1B轴”在这个位置上始终保持分隔状态。

另一种可能的情况是，在茎干生长过程中，“寄生胎”的生命活动始终处于十分微弱状态，因而在第一段茎干中形成的木质部数量极少。与此同时，还遵循“连理枝”原理（详见第二章），将这少许木质部附着在寄主的木质部中，共同形成“寄主木质部1B轴”。

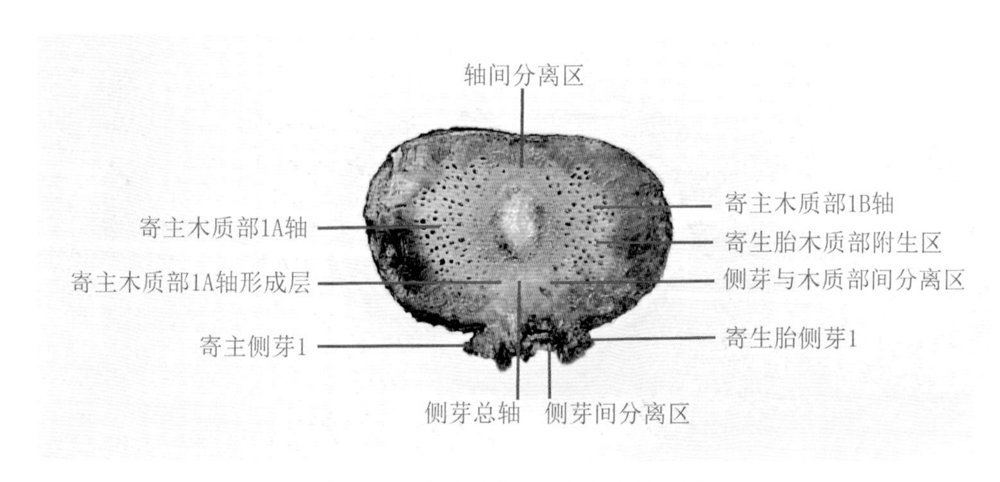

图5-23　葛茎干第一个横切面结构图

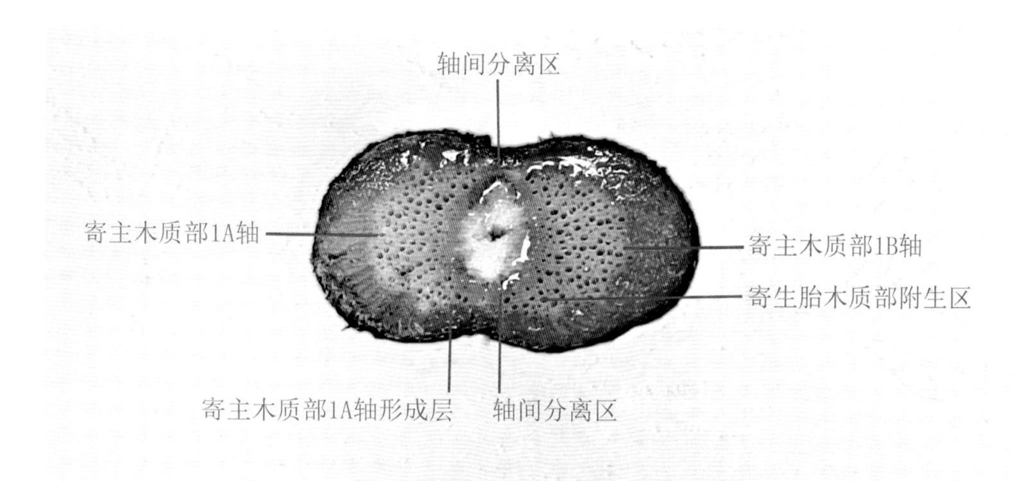

图 5-24 葛第一段茎干节间横切面结构图

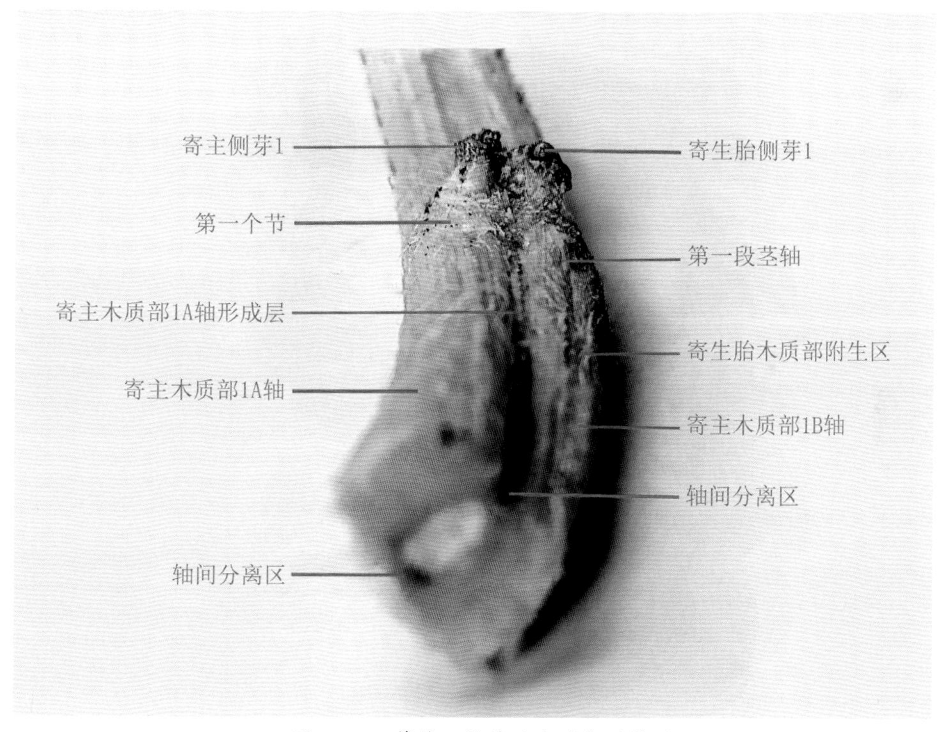

图 5-25 葛第一段茎干木质部结构图

二、第二段茎干

图 5-26 至图 5-28 所示分别为葛茎干第二个节横切面结构、第二段茎干节间横切面结构和木质部竖向结构。

正如本章第一节所述，第二段茎干由“寄主木质部 2A 轴”和“寄主木质部 2B 轴”组成，“寄生胎”附生在“寄主木质部 2B 轴”上，“寄主侧芽 2”着生在“寄主木质部 2A 轴”上，位于其“逆时针”方向一侧（亦为图 5-28“寄主木质部 2A 轴”右侧）。“寄生胎侧芽 2”附生在“寄主侧芽 2”的“芽轴”上 。

在第二段茎干，“寄主侧芽2”是在“寄主木质部2A轴”上萌发的，两者的维管束直接相通。在茎干生长过程中，“寄主侧芽2”产生的生长素通过“短距离单方向的极性运输”方式，运送至“寄主木质部2A轴”，然后渗透至木质部旁边的“轴间分离区”，从而使“分离区”中紧靠“寄主木质部2A轴”侧的薄壁组织脱分化，转变为“寄主木质部2A轴形成层”，恢复细胞分裂能力。“寄主木质部2A轴形成层”的细胞分裂，不断产生新细胞并分化为木质部维管组织，从而使“寄主木质部2A轴”的木质部不断增加。

在第二段茎干，“寄生胎”附生在“寄主木质部2B轴”上。在茎干生长过程中，“寄生胎”的生长发育缓慢，甚至处于半休眠状态。由于“寄生胎侧芽2”无法产生足够的生长素，以刺激“轴间分离区”的细胞分裂，因此导致“轴间分离区”中紧靠“寄主木质部2B轴”侧的薄壁细胞始终处于休眠状态，并维持“分离区”功能，从而使“寄主木质部2A轴”与“寄主木质部2B轴”在这个位置上始终保持分隔状态。

另一种可能的情况是，“寄生胎”在生长过程中仅形成少许木质部，并遵循“连理枝”原理，将其紧密结合在寄主的木质部中，共同形成第二段茎干的“寄主木质部2B轴”。

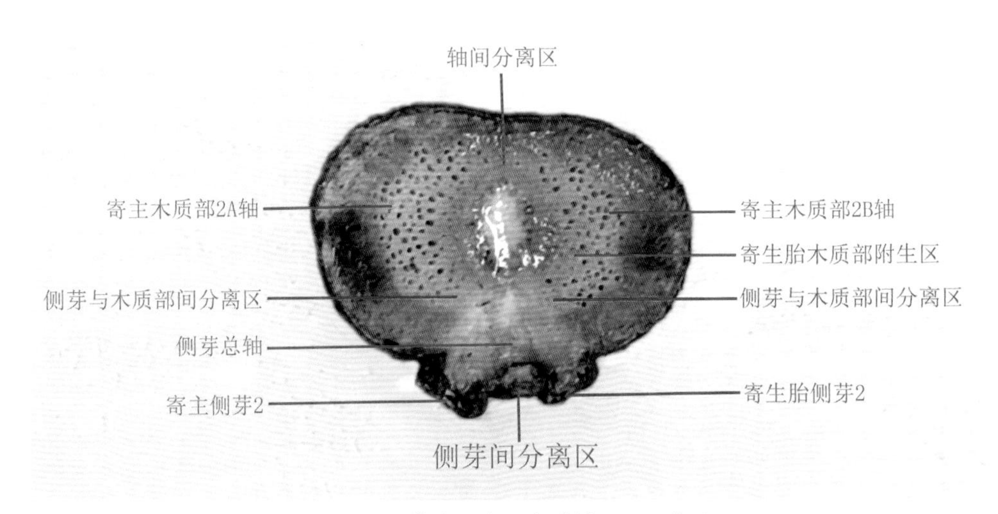

图5-26　葛茎干第二个节横切面结构图

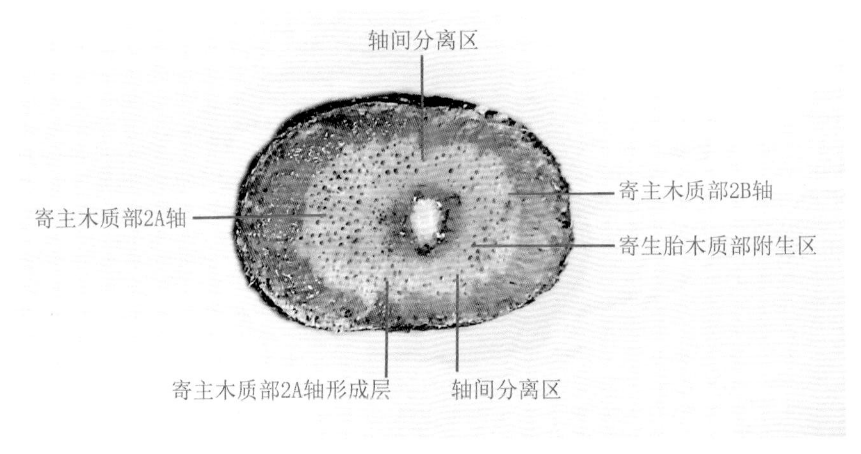

图5-27　葛第二段茎干节间横切面结构图

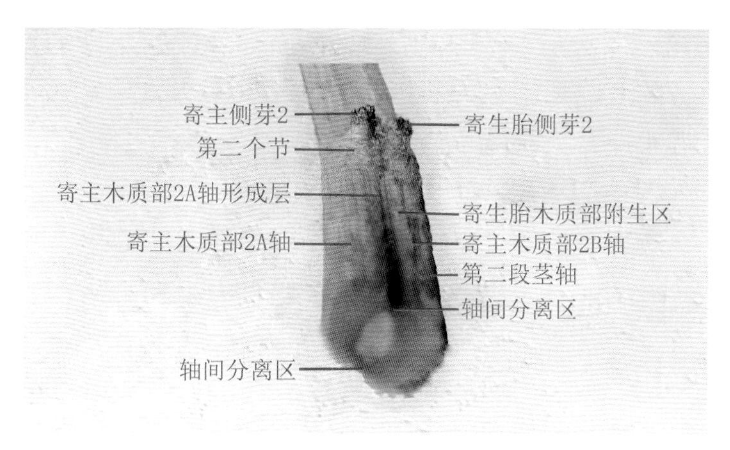

图 5-28 葛第二段茎干木质部结构图

三、第一至第二段茎干

图 5-29 所示为葛第一至第二段茎干木质部的结构。

由图 5-29（1）可见，在茎干第一个节的背面没有侧芽和节痕，前后两段茎干的“轴间分离区”直接相通。“寄主木质部 2A 轴”与“寄主木质部 1B 轴”“寄主木质部 2B 轴”与“寄主木质部 1A 轴”的维管束也双双相通。

在茎干生长过程中，第二个节的“寄主侧芽 2”产生的生长素可透过相通的维管束，通过“短距离单方向的极性运输”方式，从第二段茎干的“寄主木质部 2A 轴”直接运送至第一段茎干的“寄主木质部 1B 轴”，然后渗透至木质部旁边的“轴间分离区”，从而使“分离区”中紧靠“寄主木质部 1B 轴”侧的薄壁组织脱分化，转变为“寄主木质部 1B 轴形成层”，恢复细胞分裂能力。“寄主木质部 1B 轴形成层”的细胞分裂，不断产生新细胞并分化为木质部维管组织，从而使“寄主木质部 1B 轴”的木质部不断增加。

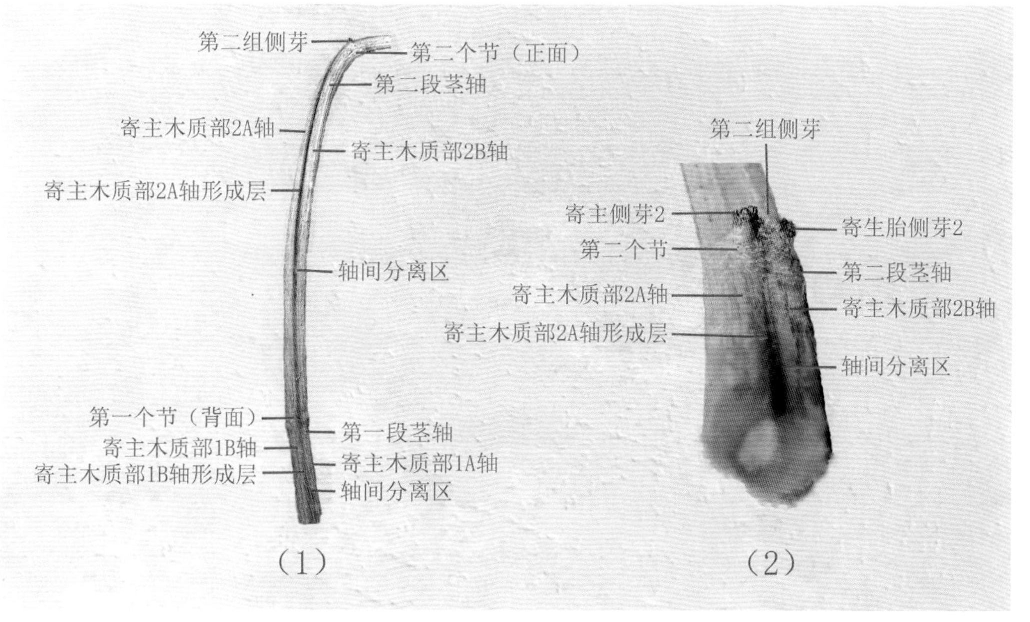

图 5-29 葛第一至第二段茎干木质部结构图

如前所述，在茎干生长过程中，“寄生胎”的生命活动十分微弱，甚至处于休眠状态，因而导致第二个节的“寄生胎侧芽 2”产生的生长素极其有限。在这种情况下，虽然“寄主木质部 2B 轴”与“寄主木质部 1A 轴”的维管束也直接相通，但没有足够的生长素从第二段茎干的“寄主木质部 2B 轴”运送至第一段茎干的“寄主木质部 1A 轴”。由于缺乏生长素的刺激，“寄主木质部 1A 轴”旁边的“轴间分离区”薄壁组织就无法脱分化恢复细胞分裂能力，因此能够继续维持“分离区”功能。由此可见，在第一段茎干背面的“寄主木质部 1A 轴”和“寄主木质部 1B”之间能始终维持分隔状态。

至此，在第一段茎干中，在“寄主木质部 1A 轴”和“寄主木质部 1B 轴”的“逆时针”方向一侧已分别形成了一条竖向分布的“轴间形成层”（即“寄主木质部 1A 轴形成层”和“寄主木质部 1B 轴形成层”）。在茎干生长过程中，这两条“轴间形成层”共同进行细胞分裂，从而使第一段茎干木质部的维管组织不断增加，茎干不断加粗（图 5-30）。

研究表明，茎干其他段落木质部的形成方式，与第一至第二段茎干相同。

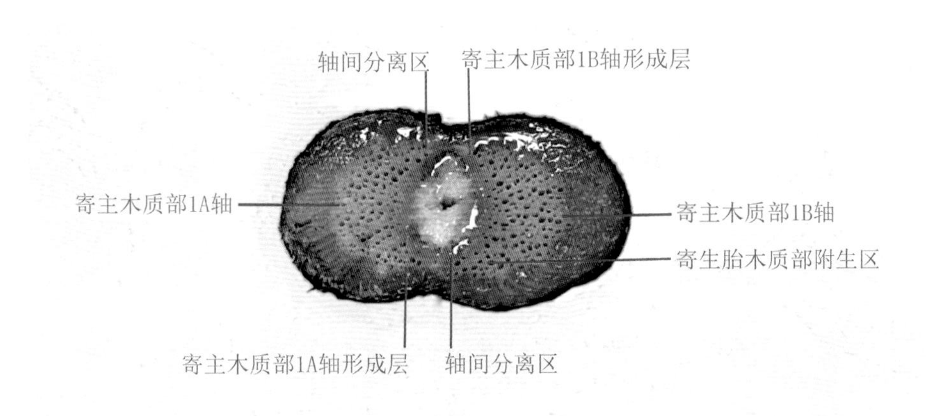

图 5-30　葛第一段茎干节间横切面结构图

四、补充说明

如前所述，葛的茎干由两股“木质部小茎轴”组成，并具有由薄壁组织组成的“轴间分离区”，将两者分隔。但是，茎干解剖结果显示，一些多年生的老茎具有完全有别于如前所述的另一种结构。主要体现在两个方面：

一是“轴间分离区”和“轴间形成层”消失，原来被分隔的木质部连成一体（图 5-31、图 5-32）。

二是形成“双木质部、双韧皮部”结构（图 5-33、图 5-34）。

本书第九章中将这种结构称为“后次生结构”。

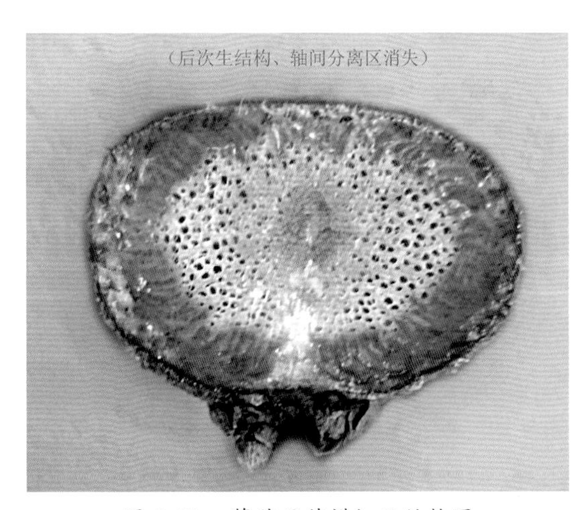

图 5-31　葛茎干节横切面结构图

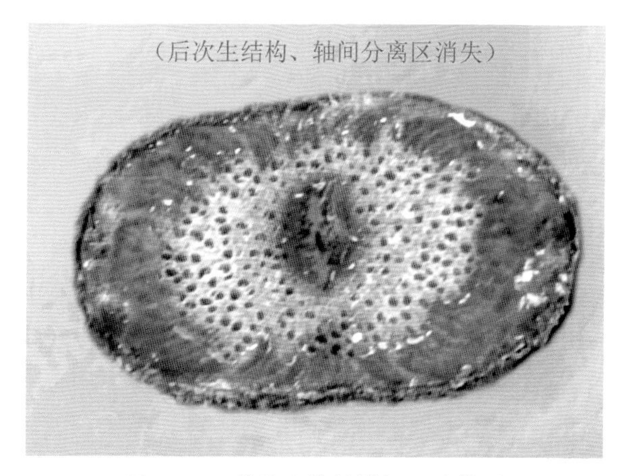

图 5-32 葛茎干节间横切面结构图

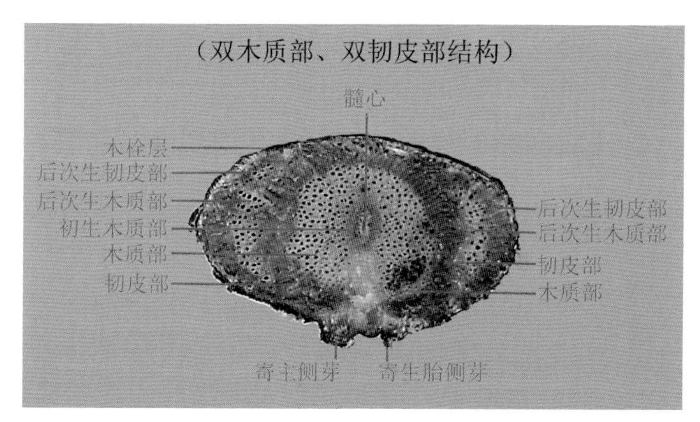

图 5-33 葛茎干节横切面结构图

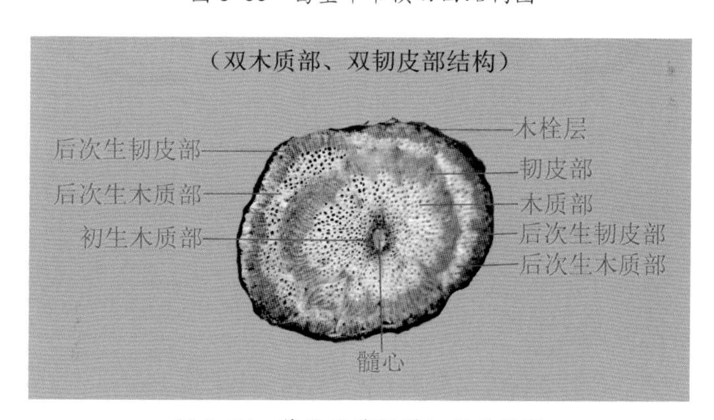

图 5-34 葛茎干节间横切面结构图

第三节 茎干缠绕规律

与其他缠绕性藤本植物一样，葛的茎干缠绕包括“茎轴错位”“茎干扭转”和“茎干缠绕”三个环节。

一、茎轴错位

正如本章第一、第二节所述，葛茎干各个节上的侧芽在竖向结构上呈背向 180° 分布。由图 5-35 可见，茎干第二个节的侧芽位于第一个节侧芽的背面，第三个节的侧芽位于第二个节侧芽

的背面。依此类推。

从侧芽分布的角度衡量，在各个节前后的两段茎干之间实质上都发生背向 180° 的“茎轴错位”。

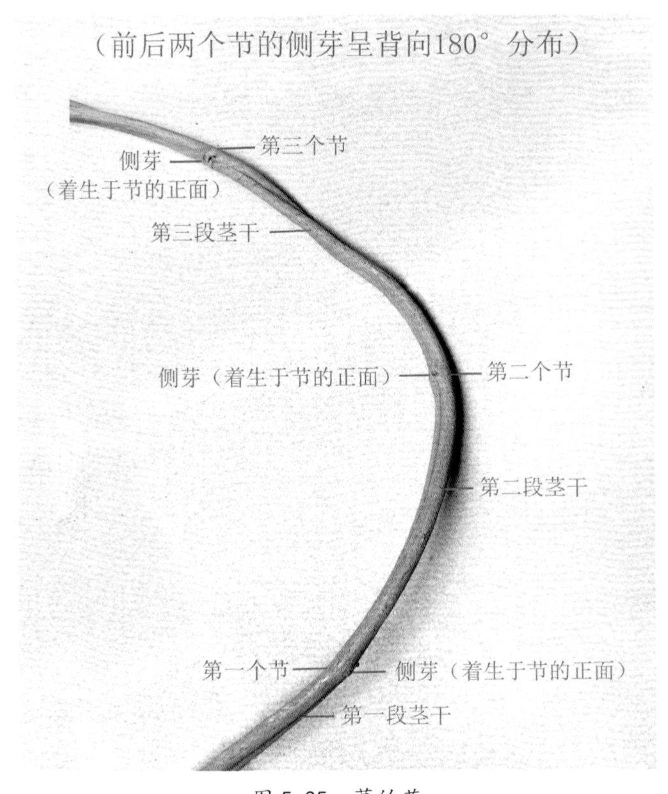

图 5-35　葛的茎

二、茎干扭转

正如本章第一、第二节所述，在葛茎干中，由于“寄生胎”的存在，导致“寄主”茎干畸形，形成了具有两股“木质部小茎轴”——“寄主木质部 A 轴”和“寄主木质部 B 轴”的独特结构。在两股“木质部小茎轴”之间，具有“轴间分离区”和“轴间形成层”。依据“风车原理”，茎干中的“轴间形成层”具有相当于风车中风叶上的“风兜”功能。

葛是一种茎干向着“顺时针”方向扭转、向着“逆时针”方向缠绕的植物。依据茎干扭转和缠绕方向，以及“风车原理”和“绞绳原理”推想，在茎干各段落中，“寄主侧芽”和“轴间形成层”位于“寄主木质部 A 轴”的“逆时针”方向一侧。在茎干生长过程中，受到来自“寄主侧芽”产生的生长素刺激，“轴间形成层”细胞分裂，在不断增加木质部维管组织的同时，自然而然在相对应“木质部小茎轴”的“逆时针”一侧产生推动力，推动茎干向着“顺时针”方向发生“茎干扭转”。

（一）第一段茎干

图 5-36、图 5-37 所示分别为茎干第一个节横切面和第一段茎干木质部结构。

如前所述，在第一段茎干中，“寄主侧芽 1”和“寄主木质部 1A 轴形成层”位于“寄主木质部1A轴”的“逆时针”方向一侧（亦为图5-37“寄主木质部1A轴”右侧）。在茎干的生长过程中，受到来自“寄主侧芽1”产生的生长素刺激，“寄主木质部1A轴形成层”细胞分裂，从而使“寄主木质部1A轴”的维管组织不断增加。随着新的维管组织数量不断增加和细胞体积不断增大，必然在“寄主木质部1A轴”的“逆时针”一侧产生一股推动力，推动“寄主木质部1A轴”向着“顺时针”方向移动。

另外，正如本章第一、第二节所述，在第一段茎干，“寄生胎”附生在“寄主木质部1B轴”上。在茎干生长过程中，由于“寄生胎侧芽1”的生命活动微弱，甚至处于休眠状态，因而无法产生足够的生长素。在缺乏生长素刺激的情况下，“轴间分离区”中紧靠“寄主木质部1B轴”侧的薄壁细胞也始终处于休眠状态，并维持“分离区”功能，从而使“寄主木质部1A轴”与“寄主木质部1B轴”在这个位置上继续保持分离状态。

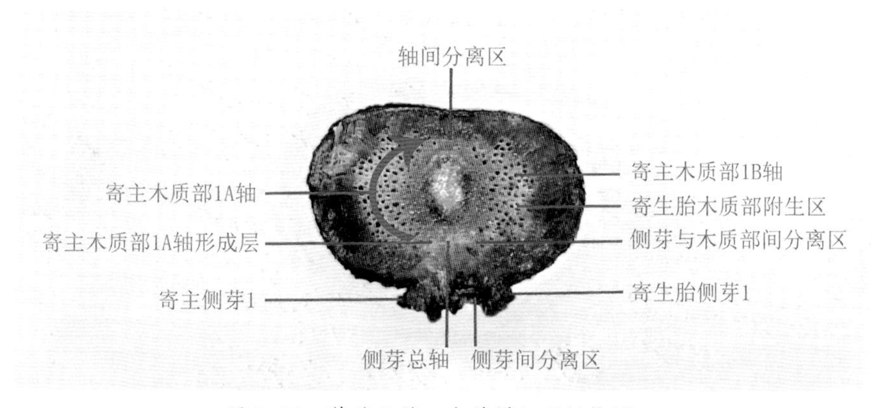

图5-36 葛茎干第一个节横切面结构图

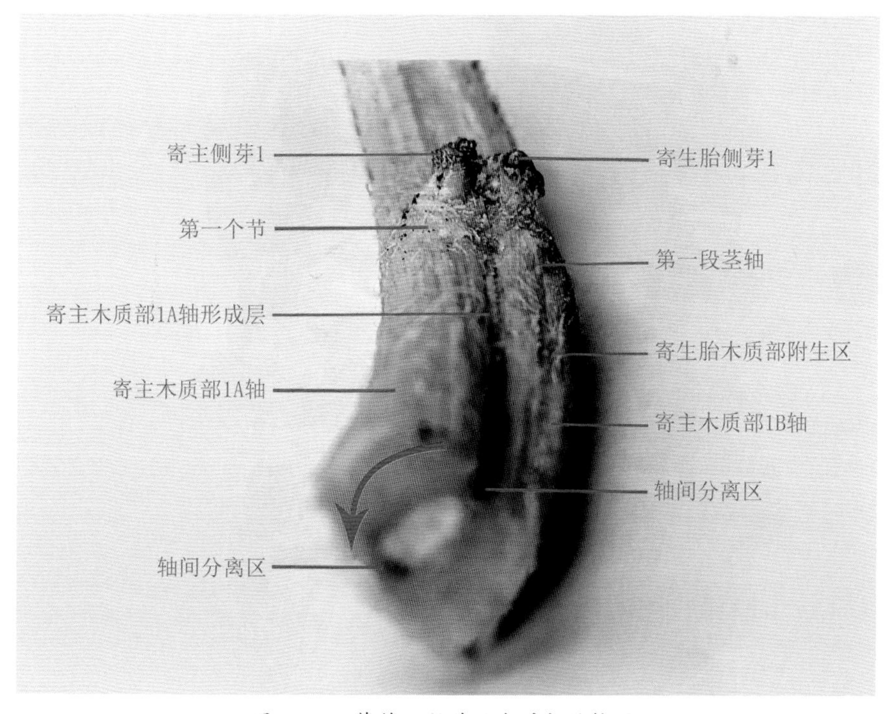

图5-37 葛第一段茎干木质部结构图

（二）第二段茎干

图 5-38、图 5-39 所示分别为葛茎干第二个节横切面和第二段茎干木质部结构。

如前所述，在第二段茎干中，“寄主侧芽 2”和“寄主木质部 2A 轴形成层”位于“寄主木质部 2A 轴”的“逆时针”方向一侧（亦为图 5-39“寄主木质部 2A 轴”右侧）。在茎干的生长过程中，受到来自“寄主侧芽 2”产生的生长素刺激，“寄主木质部 2A 轴形成层”细胞分裂，从而使“寄主木质部 2A 轴”的维管组织不断增加。随着新的维管组织数量不断增加和细胞体积不断增大，必然在“寄主木质部 2A 轴”的“逆时针”一侧产生一股推动力，推动“寄主木质部 2A 轴”向着“顺时针”方向移动。

另外，正如本章第一、第二节所述，在第二段茎干，“寄生胎”附生在“寄主木质部 2B 轴”上。在茎干生长过程中，由于“寄生胎侧芽 2”的生命活动微弱，甚至处于休眠状态，因而无法产生足够的生长素。在缺乏生长素刺激的情况下，“轴间分离区”中紧靠“寄主木质部 2B 轴”侧的薄壁细胞也始终处于休眠状态，并维持“分离区”功能，从而使“寄主木质部 2A 轴”与“寄主木质部 2B 轴”在这个位置上继续保持分离状态。

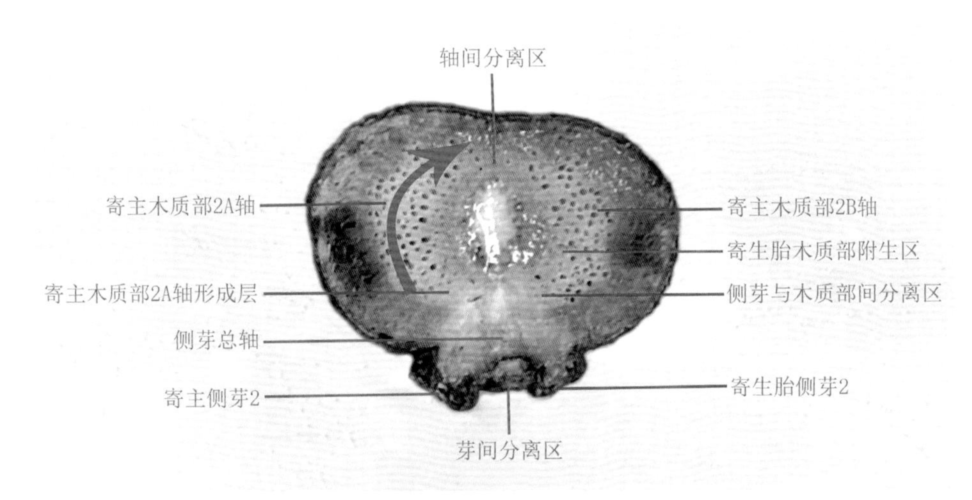

图 5-38　葛茎干第二个节横切面结构图

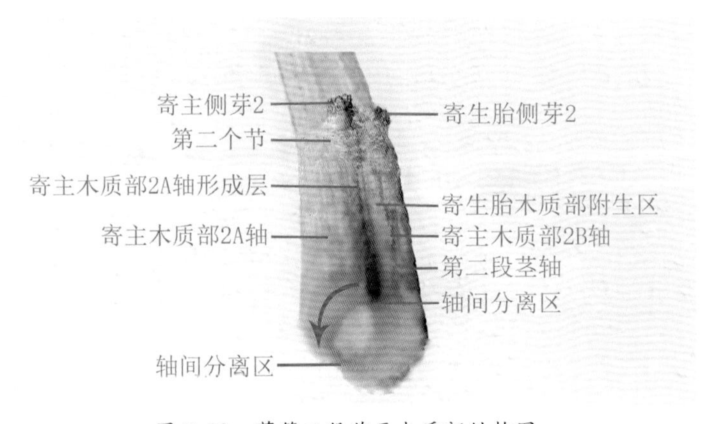

图 5-39　葛第二段茎干木质部结构图

（三）第一至第二段茎干

图 5-40 所示为葛第一至第二段茎干木质部结构。

正如本章第一、第二节所述，在茎干第一个节的背面既无侧芽，又无节痕，前后两段茎干的“轴间分离区”直接相通。“寄主木质部 2A 轴”与“寄主木质部 1B 轴”“寄主木质部 2B 轴”与“寄主木质部 1A 轴”的维管束也双双相通。在茎干生长过程中，“寄主侧芽 2”产生的生长素可透过相通的维管束，通过“短距离单方向的极性运输”方式，从第二段茎干的“寄主木质部 2A 轴”直接运送至一段茎干的“寄主木质部 1B 轴”。受到来自“寄主侧芽 2”产生的生长素的刺激，第一段茎干的“寄主木质部 1B 轴形成层”细胞分裂，从而使“寄主木质部 1B 轴”的维管组织不断增加。随着新的维管组织数量不断增加和细胞体积不断增大，必然在“寄主木质部 1B 轴”的“逆时针”方向一侧产生一股推动力，推动“寄主木质部 1B 轴”向着“顺时针”方向移动。

如前所述，在第二段茎干，“寄生胎”附生在“寄主木质部 2B 轴”上。虽然第二段茎干的“寄主木质部 2B 轴”与第一段茎干“寄主木质部 1A 轴”的维管束也是直接相通的，但是，由于“寄生胎侧芽 2”的生命活动微弱，甚至处于休眠状态，因而无法产生足够的生长素输送给“寄主木质部 1A 轴”。由于缺乏生长素刺激，导致在第一段茎干背面的“轴间分离区”中，紧靠“寄主木质部 1A 轴”侧的薄壁细胞始终处于休眠状态，并维持“分离区”功能，从而使“寄主木

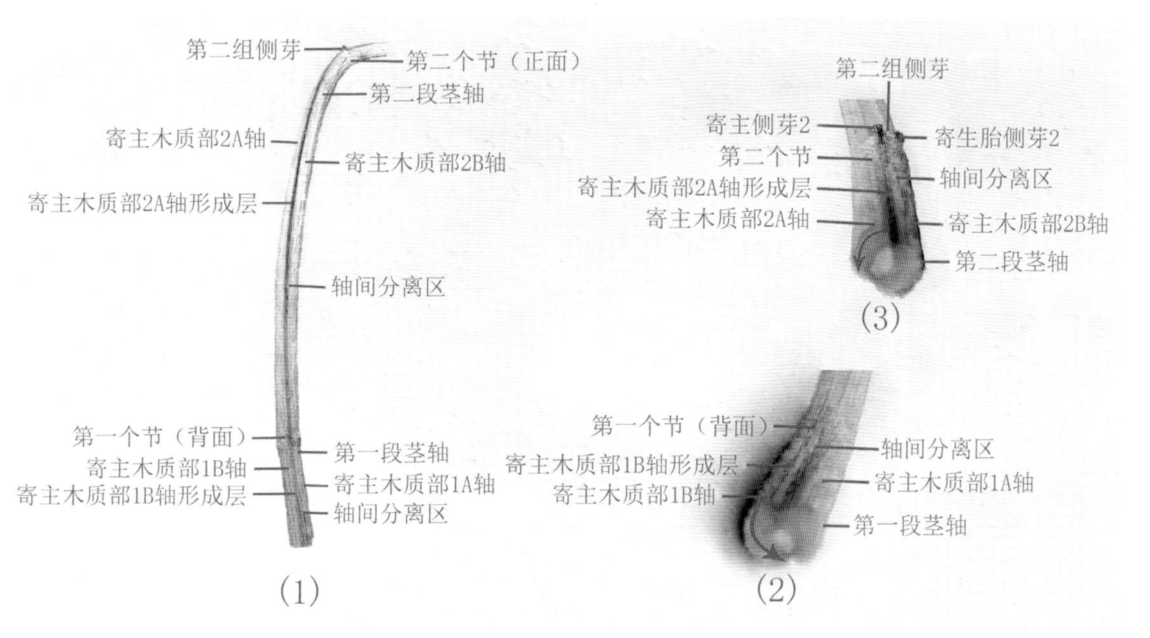

图 5-40　葛第一至第二段茎干木质部结构图

质部 1A 轴”与“寄主木质部 1B 轴”在第一段茎干的背面继续保持分离状态。

至此，在第一段茎干“寄主木质部 1A 轴”和“寄主木质部 1B 轴”的“逆时针”方向一侧已各自形成了一股推动力。按照“风车原理”，在上述两股推动力的共同作用下，第一段茎干的两股“木质部小茎轴”必然以“髓心”为中心，像“风车”一样向着“顺时针”方向旋转（图

5-41）。于是，第一段茎干向着“顺时针”方向发生“茎干扭转”（图 5-42）。

在葛茎干生长过程中,“轴间形成层”细胞分裂产生的推动力,也会推动茎干其他段落向着“顺时针”方向发生“茎干扭转”。

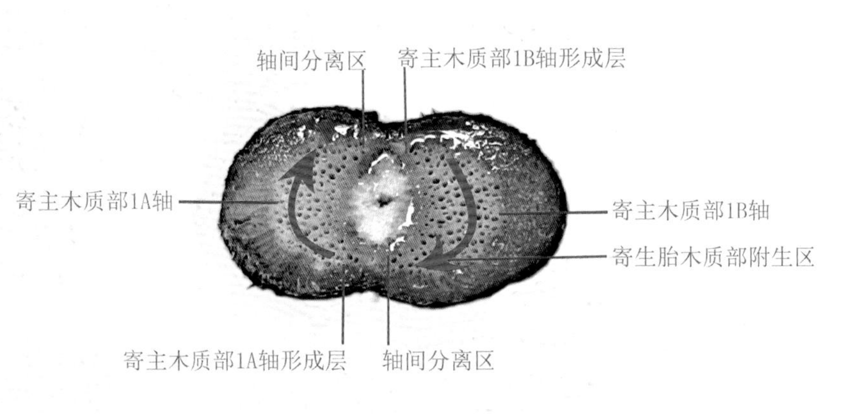

图 5-41　葛第一段茎干节间横切面结构图

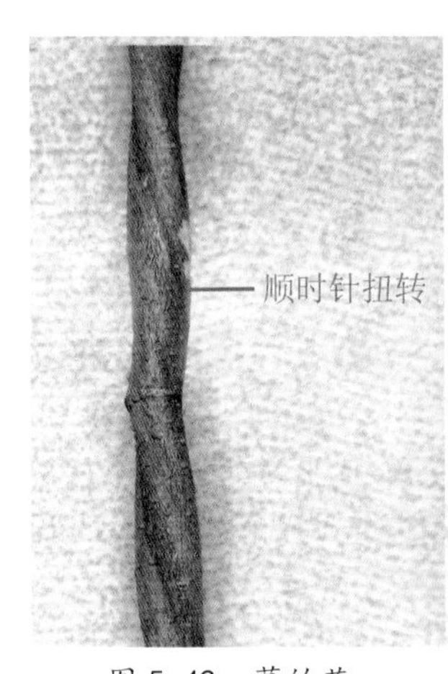

图 5-42　葛的茎

三、茎干缠绕

如前所述，在茎干生长过程中，通过木质部“轴间形成层”细胞分裂产生推动力，推动茎干向着“顺时针”方向不断发生“茎干扭转”。

按照“绞绳原理”，当茎干向着“顺时针”方向扭转至紧绷状态，就会在茎干内部形成一股与“茎干扭转”方向相反的“内应力”，导致茎干发生扭曲。当扭转至紧绷状态的茎干在不断向前伸展过程中遇到“支持物”，就会遵循“绞绳原理”，向着“逆时针”方向缠绕在“支持物”上（图 5-43、图 5-44）。

综上所述，在葛茎干生长过程中，“轴间形成层”细胞分裂产生的作用力，推动茎干向着“顺时针”方向扭转、向着“逆时针”方向缠绕。这就是“寄生胎植物”——葛茎干缠绕的规律。

图 5-43　葛的茎

图 5-44　葛的茎

第六章 三茎轴植物

根据植物的“多胚现象”推想，在植物开花授粉后，当一个受精卵分裂成单卵三胞胎时，如果分裂不完全，且继续发育成熟，就有可能形成“连体三胞胎植物”。茎干解剖结果显示，五爪金龙的茎干由三股“木质部小茎轴”组成，在结构上具有“连体三胞胎”的特点。根据植物的“多胚现象”和五爪金龙茎干结构特点，按照上述推想，本章以五爪金龙为例，试图从“连体三胞胎植物”的角度，探索茎干由三股“木质部小茎轴”组成的缠绕性藤本植物的茎干结构及其形成方式，以及茎干缠绕的规律。

图 6-1 五爪金龙的叶

五爪金龙 *Ipomoea cairica* (L.) Sweet，旋花科。全株无毛，茎缠绕，常有小瘤体。叶互生，掌状全裂，轮廓卵形或圆形。叶片长和宽 3～9 ㎝，裂片 5。聚伞形花序腋生，有 1 至多朵，花冠紫色，漏斗状。蒴果近球形，种子密被褐色毛。花期几乎全年（图 6-1 至图 6-3）。

图 6-2 五爪金龙的花

图 6-3 五爪金龙的果

第一节　茎干结构

研究表明，在茎干结构上，五爪金龙与普通维管植物有很大的区别。

一、外观结构

图 6-4 至图 6-6 所示为五爪金龙的茎。由图片可见，多年生老茎的形状近似“三棱柱”，扭曲的茎干像三股绳纠缠在一起。茎干向着“顺时针”方向扭转、向着“逆时针”方向缠绕。从茎的外观结构上看，具有“连体三胞胎”的特点。

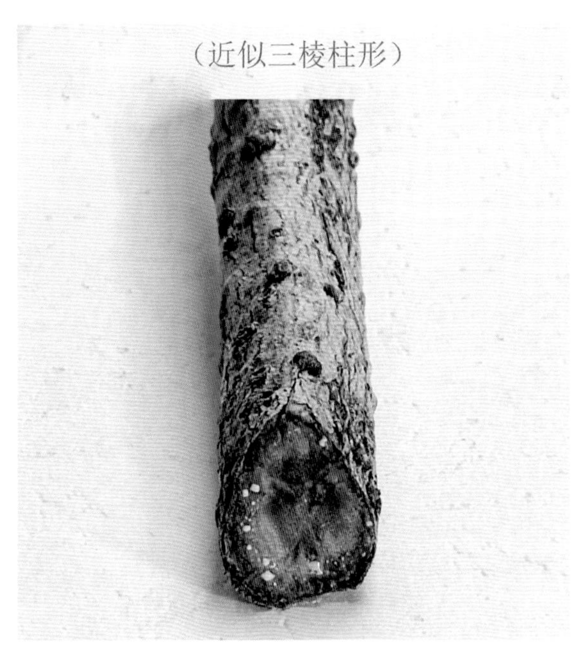

图 6-4　五爪金龙的茎

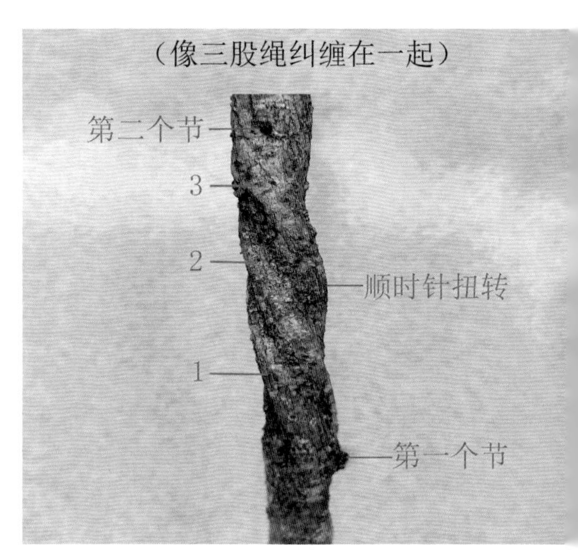

图 6-5　五爪金龙的茎

图 6-6　五爪金龙的茎

二、干枯茎干结构

图 6-7 所示为五爪金龙干枯的茎。由图片可见，在茎干的韧皮部和髓心等组织腐烂后，对剩下的木质部用手轻轻一剥就会分成三股。干枯的茎干在结构上也具有“连体三胞胎”的特点。

图 6-7　五爪金龙干枯的茎干

三、节间横切面结构

图 6-8、图 6-9 所示为五爪金龙第一段茎干节间横切面结构。由图片可见，节间横切面结构呈现以下特点：

①茎干由“胎 A”“胎 B”和“胎 C”三股“木质部小茎轴”组成，并通过髓心和初生木质部将“木质部小茎轴”连接在一起。但是，在木质部又具有由薄壁细胞组成“轴间分离区”，将“木质部小茎轴”分隔。

②木质部没有年轮。

③韧皮部没有“轴间分离区”。

茎干解剖结果显示，五爪金龙茎干其他段落的节间横切面结构，与第一段茎干相同。

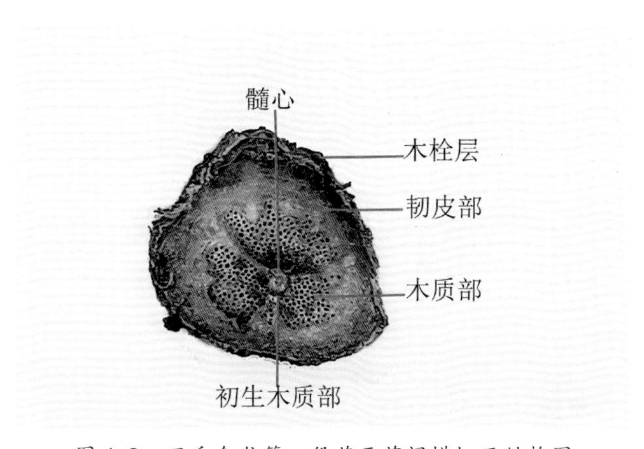

图 6-8　五爪金龙第一段茎干节间横切面结构图

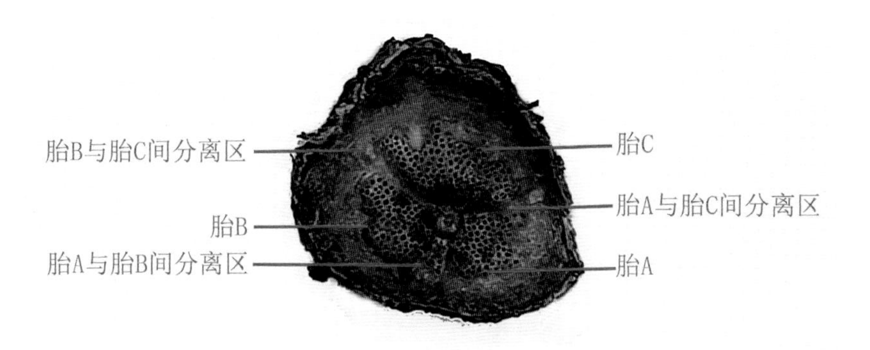

图 6-9　五爪金龙第一茎干节间横切面结构图

四、节横切面结构

图 6-10、图 6-11 所示为五爪金龙茎干第一个节横切面结构。由图片可见，节的结构具有以下特点：

①茎干虽由“胎 A”“胎 B”和“胎 C”三股“木质部小茎轴”组成，但每个节上只由一股“木

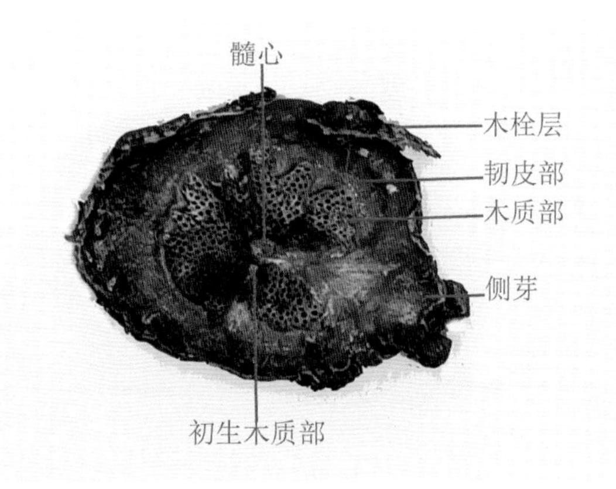

图 6-10　五爪金龙茎干第一个节横切面结构图

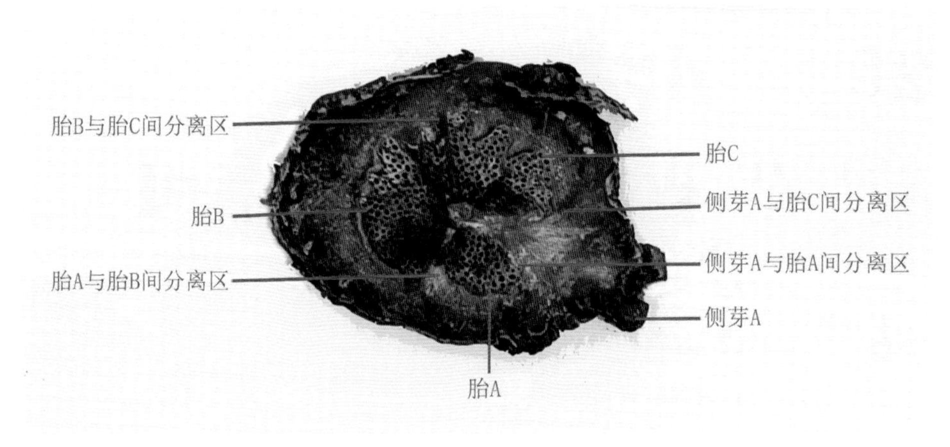

图 6-11　五爪金龙茎干第一个节横切面结构图

质部小茎轴”萌发一个侧芽。侧芽的基部与髓心和初生木质部相连。

②在“木质部小茎轴”之间，通过侧芽或由薄壁细胞组成的“轴间分离区”，将其分隔。

③在侧芽与“木质部小茎轴”之间，也具有由薄壁细胞组成的“轴间分离区”，将其分隔。

④韧皮部没有“轴间分离区”。

茎干解剖结果显示，五爪金龙茎干其他段落各个节横切面结构，与第一个节相同。

五、木质部竖向结构

图 6-12 所示为五爪金龙第一段茎干木质部结构（将茎干剥皮）。由图片可见，五爪金龙第一段茎干的木质部在竖向结构上具有以下特点：

①茎干由“胎 A”“胎 B”和“胎 C”三股“木质部小茎轴”组成。

②在三股“木质部小茎轴”之间，具有由薄壁组织组成的“轴间分离区”，将其分隔。

③在第一个节上只有一个侧芽。

茎干解剖结果显示，五爪金龙茎干其他段落木质部的竖向结构，与第一段茎干相同。

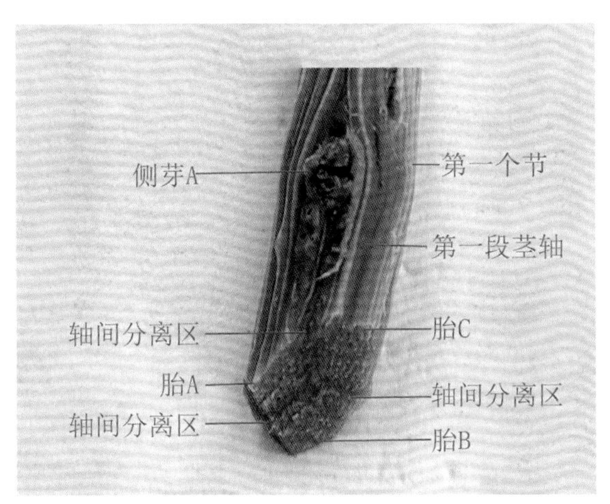

图 6-12 五爪金龙第一段茎干木质部结构图

六、茎干竖向结构形成方式

图 6-13 为五爪金龙第一至第三段茎干的木质部结构。

（一）第一至第二段茎干

图 6-14、图 6-15 所示分别为五爪金龙茎干第一个节横切面结构、第一至第二段茎干木质部结构。

在五爪金龙的种子发芽后，由“胎 A”“胎 B”和“胎 C”遵循“连理枝”原理（详见第二章）紧密结合在一起，形成第一段茎干。

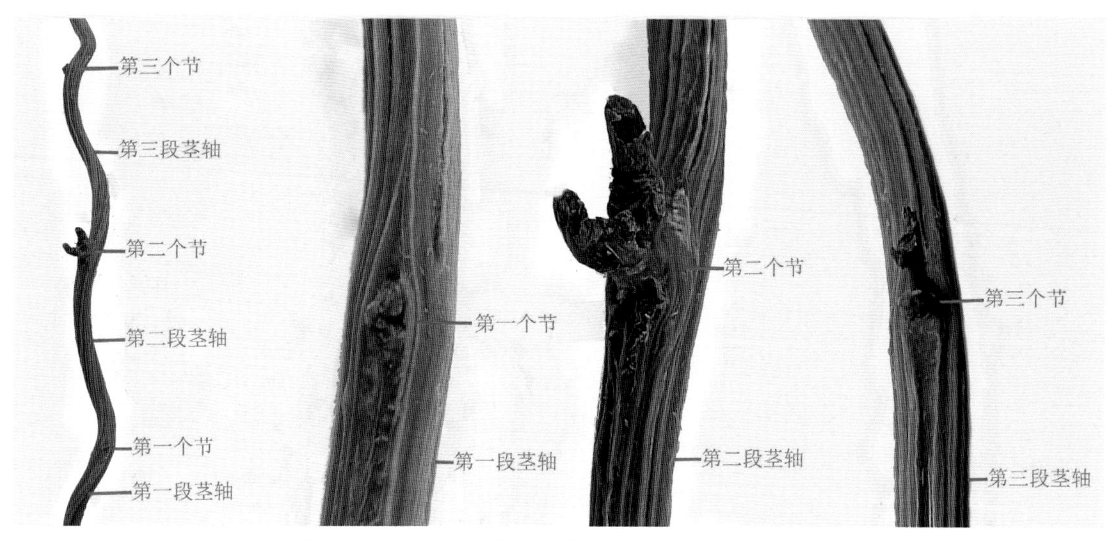

图 6-13　五爪金龙第一至第三段茎干木质部结构图

当第一段茎干生长发育到一定程度时，由“胎 A”通过“主轴分枝”（详见第四章第一节），在“胎 A”的“逆时针”方向一侧（亦为图 6-15“胎 A”右侧）萌发“侧芽 A”，并形成第一个节。与此同时，“胎 C”的顶芽停止生长，并通过“假二叉分枝”（详见第四章第一节），由下面的两个腋芽代替顶芽继续生长，产生“轴 C1”和“轴 C2”。此后，“胎 C”的原顶端分生组织转变分裂方式，重新恢复细胞分裂，产生一些薄壁组织形成“轴间分离区”，将“轴 C1”和“轴 C2”分隔。紧接着，“胎 A”和“轴 C1”遵循“连理枝”原理紧密结合在一起，形成“轴 D”。在“轴 D”形成后，原先形成的“轴 C1 与轴 C2 间分离区”自然而然成为“轴 D 与轴 C2 间分离区”。

至此，在茎干的第二段，由“胎 B”“轴 C2”和“轴 D”三股“木质部小茎轴”组成的新茎干形成。

（二）第二至第三段茎干

图 6-16、图 6-17 所示分别为五爪金龙茎干第二个节横切面结构、第二至第三段茎干木质

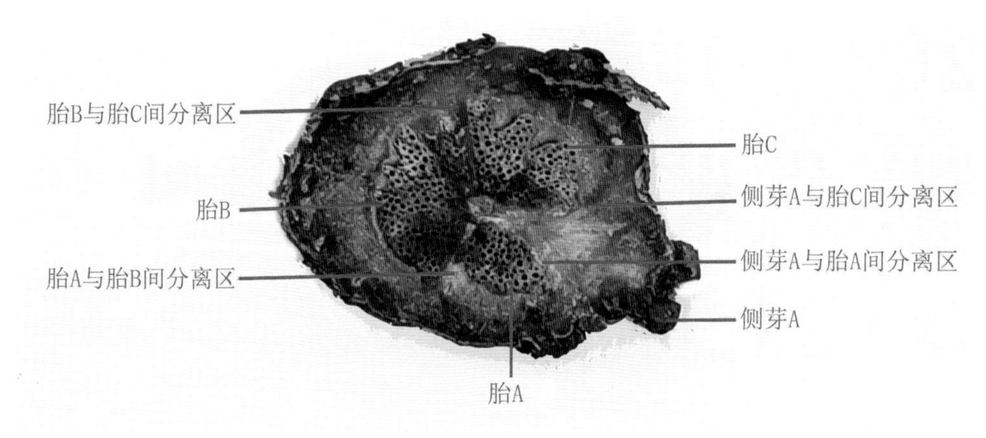

图 6-14　五爪金龙茎干第一个节横切面结构图

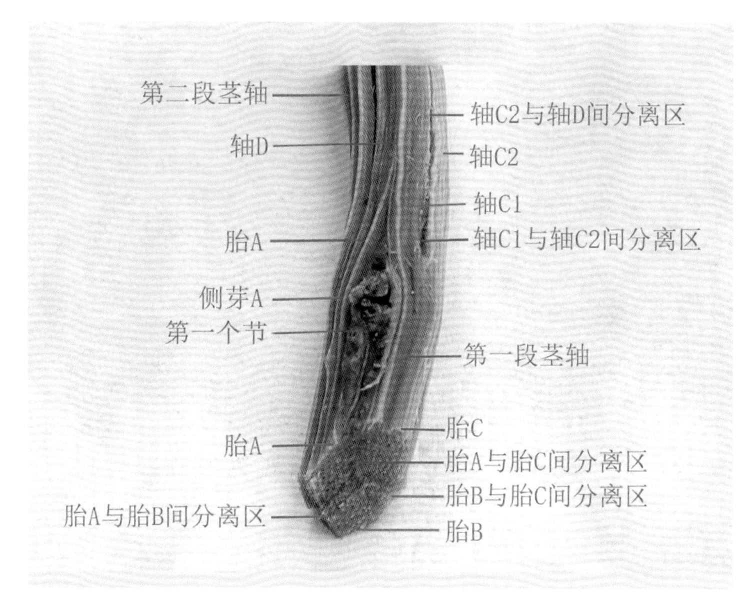

图 6-15 五爪金龙第一至第二段茎干木质部结构图

部结构。

如前所述，五爪金龙第二段茎干由“胎 B”“轴 C2”和“轴 D”三股“木质部小茎轴”组成，并具有由薄壁组织组成的“轴间分离区”，将三者分隔。

当第二段茎干生长发育到一定程度时，由“胎 B”通过“主轴分枝”，在“胎 B”的“逆时针”方向一侧（亦为图 6-17“胎 B”右侧）萌发“侧芽 B”，并形成第二个节。与此同时，“轴 D”的顶芽停止生长，并通过“假二叉分枝”，由下面的两个腋芽代替顶芽生长，产生“轴 D1”和“轴 D2”。此后，“轴 D”的原顶端分生组织转变分裂方式，重新恢复细胞分裂，产生一些薄壁组织形成“轴间分离区”，将“轴 D1”和“轴 D2”分隔。紧接着，“胎 B”和“轴 D1”遵循“连理枝”原理紧密结合在一起，形成“轴 E”。在“轴 E”形成后，原先形成的“轴 D1 与轴 D2 间分离区”自然而然成为“轴 D2 与轴 E 间分离区”。

至此，在茎干的第三段，由“轴 C2”“轴 D2”和“轴 E”三股“木质部小茎轴”组成的新茎干形成。

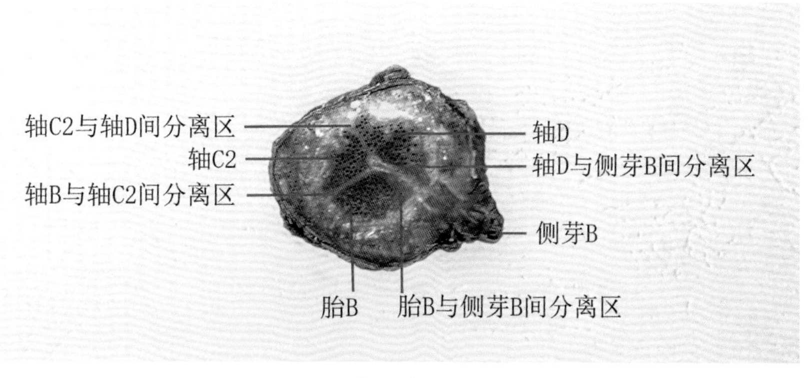

图 6-16 五爪金龙茎干第二个节横切面结构图

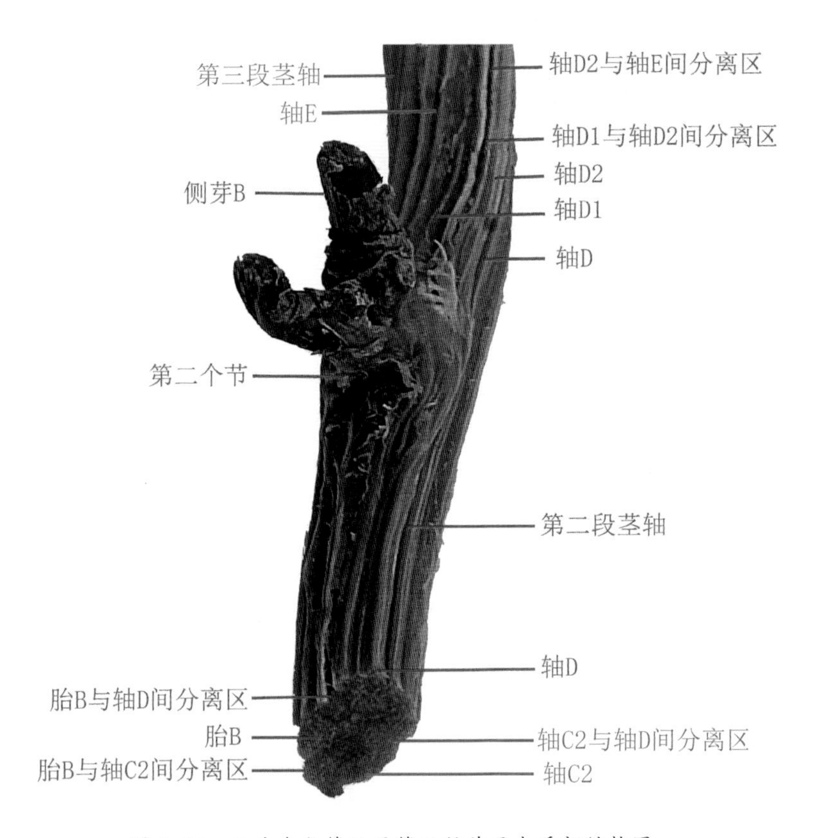

图 6-17　五爪金龙第二至第三段茎干木质部结构图

（三）第三至第四段茎干

图 6-18、图 6-19 所示分别为五爪金龙茎干第三个节横切面结构、第三至第四段茎干木质部结构。

如前所述，五爪金龙第三段茎干由“轴 C2”“轴 D2”和“轴 E”三股“木质部小茎轴”组成。在三者之间，具有由薄壁组织形成的“轴间分离区”，将其分隔。

当第三段茎干生长发育到一定程度时，由“轴 C2”通过“主轴分枝”，在“轴 C2”的“逆时针”方向一侧（亦为图 6-19“轴 C2”右侧）萌发“侧芽 C2”，并形成第三个节。与此同时，“轴 E”的顶芽停止生长，并通过“假二叉分枝”，由下面的两个腋芽代替顶芽继续生长，产生“轴 E1”和“轴 E2”。此后，“轴 E”的原顶端分生组织转变分裂方式，重新恢复细胞分裂，产生一些薄壁组织形成“轴间分离区”，将“轴 E1”和“轴 E2”分隔。紧接着，“胎 C2”和“轴 E1”遵循“连理枝”原理紧密结合在一起，形成“轴 F”。在“轴 F”形成后，原先形成的“轴 E1 和轴 E2 间分离区”自然而然成为“轴 E2 与轴 F 间分离区”。

至此，在茎干的第四段，由“轴 D2”“轴 E2”和“轴 F”三股“木质部小茎轴”组成的新茎干形成。

研究表明，五爪金龙茎干其他段落竖向结构的形成方式，与上述第一至第四段茎干相同。

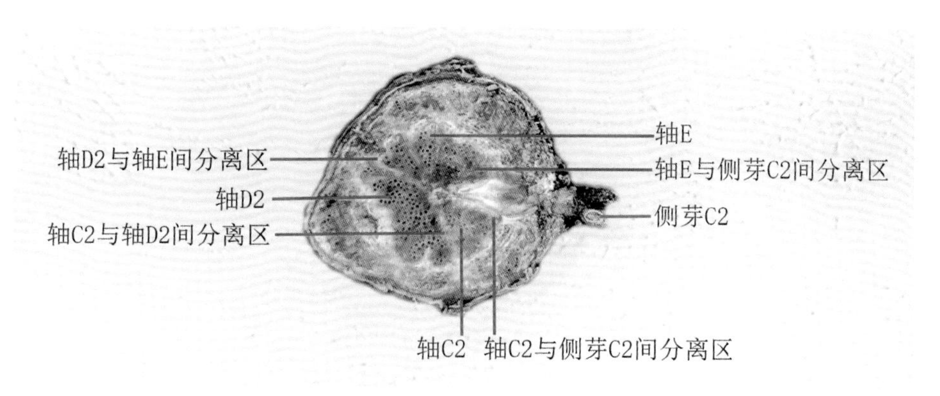

图 6-18　五爪金龙茎干第三个节横切面结构图

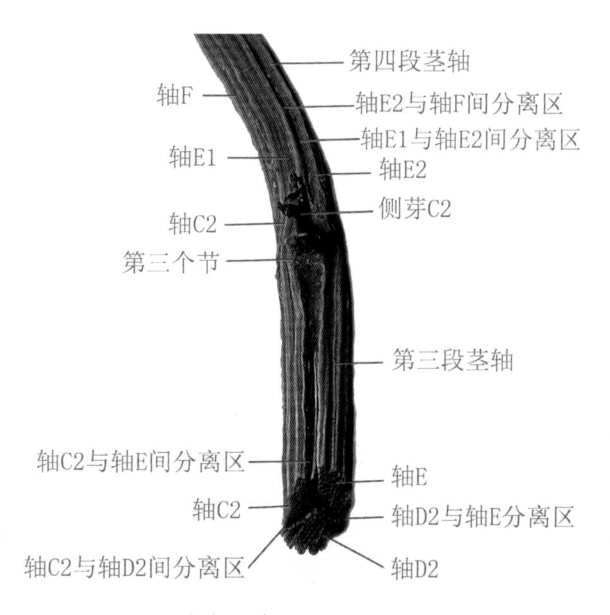

图 6-19　五爪金龙第三至第四茎干木质部结构图

第二节　茎干木质部形成方式

正如本章第一节所述，五爪金龙的茎干由三股“木质部小茎轴”组成，并具有由薄壁组织组成的“轴间分离区”，将三者分隔。在茎干长过程中，各个节上的侧芽产生的生长素可刺激“轴间分离区”部分薄壁细胞脱分化，转变为“轴间形成层”，恢复细胞分裂能力。五爪金龙是一种茎干向着“顺时针”方向扭转、向着“逆时针”方向缠绕的植物。根据茎干扭转和缠绕方向，以及“风车原理”和“绞绳原理”（详见第三章）推想，茎干中的侧芽和“轴间形成层”位于相对应“木质部小茎轴”的“逆时针”方向一侧。在茎干生长过程中，通过“轴间形成层”的细胞分裂，从而使木质部维管组织不断增加。茎干木质部的形成方式如下。

一、第一段茎干

图 6-20 至图 6-22 所示分别为五爪金龙茎干第一个节横切面结构、第一段茎干节间横切面结构和木质部竖向结构。

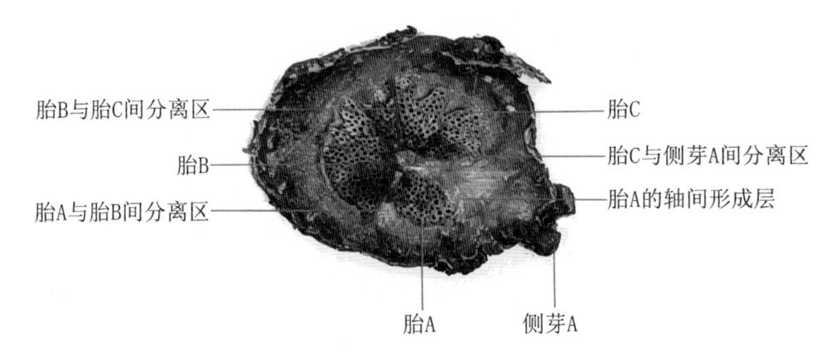

图 6-20　五爪金龙茎干第一个节横切面结构图

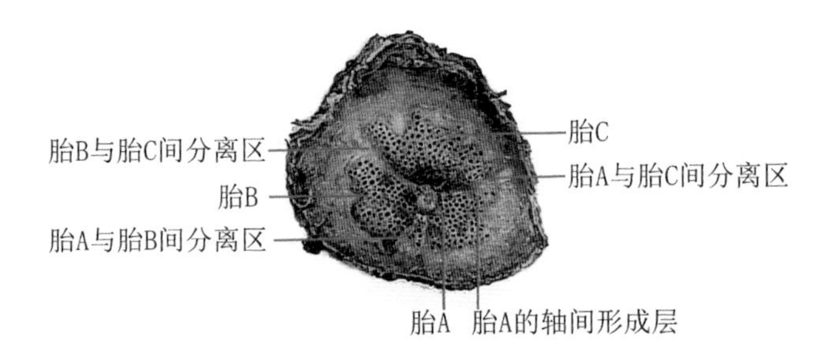

图 6-21　五爪金龙第一段茎干节间横切面结构图

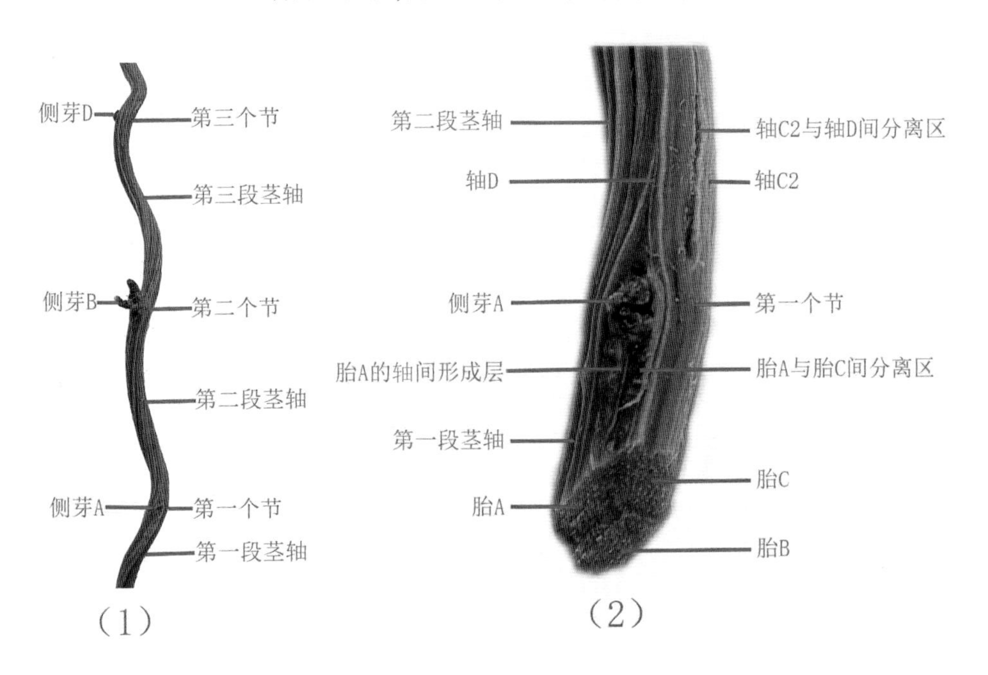

图 6-22　五爪金龙第一段茎干木质部结构图

正如本章第一节所述，第一段茎干由“胎 A”“胎 B”和“胎 C”三股“木质部小茎轴”组成。在第一段茎干，“侧芽 A”是由“胎 A”通过“主轴分枝”产生的，两者的维管束直接相通。在茎干生长过程中，“侧芽 A”可产生一些生长素，并通过“短距离单方向的极性运输”方式，运送至“胎 A”的木质部，然后渗透至木质部旁边的“轴间分离区”，从而使“轴间分离区”中紧靠“胎 A”侧的薄壁组织脱分化，转变为“胎 A 的轴间形成层”，恢复细胞分裂能力。“胎 A 的轴间形成层”细胞分裂，不断产生新细胞并分化为木质部维管组织，从而使“胎 A”的木质部不断增加。

二、第一至第二段茎干

图 6-23 至图 6-25 所示分别为五爪金龙茎干第二个节横切面结构、第二段茎干节间横切面结构和木质部竖向结构。

正如本章第一节所述，五爪金龙第二段茎干由“胎 B”“轴 C2”和“轴 D”三股“木质部小茎轴”组成。在第二段茎干，“侧芽 B”是由“胎 B”通过“主轴分枝”产生的，两者的维管束直接相通。在茎干生长过程中，“侧芽 B”产生的生长素可通过“短距离单方向的极性运输”方式，运送至第二段茎干“胎 B”的木质部，然后渗透至木质部旁边的“轴间分离区”，从而使“轴间分离区”紧靠“胎 B”侧的薄壁组织脱分化，转变为“胎 B 的轴间形成层”，恢复细胞分裂能力。“胎 B 的轴间形成层”细胞分裂，不断产生新细胞并分化为木质部维管组织，从而使第二段茎干“胎 B”的木质部不断增加。

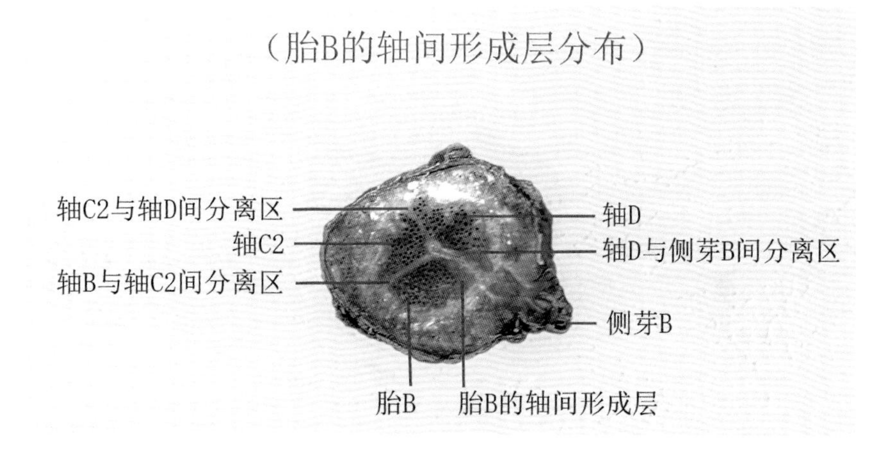

图 6-23　五爪金龙茎干第二个节横切面结构图

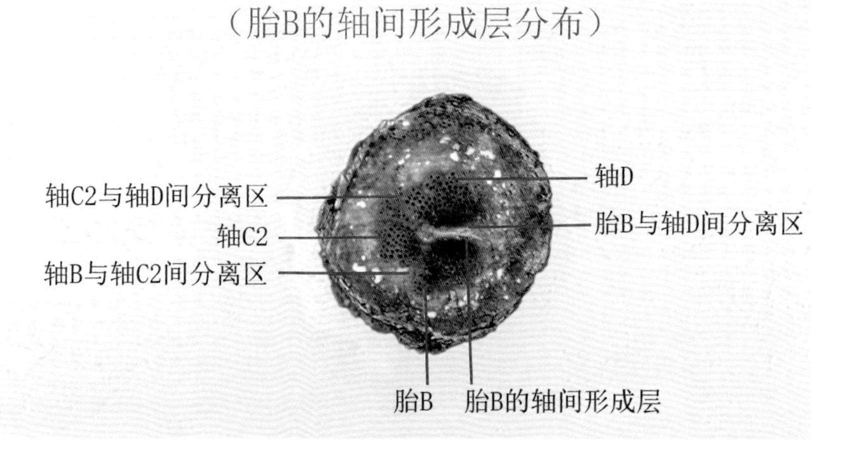

图 6-24　五爪金龙第二段茎干节间横切面结构图

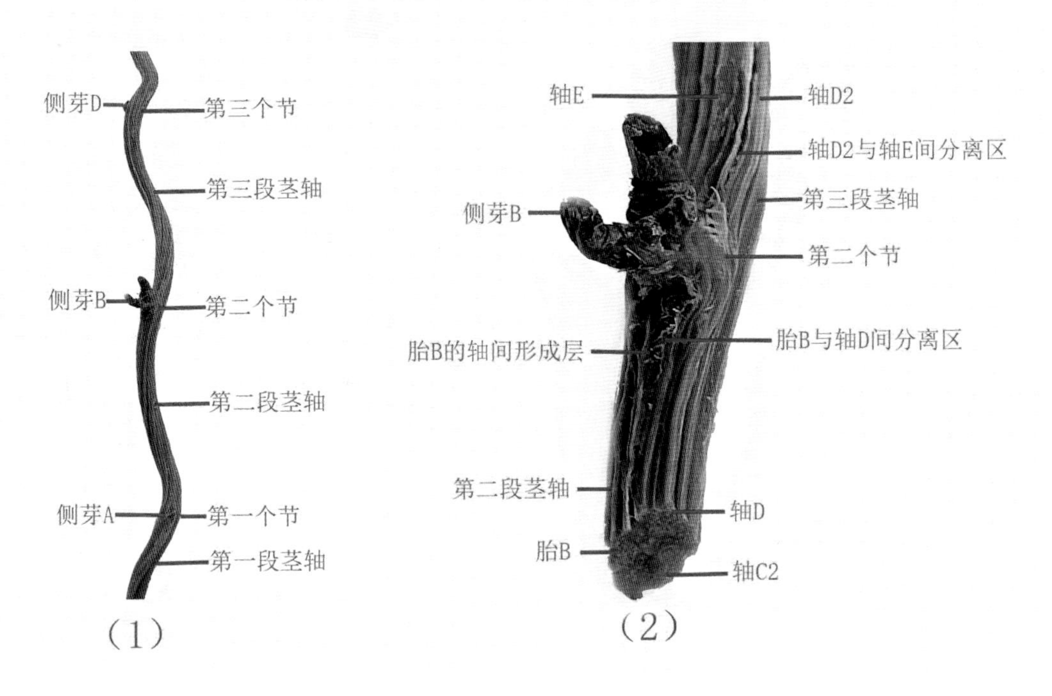

图 6-25　五爪金龙第二段茎干木质部结构图

由图 6-25（1）显示的茎干木质部的木纹竖向结构可见，“胎 B”的木质部在竖向结构上是从第二段茎干直接延伸至第一段茎干的。在第二个节，“侧芽 B”产生的生长素可透过相通的维管束，通过“短距离单方向的极性运输”方式，从第二段茎干的“胎 B”直接运送至第一段茎干的“胎 B”的木质部。受到来自“侧芽 B”产生的生长素刺激，第一段茎干紧靠“胎 B”侧的“轴间分离区”的薄壁组织也能脱分化，转变为“胎 B 的轴间形成层”，恢复细胞分裂能力。“胎 B 的轴间形成层”细胞分裂，不断产生新细胞并分化为木质部维管组织，从而使第一段茎干“胎 B”的木质部也能不断增加。

三、第一至第三段茎干

图 6-26 至图 6-28 所示分别为五爪金龙茎干第三个节横切面结构、第三段茎干节间横切面结构和木质部竖向结构。

正如本章第一节所述，五爪金龙第三段茎干由“轴 C2”“轴 D2”和“轴 E”三股“木质部小茎轴”组成。在第三段茎干，“侧芽 C2”是由“轴 C2”通过“主轴分枝”产生的，两者的维管束直接相通。在茎干生长过程中，“侧芽 C2”产生的生长素可通过“短距离单方向的极性运输”方式，运送至第三段茎干“轴 C2”的木质部，然后渗透至木质部旁边的“轴间分离区”，从而使“轴间分离区”紧靠“轴 C2”侧的薄壁组织脱分化，转变为“轴 C2 的轴间形成层”，恢复细胞分裂能力。“轴 C2 的轴间形成层”细胞分裂，不断产生新细胞并分化为木质部维管组织，从而使第三段茎干“轴 C2”的木质部不断增加。

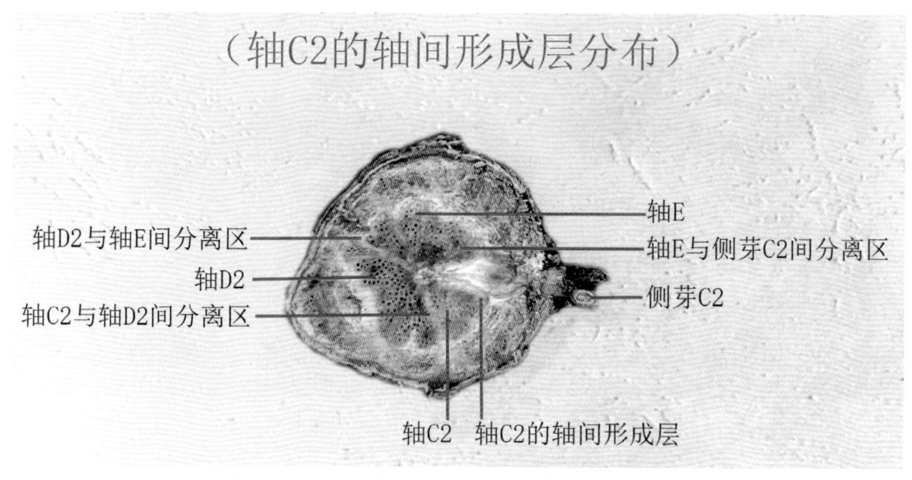

图 6-26　五爪金龙茎干第三个节横切面结构图

正如本章第一节所述，第二段和第三段茎干的“轴 C2”是由第一段茎干的“胎 C”在第一个节上通过“假二叉分枝”产生的。由图 6-29（1）显示的茎干木质部的木纹竖向结构可见，在第一至第三段茎干木质部中，“胎 C”和“轴 C2”的木质部维管束是直接相通的。在第三个节，“侧芽 C2”产生的生长素可透过相通的维管束，通过“短距离单方向的极性运输”方式，从第三段茎干的“轴 C2”，经过第二段茎干的“轴 C2”，再运送至第一段茎干的“胎 C”的木质部，并渗透至第二段茎干的“轴 C2”和第一段茎干的“胎 C”旁边的“轴间分离区”。

在来自第三个节“侧芽 C2”产生的生长素刺激下，第二段茎干“轴 C2”侧的“轴间分离区”薄壁组织脱分化，转变为“轴 C2 的轴间形成层”，恢复细胞分裂能力。“轴 C2 的轴间形成层”细胞分裂，不断产生新细胞并分化为木质部维管组织，从而使第二段茎干“轴 C2”的木质部不断增加。

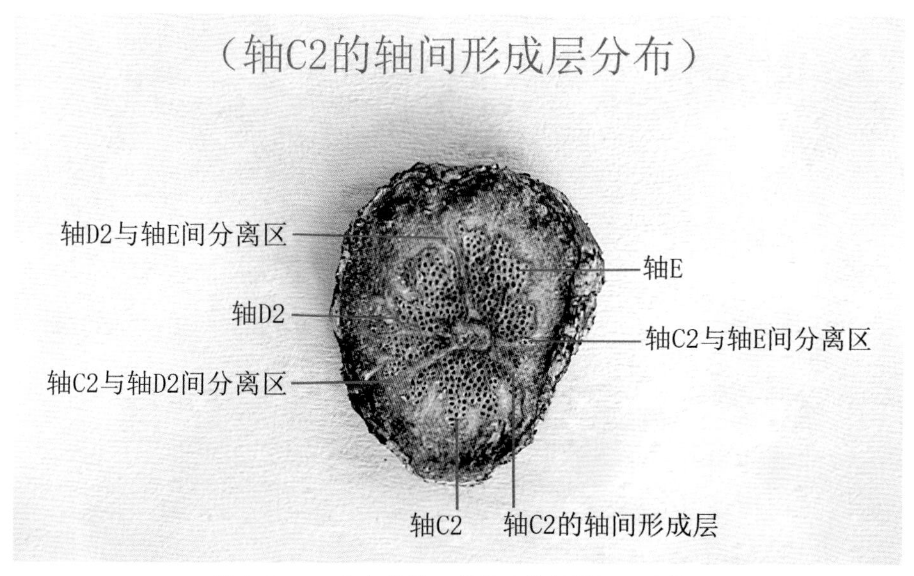

图 6-27　五爪金龙第三段茎干节间横切面结构图

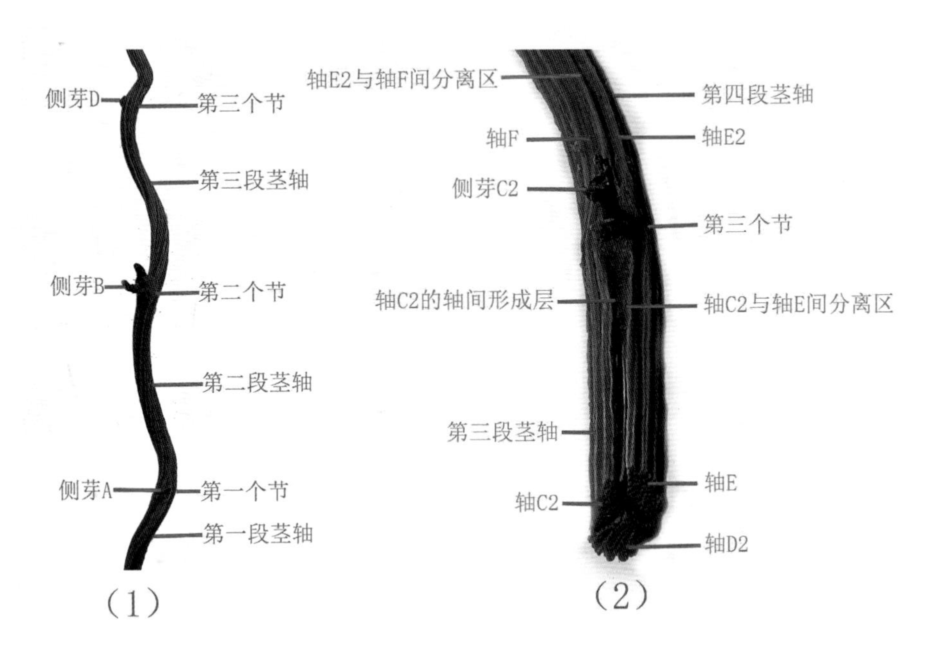

图 6-28 五爪金龙第三段茎干木质部结构图

同样，在来自第三个节“侧芽C2”产生的生长素刺激下，第一段茎干“胎C”侧的“轴间分离区”薄壁组织也脱分化，转变为“胎C的轴间形成层”，恢复细胞分裂能力。“胎C的轴间形成层”细胞分裂，不断产生新细胞并分化为木质部维管组织，从而使第一段茎干“胎C”的木质部不断增加。

至此，在五爪金龙的第一段茎干，在“胎A”“胎B”和“胎C”三股“木质部小茎轴”的“逆时针”一侧均已分别形成了一条竖向分布的“轴间形成层”。在茎干生长过程中，通过这三条“轴间形成层”共同进行细胞分裂，从而使木质部维管组织不断增加，茎干不断加粗（图6-29）。

研究表明，五爪金龙茎干其他段落木质部的形成方式，与上述第一至第三段茎干相同。

四、相关问题

图6-30所示为五爪金龙茎干节间横切面结构。由图片可见，在三股“木质部小茎轴”之间的“轴间分离区”中都有一些相对独立的维管束。根据这些维管束所在的位置和数量推想，这是“轴间形成层”细胞分裂，正在形成的新维管组织。研究表明，这种现象在五爪金龙的茎干中普遍存在。从这些新增维管束所在的位置足以证明，五爪金龙茎干木质部的维管组织主要来源于“轴间形成层”的细胞分裂。

当然，和其他维管植物一样，五爪金龙的茎干也具有“维管形成层”。由此可见，五爪金龙茎干的木质部是由“轴间形成层”和“维管形成层”共同进行细胞分裂形成的。

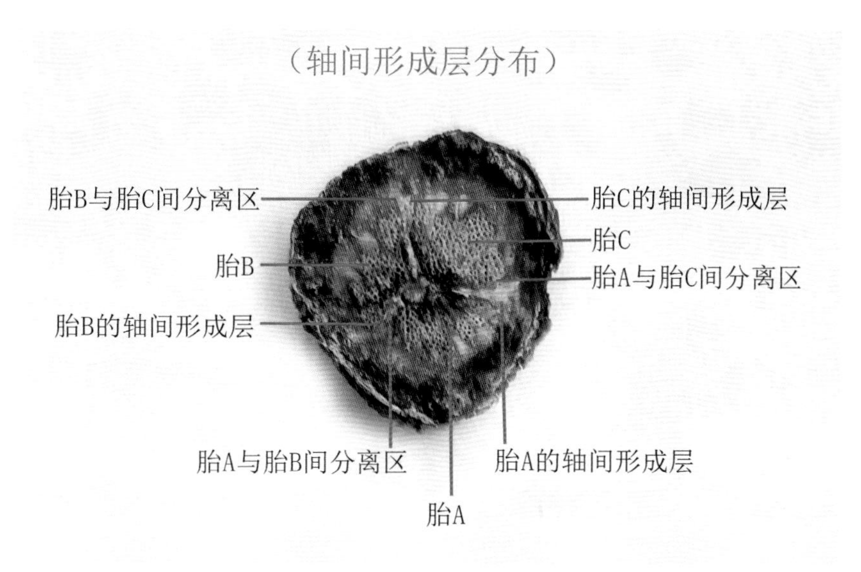

图 6-29　五爪金龙第一段茎干节间横切面结构图

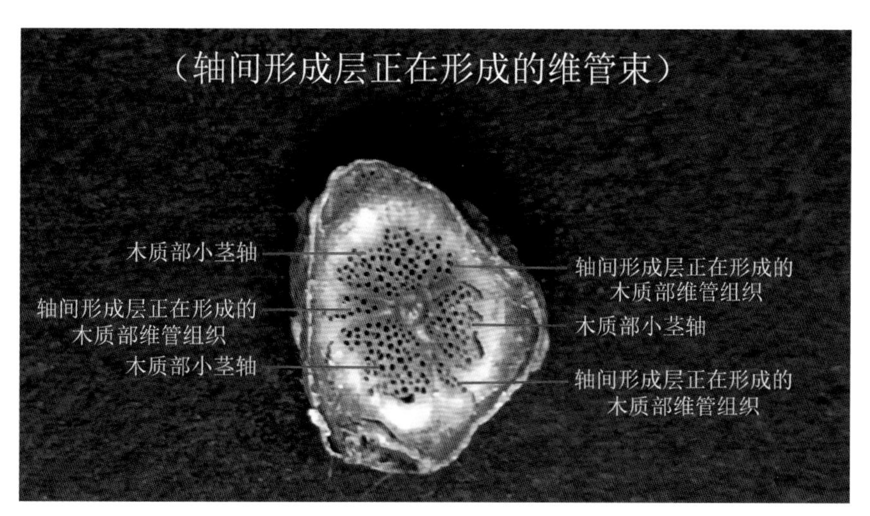

图 6-30　五爪金龙茎干节间横切面结构图

第三节　茎干缠绕规律

五爪金龙是一种茎干向着“顺时针”方向扭转、向着“逆时针”方向缠绕的植物。和其他缠绕性藤本植物一样，五爪金龙的茎干缠绕包括“茎轴错位”“茎干扭转”和“茎干缠绕”三个环节。

一、茎轴错位

图 6-31 所示为五爪金龙第一至第二段茎干木质部结构。

正如本章第一、二节所述，五爪金龙第一段茎干由“胎 A”“胎 B”和“胎 C”三股“木质部小茎轴”组成。按照茎干木质部竖向结构的形成方式，在第一个节上，由“胎 A”通过“主轴分枝”产生“侧芽 A”，由“胎 C”通过“假二叉分枝”产生“轴 C1”和“轴 C2”，再由“胎

A”和“轴 C1”遵循“连理枝”原理组合成“轴 D”。于是，由“胎 B”“轴 C2”和“轴 D”三股“木质部小茎轴”组成的第二段新茎干形成。

由图 6-32 可见，在第一段茎轴上，在“侧芽 A”正下方的“胎 A”与“胎 C”之间有一条“轴间分离区”，将两者分隔。但是，在第二段茎轴上，当“胎 A”和“轴 C1”遵循“连理枝”原理组合成“轴 D”后，“侧芽 A”正上方的“轴间分离区”消失。取而代之的是，在“侧芽 A”的右上方，在“轴 D”与“轴 C2”之间重新产生了一条“轴间分离区”，将这两条新形成的“木质部小茎轴”分隔。

图 6-32 所示的为五爪金龙茎干木质部结构，其中（1）、（2）和（3）所示为同一茎轴。由图中（1）可见，在第二段茎轴上有一处“红色标线”。作此标线的目的是为了探索在茎干第一个节前、后的两段茎轴上，“轴间分离区”分布的位置变化。

由图中（1）、（2）可见，在第一段茎轴“侧芽 A”正下方的“胎 A”和“胎 C”之间有一条“轴间分离区”。从图中（2）、（3）可见，在第二段茎轴上，“侧芽 A”正上方没有“轴间分离区”，但在“侧芽 A”的右上方，在“轴 D”和“轴 C2”之间出现一条新的“轴间分离区”。从“侧芽 A”上、下方“轴间分离区”的位置变化显示，在茎干第一个节前后，木质部已向着侧芽的右侧发生了“茎轴错位”。据粗略测算，错位的角度为 30° 左右。

研究表明，在五爪金龙茎干其他段落各个节的前后，相关的“木质部小茎轴”经过“主轴分枝”和“假二叉分枝”，并遵循“连理枝”原理进行重新组合后，新形成的茎干在竖向结构上必然向着侧芽的右侧发生“茎轴错位”。错位的角度均为 30° 左右。

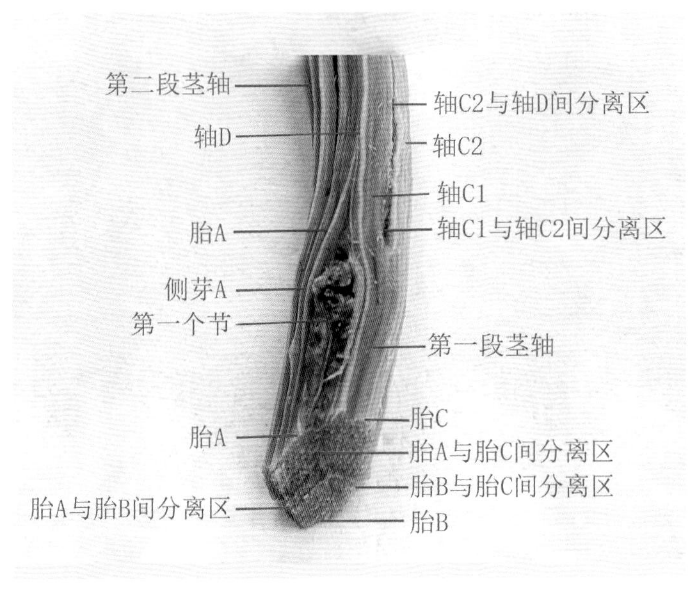

图 6-31　五爪金龙第一至第二段茎干木质部结构图

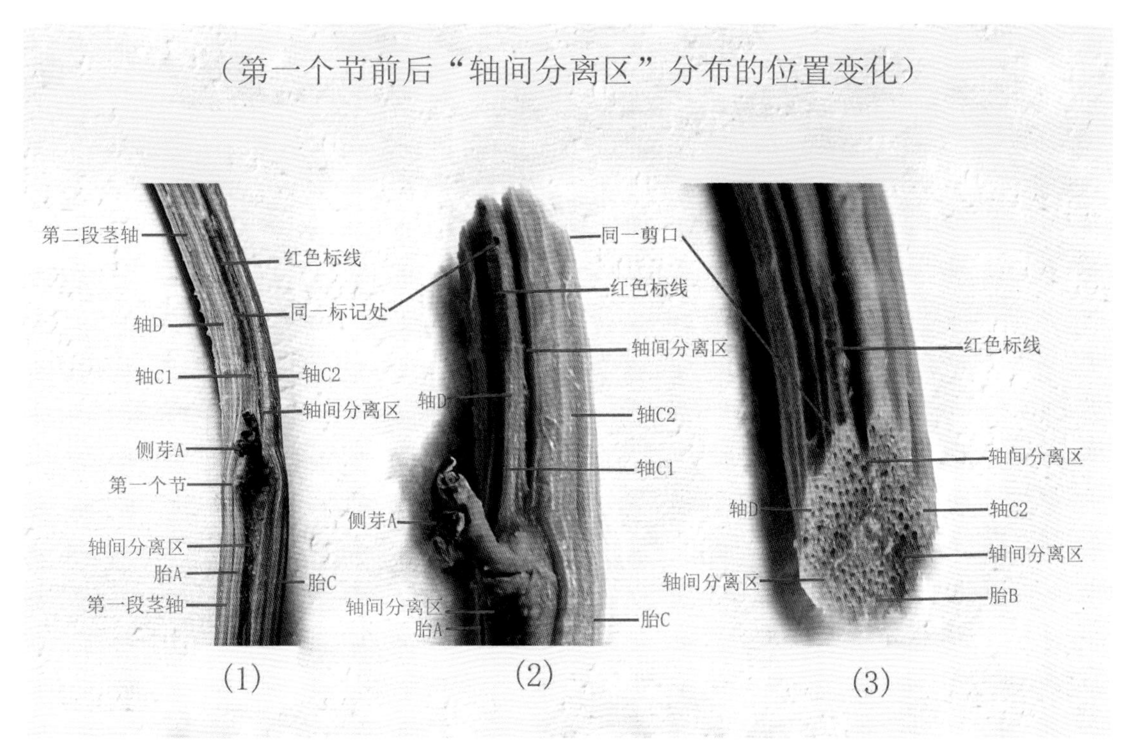

图 6-32　五爪金龙第一至第二段茎干木质部结构图

二、茎干扭转

正如本章第一、二节所述，在五爪金龙茎干的三股“木质部小茎轴”之间具有“轴间分离区”和“轴间形成层”。依据“风车原理”（详见第三章），茎干中的“轴间形成层”具有相当于风车中风叶上的“风兜”功能。

五爪金龙是一种茎干向着“顺时针”方向扭转、向着“逆时针”缠绕的植物。依据茎干扭转和缠绕方向以及“风车原理”和“绞绳原理”（详见第三章）推想，在茎干各段落中，“侧芽”和“轴间形成层”位于相对应“木质部小茎轴”的“逆时针”方向一侧。在茎干生长过程中，受到来自“侧芽”产生的生长素刺激，“轴间形成层”细胞分裂，在不断增加木质部维管组织的同时，自然而然在相对应“木质部小茎轴”的“逆时针”一侧产生推动力，从而推动茎干向着“顺时针”方向发生扭转。

（一）第一段茎干

图 6-33、图 6-34 所示分别为五爪金龙茎干第一个节横切面结构和第一段茎干木质部竖向结构。

正如本章第一、二节所述，五爪金龙第一段茎干由“胎 A”“胎 B”和“胎 C”三股“木质部小茎轴”组成。在第一个节上，由“胎 A”通过“主轴分枝”产生“侧芽 A”。“侧芽 A”和“胎 A 的轴间形成层”位于第一段茎干“胎 A”木质部的“逆时针”方向一侧（亦为图 6-34“胎 A”的右侧）。

在茎干生长过程中，“侧芽 A”产生的生长素可刺激“胎 A 的轴间形成层”细胞分裂，从而使“胎

A”木质部的维管组织不断增加。随着新的维管组织数量不断增加和细胞体积不断增大，必然在“胎A”的“逆时针”方向一侧产生一股推动力，推动“胎A”向着“顺时针”方向移动。

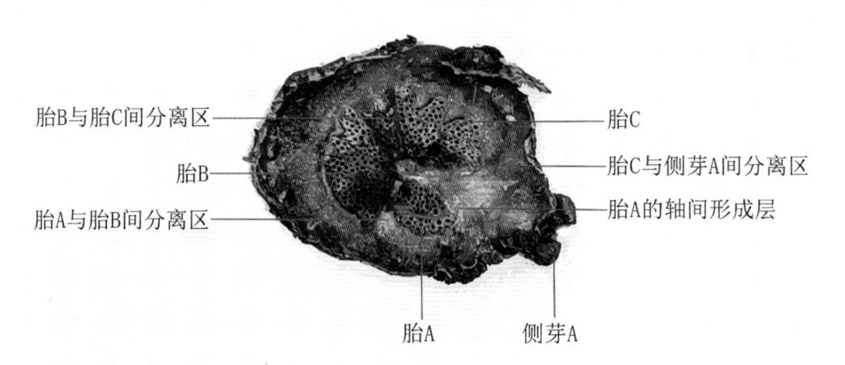

图 6-33　五爪金龙茎干第一个节横切面结构图

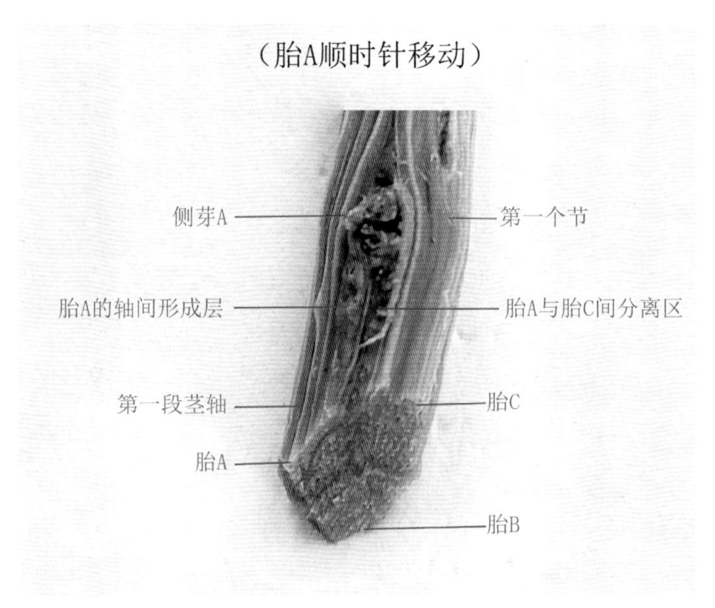

图 6-34　五爪金龙第一段茎干木质部结构图

（二）第一至第二段茎干

图 6-35、图 6-36 所示分别为五爪金龙茎干第二个节横切面结构和第二段茎干木质部竖向结构。

正如本章第一、二节所述，五爪金龙第二段茎干由“胎 B”“轴 C2”和“轴 D”三股“木质部小茎轴”组成。在第二个节上，由“胎 B”通过“主轴分枝”产生“侧芽 B”。“侧芽 B”和“胎 B 的轴间形成层”位于第二段茎干“胎 B”木质部的“逆时针”方向一侧（亦为图 6-36“胎B”的右侧）。

在茎干生长过程中，“侧芽 B”产生的生长素可刺激“胎 B 的轴间形成层”细胞分裂，从而使“胎B”木质部的维管组织不断增加。随着新的维管组织数量不断增加和细胞体积不断增大，必然在

“胎 B”的“逆时针”方向一侧产生一股推动力，推动“胎 B”向着“顺时针”方向移动。

另外，正如本章第一、二节所述，在茎干木质部的竖向结构上，“胎 B”的维管组织从第二段茎干一直延伸至第一段茎干。在茎干生长过程中，第二个节“侧芽 B”产生的生长素可通过“短距离单方向的极性运输”方式，从第二段茎干的“胎 B”直接输送至第一段茎干的“胎 B”，并刺激第一段茎干“胎 B 的轴间形成层”细胞分裂，从而使这段茎干“胎 B”木质部的维管组织不断增加。随着新的维管组织数量不断增加和细胞体积不断增大，必然在第一段茎干“胎 B”的“逆时针”方向一侧也产生一股推动力，推动这段茎干的“胎 B”向着“顺时针”方向移动。

（胎B顺时针移动）

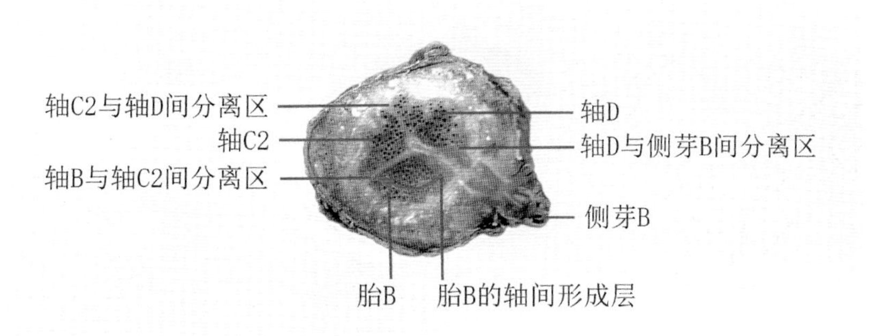

图 6-35　五爪金龙茎干第二个节横切面结构图

（胎B顺时针移动）

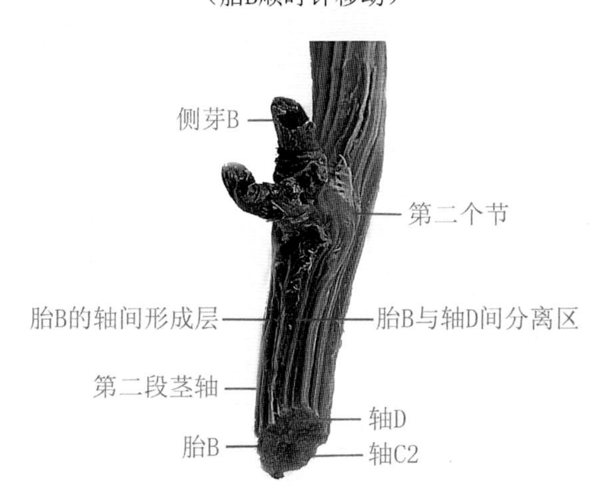

图 6-36　五爪金龙第二段茎干木质部结构图

另外，正如本章第一、二节所述，在茎干木质部的竖向结构上，“胎 B”的维管组织从第二段茎干一直延伸至第一段茎干。在茎干生长过程中，第二个节“侧芽 B”产生

（三）第一至第三段茎干

图 6-37、图 6-38 所示分别为五爪金龙茎干第三个节横切面结构和第三段茎干木质部竖向结构。

正如本章第一、二节所述，五爪金龙第三段茎干的木质部由“轴 C2”“轴 D2”和“轴 E”

三股“木质部小茎轴”组成。在第三个节上，由“轴 C2”通过“主轴分枝”产生“侧芽 C2”。“侧芽 C2”和“轴 C2 的轴间形成层”位于第三段茎干“轴 C2”木质部的“逆时针”方向一侧（亦为图 6-38“轴 C2”的右侧）。

在茎干生长过程中，“侧芽 C2”产生的生长素可刺激“轴 C2 的轴间形成层”细胞分裂，从而使“轴 C2”木质部的维管组织不断增加。随着新的维管组织数量不断增加和细胞体积不断增大，必然在“轴 C2”的“逆时针”方向一侧产生一股推动力，推动“轴 C2”向着“顺时针”方向移动。

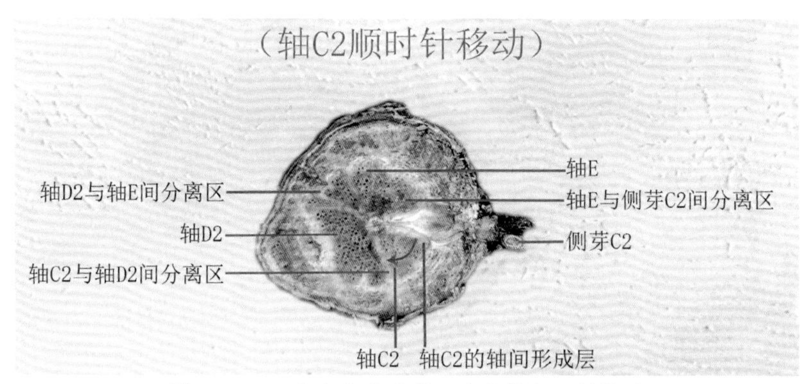

图 6-37　五爪金龙茎干第三个节横切面结构图

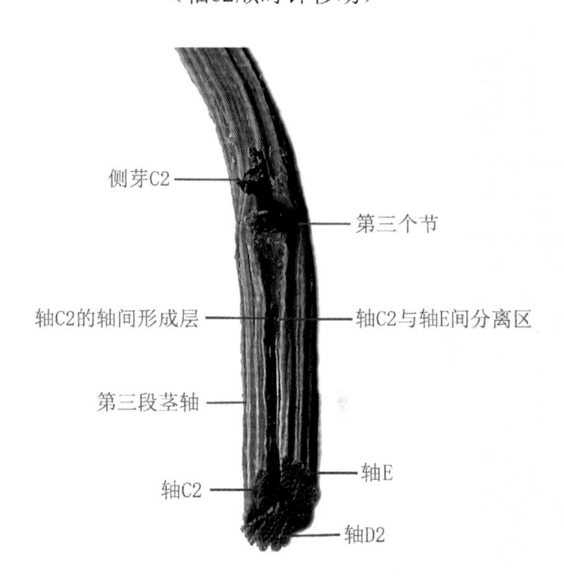

图 6-38　五爪金龙第三段茎干木质部结构图

另外，正如本章第一、二节所述，第二和第三段茎干的“轴 C2”是由第一段茎干的“胎 C”在第一个节上通过“主轴分枝”产生的。由此可见，在茎干木质部的竖向结构上，上述三段茎干的“轴 C2”和“胎 C”的维管束直接相通。在茎干生长过程中，第三个节“侧芽 C2”产生的生长素可通过“短距离单方向的极性运输”方式，从第三段茎干的“轴 C2”直接运送至第二段茎干的“轴 C2”，再运送至第一段茎干的“胎 C”。

受到来自“侧芽 C2”产生的生长素的刺激，第二段茎干“轴 C2 的轴间形成层”细胞分裂，从而使这段茎干“轴 C2”木质部的维管组织不断增加。随着新的维管组织数量不断增加和细胞体积不断增大，必然在“轴 C2”的“逆时针”方向一侧产生一股推动力，推动“轴 C2”向着“顺时针”方向移动。

同样，受到来自“侧芽 C2”产生的生长素的刺激，第一段茎干“胎 C 的轴间形成层”细胞分裂，从而使“胎 C”木质部的维管组织不断增加。随着新的维管组织数量不断增加和细胞体积不断增大，必然在“胎 C”的“逆时针”方向一侧产生一股推动力，推动“胎 C”向着“顺时针”方向移动。

至此，在第一段茎干“胎 A”“胎 B”和“胎 C”的“逆时针”方向一侧各自形成了一股推动力。按照“风车原理”，在上述三股推动力的共同作用下，第一段茎干的三股“木质部小茎轴”必然以“髓心”为中心，像“风车”一样向着“顺时针”方向旋转（图 6-39）。于是，第一段茎干向着“顺时针”方向发生“茎干扭转”（图 6-40）。

研究表明，在五爪金龙茎干生长过程中，“轴间形成层”细胞分裂产生的推动力，也会推动茎干其他段落向着“顺时针”方向发生“茎干扭转”。

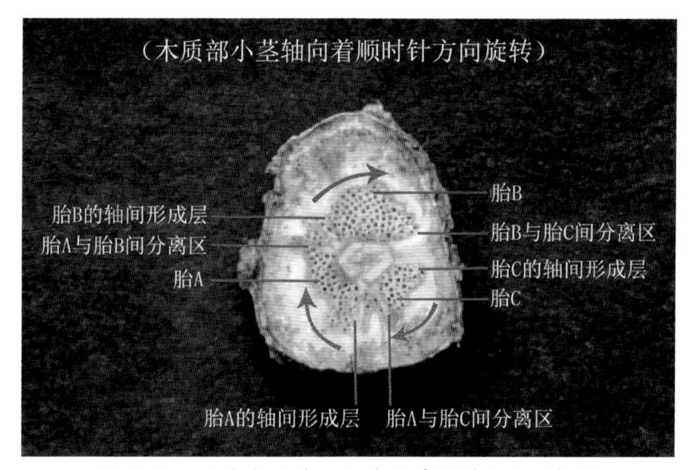

图 6-39 五爪金龙第一段茎干节间横切面结构图

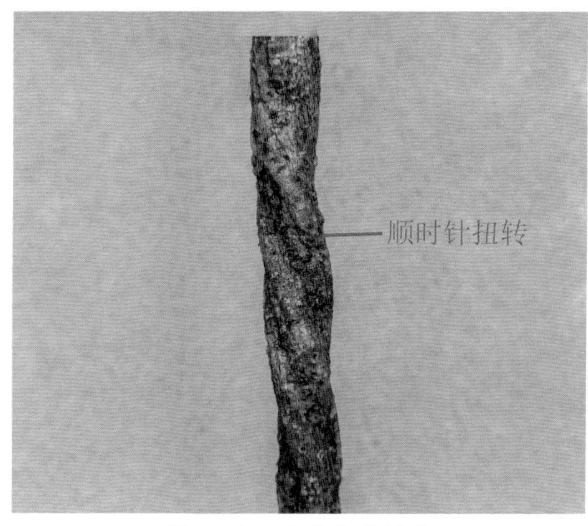

图 6-40 五爪金龙的茎

三、茎干缠绕

如前所述，在五爪金龙茎干生长过程中，通过木质部“轴间形成层”细胞分裂产生的推动力，推动茎干各段落向着“顺时针”方向不断发生“茎干扭转”。

按照“绞绳原理”，当茎干向着“顺时针”方向扭转至紧绷状态时，就会在茎干内部形成一股与“茎干扭转”方向相反的“内应力”，导致茎干发生扭曲。当扭转至紧绷状态的茎干在不断向前伸展过程中遇到“支持物”，就会遵循“绞绳原理”，向着“逆时针”方向缠绕在“支持物”上（图 6-41、图 6-42）。

综上所述，在五爪金龙茎干生长过程中，“轴间形成层”细胞分裂产生的作用力，推动茎干向着“顺时针”方向扭转、向着“逆时针”方向缠绕。这就是“连体三胞胎植物”——五爪金龙茎干缠绕的规律。

图 6-41　五爪金龙的茎

图 6-42　五爪金龙的茎

第七章　四茎轴植物

根据植物的“多胚现象”推想，当一个受精卵分裂成单卵四胞胎时，如果分裂不完全，且继续发育成熟，就有可能形成“连体四胞胎植物”。茎干解剖结果显示，牛白藤的茎干由四股“木质部小茎轴”组成，在结构上具有“连体四胞胎”的特点。根据植物的“多胚现象”和牛白藤茎干结构的特点，本章以牛白藤为例，试图从“连体四胞胎植物”的角度，探索茎干由四股“木质部小茎轴”组成的缠绕性藤本植物的茎干结构及其形成方式，以及茎干缠绕的规律。

牛白藤 *Hedyotis hedyotidea*（DC.）Merr. 茜草科。嫩枝被毛。叶对生，纸质或膜质，长卵形或近长圆形，长 3 ～ 10.5cm。伞形头状花序腋生或顶生；花 4 数，花冠白色，裂片与冠筒近等长。蒴果近球形，顶部隆起；种子具棱，每室多数。花、果几乎全年（图 7-1 至图 7-3）。

图 7-1　牛白藤的叶

图 7-2　牛白藤的花

图 7-3　牛白藤的果

第一节　茎干结构

与普通的维管植物比较，牛白藤在茎干结构方面有很大的区别。

一、外观结构

图 7-4、图 7-5 所示为牛白藤的茎。由图片可见，多年生老茎的形状近似“四棱柱”，扭曲的茎干像四股绳纠缠在一起。从茎的外观结构上看，具有“连体四胞胎”的特点。

图 7-4　牛白藤的茎

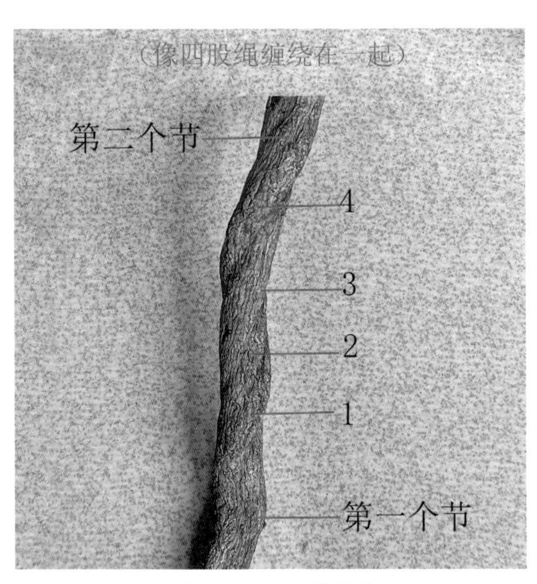

图 7-5　牛白藤的茎

二、茎干缠绕方向

研究发现，牛白藤的茎干既可向着“顺时针”方向缠绕，又可向着“逆时针”方向缠绕。即使同一棵牛白藤的不同分枝，甚至同一枝条的不同段落，也有两个不同的缠绕方向（图 7-6、图 7-7）。

图 7-6　牛白藤的茎

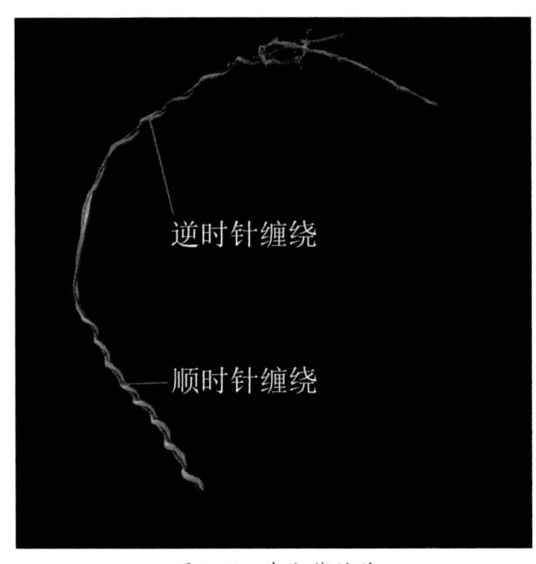

图 7-7　牛白藤的茎

三、干枯茎干结构

图 7-8 所示为牛白藤干枯的茎。由图片可见，在茎干的韧皮部和髓心等组织腐烂后，对剩下的木质部用手轻轻一剥就会分成四股。干枯的茎干，在结构上也具有“连体四胞胎”的特点。

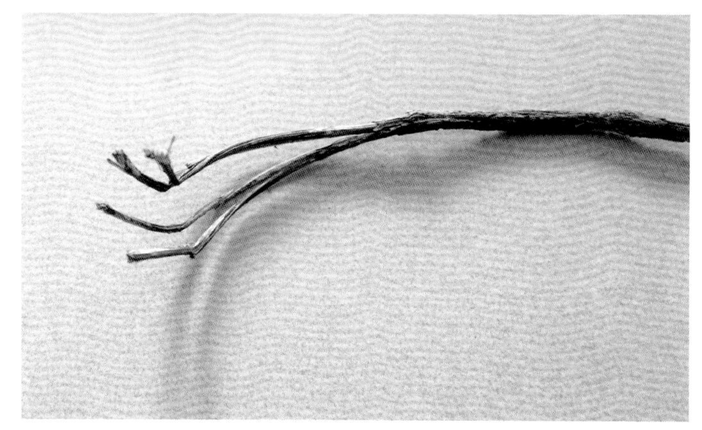

图 7-8　牛白藤干枯的茎干木质部

四、节间横切面结构

图 7-9、图 7-10 所示为牛白藤第一段茎干节间横切面结构。由图片可见，节间横切面结构呈现以下特点：

①茎干木质部具有四个扇形的片区，分别为“胎 A”“胎 B”“胎 C”和“胎 D”。这些“木质部小茎轴”通过髓心和初生木质部连接在一起。

②在上述“木质部小茎轴”中，“胎 A”和“胎 B”通过初生木质部更加紧密地结合在一起，形成“胎 AB 组合体”；在这个“木质部小茎轴组合体”内又具有由薄壁组织形成的“组合体内分离区”，将“胎 A”和“胎 B”分隔。同样，“胎 C”和“胎 D”也通过初生木质部更加紧密地结合在一起，形成“胎 CD 组合体”；在这个“木质部小茎轴组合体”内也具有由薄壁组织形成的“组合体内分离区”，将“胎 C”和“胎 D”分隔。

③在“胎 AB 组合体”和“胎 CD 组合体”之间，还有由薄壁组织形成的、更加宽阔的“组合体间分离区”，将两个组合体分隔。

④木质部没有年轮。

茎干解剖结果显示，牛白藤茎干其他段落的节间横切面结构，与第一段茎干相同。

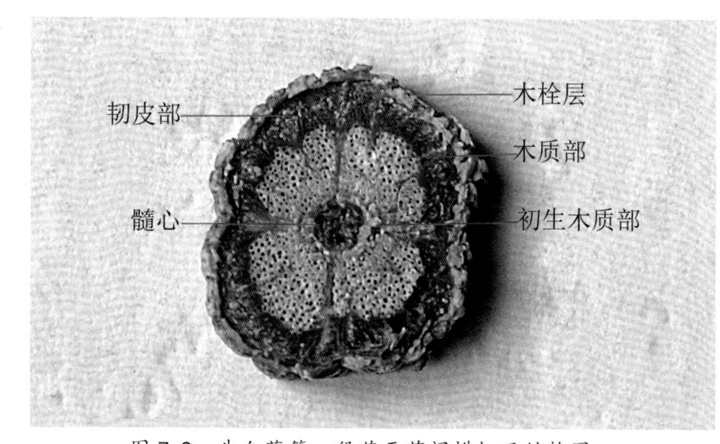

图 7-9　牛白藤第一段茎干节间横切面结构图

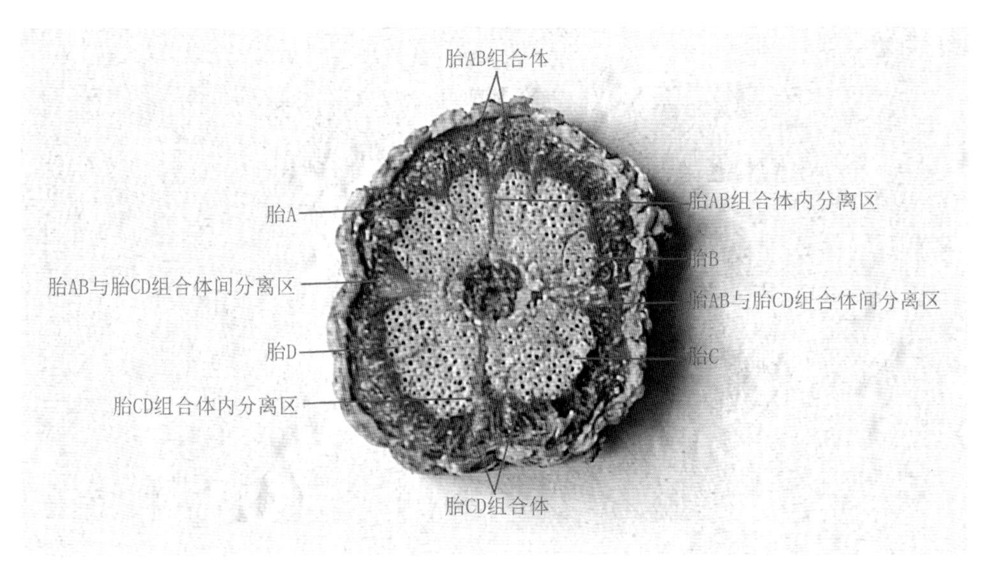

图 7-10　牛白藤第一段茎干节间横切面结构图

五、节横切面结构

图 7-11、图 7-12 所示为牛白藤茎干第一个节横切面结构。由图片可见，节横切面结构具有以下特点：

①牛白藤的茎干由四股“木质部小茎轴”组成，但在节上只有两个侧芽。其中一个是由“胎AB 组合体”经过分枝后产生的“侧芽 AB”，另一个是由“胎 CD 组合体”经过分枝后产生的“侧芽 CD”。

②“侧芽 AB”和“侧芽 CD”通过髓心连接在一起。

③由两个侧芽将“胎 AB 组合体”和“胎 CD 组合体”分隔，从而使茎干的木质部呈现相对独立的两部分。

④在“胎 AB 组合体”和“胎 CD 组合体”内分别具有由薄壁组织形成的“组合体内分离区”，将两股“木质部小茎轴”分隔。

茎干解剖结果显示，牛白藤茎干其他段落节横切面结构，与第一个节相同。

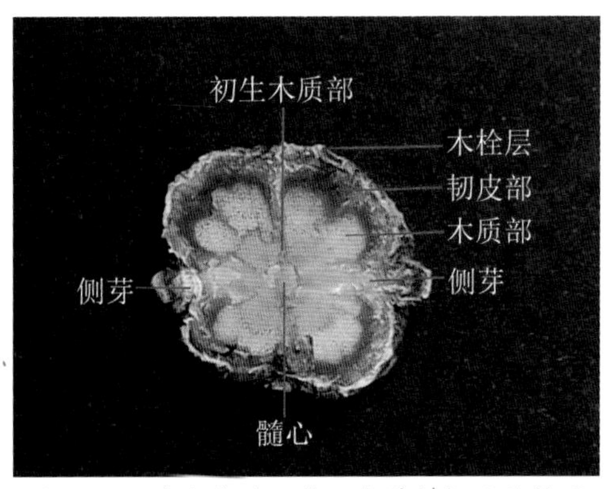

图 7-11　牛白藤茎干第一个节横切面结构图

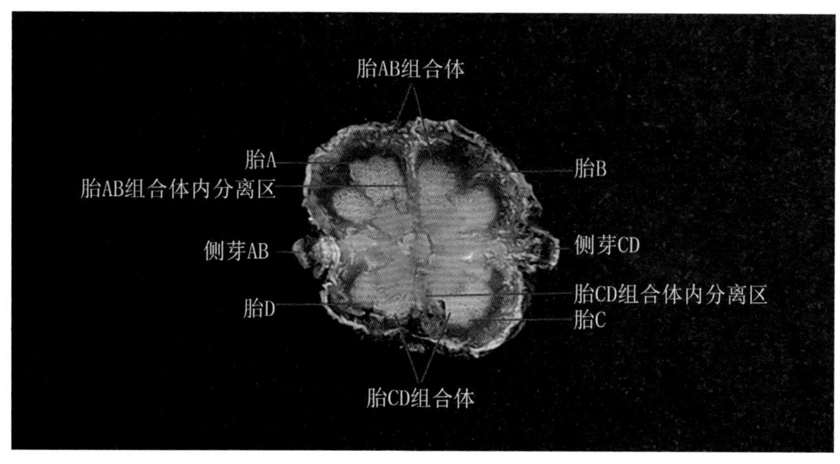

图 7-12 牛白藤茎干节横切面结构图

六、木质部竖向结构

图 7-13 所示为牛白藤第一段茎干木质部竖向结构（将茎干剥皮）。由图片可见，第一段茎干木质部的竖向结构具有以下特点：

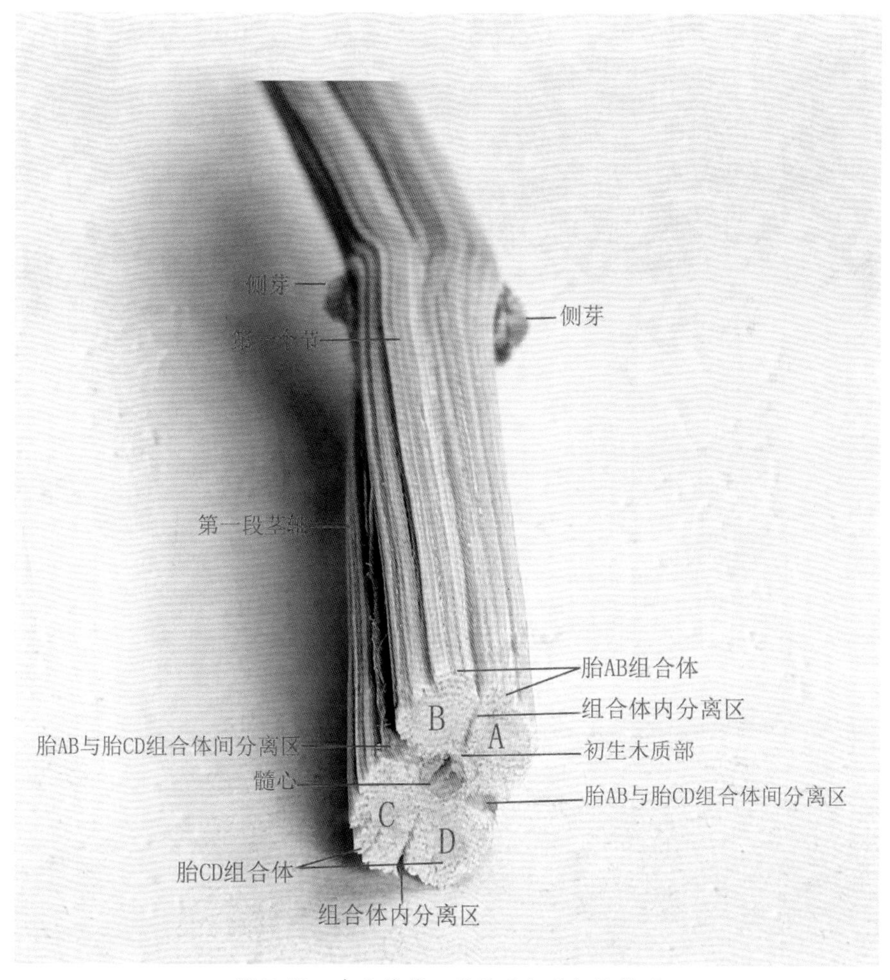

图 7-13 牛白藤第一段茎干木质部结构图

①第一段茎干由“胎 A”“胎 B”“胎 C”和“胎 D”四股“木质部小茎轴”组成。

②“胎 A”和“胎 B”通过初生木质部紧密结合在一起，形成“胎 AB 组合体”；在“胎 A”与“胎 B”之间具有“组合体内分离区”，将两者分隔。同样，“胎 C”和“胎 D”也通过初生木质部紧密结合在一起，形成“胎 CD 组合体”；在“胎 C”与“胎 D”之间也具有“组合体内分离区”，将两者分隔。

③在“胎 AB 组合体”和“胎 CD 组合体”之间还具有更加明显的“组合体间分离区”，将两者分隔。

④在第一个节上只有两个侧芽。

茎干解剖结果显示，牛白藤茎干其他段落木质部的竖向结构，与第一段茎干相同。

七、茎干竖向结构形成方式

为便于观察和研究牛白藤茎干木质部的结构，在后续的内容中通过将茎干剥皮后的图片，专门介绍木质部竖向结构的形成方式。另外，鉴于牛白藤的茎干有两种不同的缠绕方向，为避免混乱，并便于论述和理解，在此以向着“顺时针”方向扭转、向着“逆时针”方向缠绕的茎干为例，对木质部竖向结构的形成方式作详细介绍（图 7-14）。

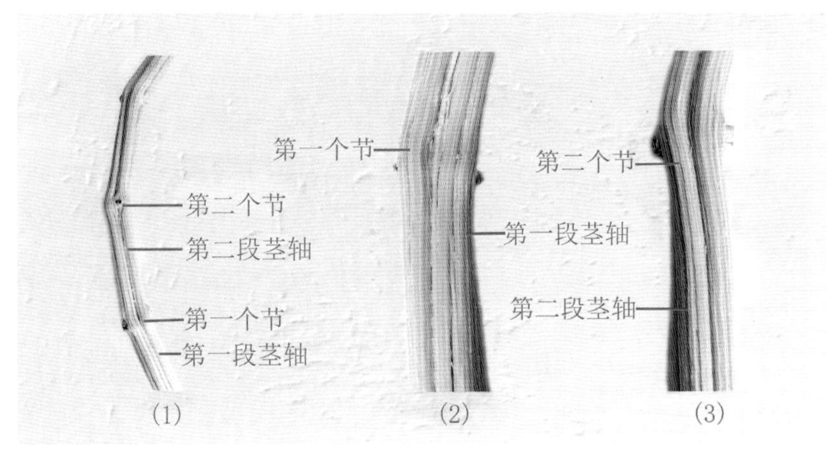

图 7-14　牛白藤第一至第二段茎干木质部结构图

（一）第一至第二段茎干

在茎干生长过程中，第一段茎干木质部通过“主轴分枝”和“假二叉分枝”（详见第四章第一节）进行分拆，并遵循“连理枝”原理（详见第二章）重新组合后，形成第二段茎干木质部。具体步骤如下：

第一步：

当牛白藤的种子发芽后，由“胎 A”和“胎 B”遵循“连理枝”原理紧密结合在一起，形成“胎 AB 组合体”。按照一致的步调，“胎 C”和“胎 D”也遵循“连理枝”原理紧密合在一起，形成“胎 CD 组合体”。紧接着，由“胎 AB 组合体”和“胎 CD 组合体”再遵循“连理枝”原理结合在一起，组合成具有完整木质部结构的第一段茎干（图 7-15）。

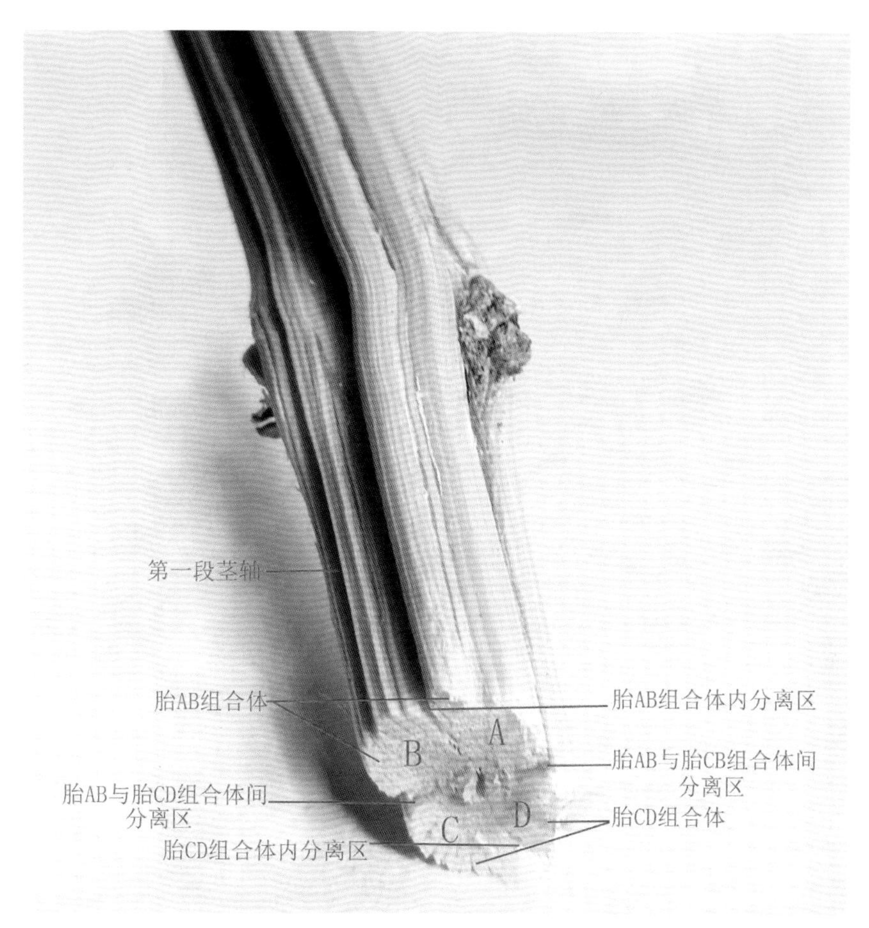

图 7-15 牛白藤第一段茎干木质部结构图

第二步：

在第一个节上，“胎 AB 组合体”通过“主轴分枝”，在“逆时针”方向的一侧（亦为图 7-16“胎 A”右侧）萌发“侧芽 AB”；接着，“胎 AB 组合体”的顶芽停止生长，并通过“假二叉分枝”，产生“轴 A1”和“轴 B1”。此时，“胎 AB 组合体”原顶端分生组织转变分裂方式，重新恢复细胞分裂，产生一些薄壁组织，形成“轴间分离区”，将“轴 A1”和“轴 B1”分隔（图 7-16）。

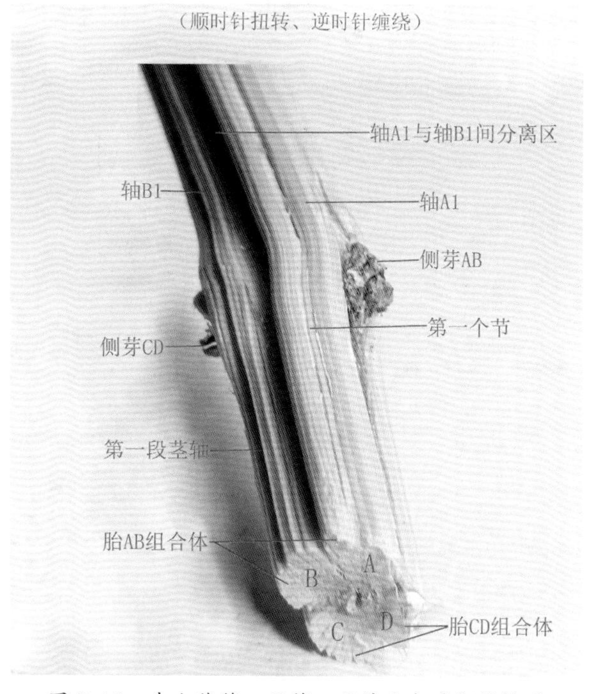

图 7-16 牛白藤第一至第二段茎干木质部结构图

在第一个节上，按照“胎 AB 组合体”一致的步调，“胎 CD 组合体”也通过“主轴分枝”，在“逆时针”方向的一侧（亦为图 7-17“胎 C”右侧）萌发“侧芽 CD”；接着，“胎 CD 组合体”的顶芽停止生长，并通过“假二叉分枝”，产生“轴 C1”和“轴 D1”。此时，“胎 CD 组合体”原顶端分生组织转变分裂方式，重新恢复细胞分裂，产生一些薄壁组织，形成“轴间分离区”，将“轴 C1”和“轴 D1”分隔（图 7-17）。

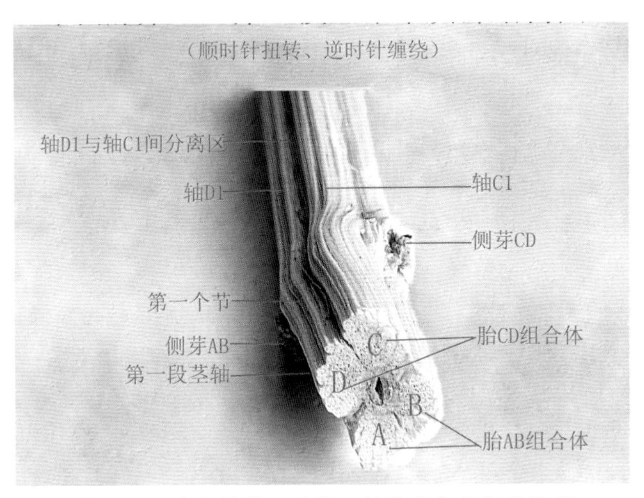

图 7-17　牛白藤第一至第二段茎干木质部结构图

第三步：

在第一个节上，“轴 D1”和“轴 A1”遵循“连理枝”原理紧密结合在一起，形成“轴 D1A1 组合体”。按照一致的步调，“轴 B1”和“轴 C1”也遵循“连理枝”原理紧密结合在一起，形成“轴 B1C1 组合体”（图 7-18、图 7-19）。

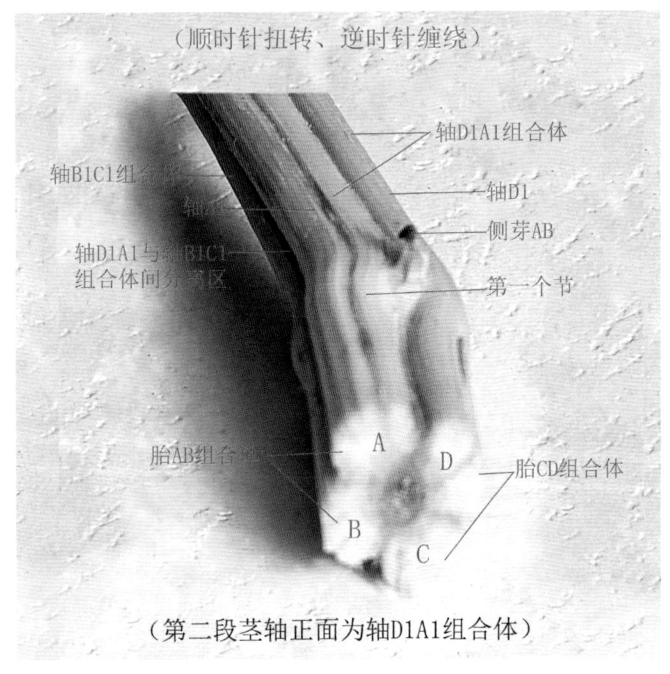

图 7-18　牛白藤第一至第二段茎干木质部结构图

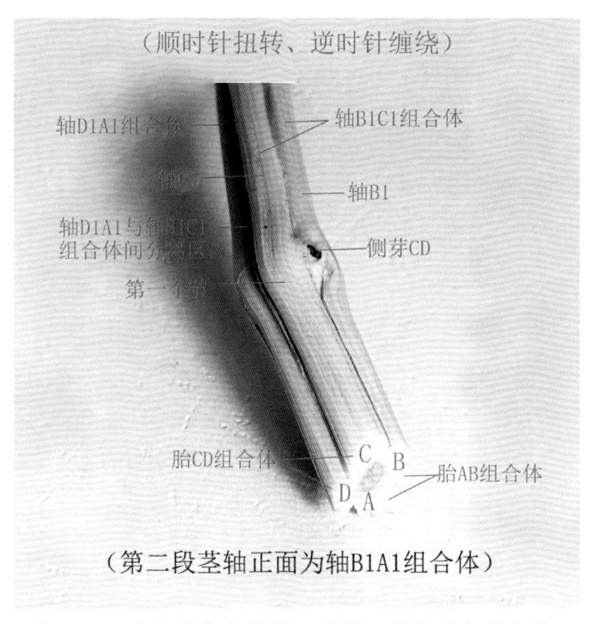

图 7-19 牛白藤牛白藤第一至第二段茎干木质部结构图

第四步：

“轴 A1D1 组合体”和“轴 B1C1 组合体”遵循“连理枝”原理结合在一起。此时，原“轴 A1 与轴 B1 间分离区”和“轴 C1 与轴 D1 间分离区”自然而然成为“轴 A1D1 与轴 B1C1 组合体间分离区”。

至此，茎干的第二段，由“轴 A1D1 组合体”和“轴 B1C1 组合体”组成，并具有完整木质部结构的新茎干形成（图 7-20）。

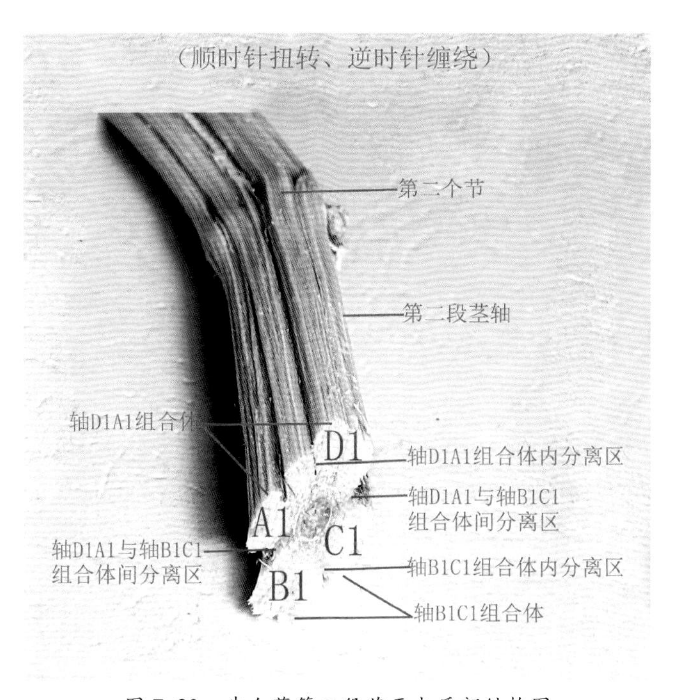

图 7-20 牛白藤第二段茎干木质部结构图

（二）第二至第三段茎干

如前所述，第二段茎干木质部由“轴 D1A1 组合体”和“轴 B1C1 组合体”组合而成。从第二段茎干木质部生成第三段茎干木质部的具体步骤如下：

第一步：

在第二个节上，“轴 D1A1 组合体”通过“主轴分枝”，在“逆时针”方向的一侧（亦为图 7-21“轴 D1”右侧）萌发“侧芽 D1A1”；接着，“轴 D1A1 组合体”的顶芽停止生长，并通过“假二叉分枝”，产生“轴 D2”和“轴 A2”。此时，“轴 D1A1 组合体”原顶端分生组织转变分裂方式，重新恢复细胞分裂，产生一些薄壁组织，形成“轴间分离区”，将“轴 D2”和“轴 A2”分隔（图 7-21）。

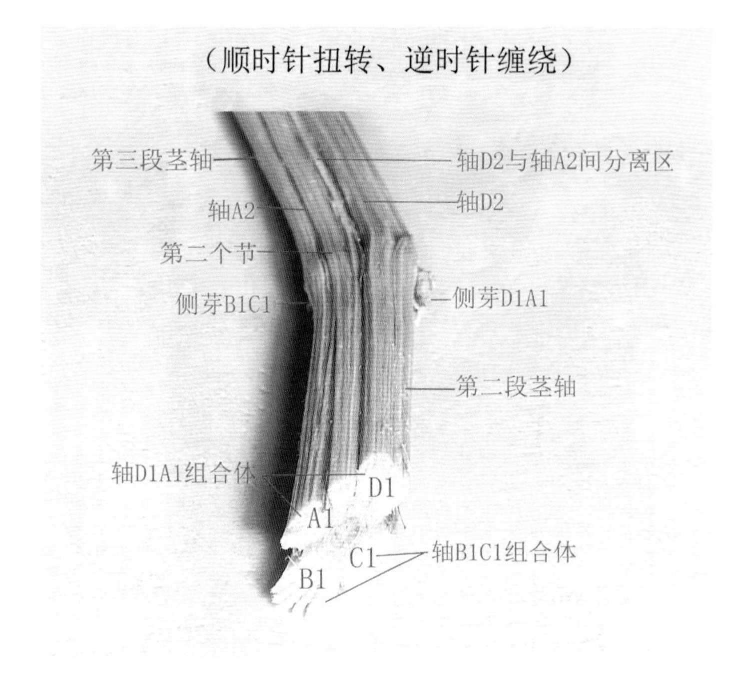

图 7-21　牛白藤第二至第三段茎干木质部结构图

在第二个节上，按照“轴 D1A1 组合体”一致的步调，“轴 B1C1 组合体”也通过“主轴分枝”，在“逆时针”方向的一侧（亦为图 7-22 轴 B1 右侧）萌发“侧芽 B1C1”；接着，“轴 B1C1 组合体”的顶芽停止生长，并通过“假二叉分枝”，产生“轴 B2”和“轴 C2”。此时，“轴 B1C1 组合体”原顶端分生组织也转变分裂方式，重新恢复细胞分裂，产生一些薄壁组织形成“轴间分离区”，将“轴 B2”和“轴 C2”分隔（图 7-22）。

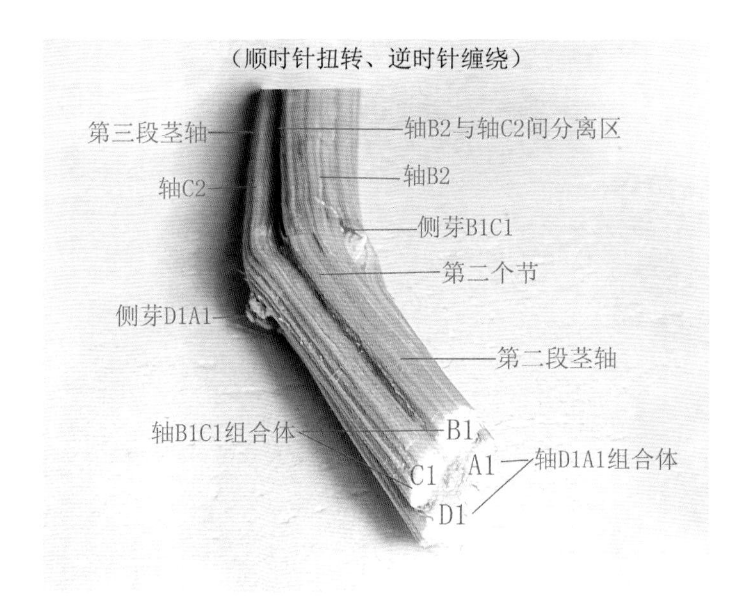

图 7-22　牛白藤第二至第三段茎干木质部结构图

第二步：

在第二个节上，“轴 A2”和“轴 B2”遵循“连理枝”原理紧密结合在一起，形成“轴 A2B2 组合体”；按照一致的步调，“轴 C2”和“轴 D2”也遵循“连理枝”原理紧密结合在一起，形成“轴 C2D2 组合体”（图 7-23、图 7-24）。

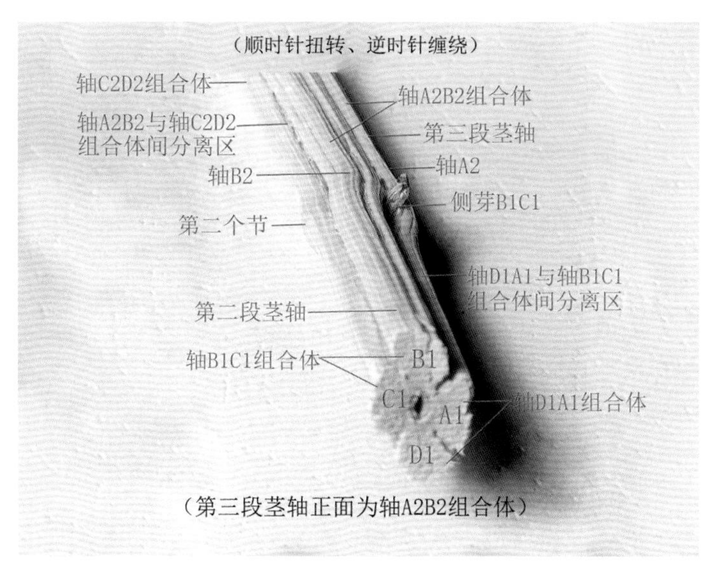

图 7-23 牛白藤第二至第三段茎干木质部结构图

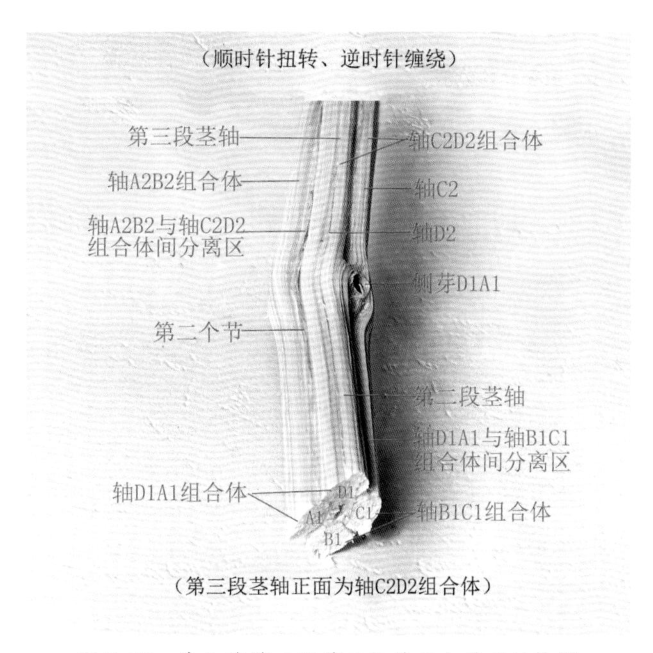

图 7-24 牛白藤第二至第三段茎干木质部结构图

第三步：

“轴 A2B2 组合体”和“轴 C2D2 组合体”遵循“连理枝”原理组合在一起。此时，原“轴 D2 与轴 A2 间分离区”和“轴 B2 与轴 C2 间分离区”自然而然成为“轴 A2B2 组合体与轴 C2D2 组合体间分离区”（图 7-23、图 7-24）。

至此，茎干的第三段，由“轴 A2B2 组合体”和“轴 C2D2 组合体”组成，并具有完整木质部结构的新茎干形成（图 7-21 至图 7-24）。

研究表明，对于茎干向着“顺时针”方向扭转、向着“逆时针”方向缠绕的牛白藤，茎干其他段落竖向结构的形成方式与上述第一至第三段茎干相同。

八、两种茎干结构的差异性

如前所述，牛白藤的茎干既可向着“顺时针”方向扭转、向着“逆时针”方向缠绕，又可向着“逆时针”方向扭转、向着“顺时针”方向缠绕。研究表明，上述两种不同扭转和缠绕方向的茎干，它们的木质部竖向结构的形成方式基本相同。但是，根据茎干扭转和缠绕方向，以及“风车原理”和“绞绳原理”（详见第三章）推想，在茎干各段落中，侧芽与相对应“木质部小茎轴组合体”的位置关系则相反。

例如，对于向着“顺时针”方向扭转、向着“逆时针”方向缠绕的茎干，在第一个节和第一段茎干，“侧芽AB”位于“胎AB组合体”的“逆时针”方向一侧，“侧芽CD”也位于“胎CD组合体”的“逆时针”方向一侧（图7-25、图7-26）。

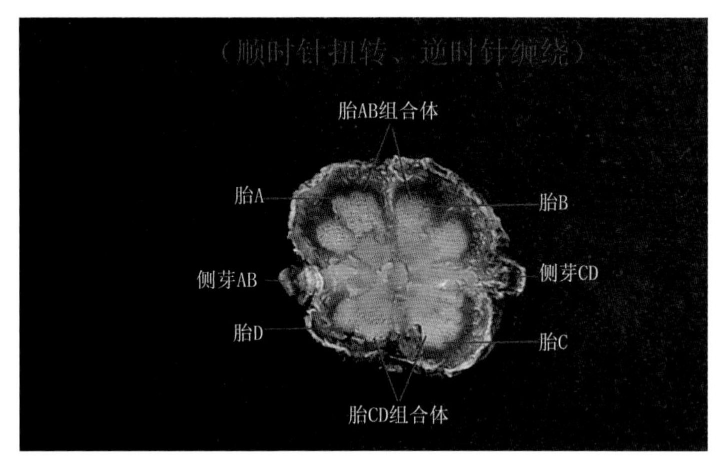

图 7-25　牛白藤茎干节横切面结构图

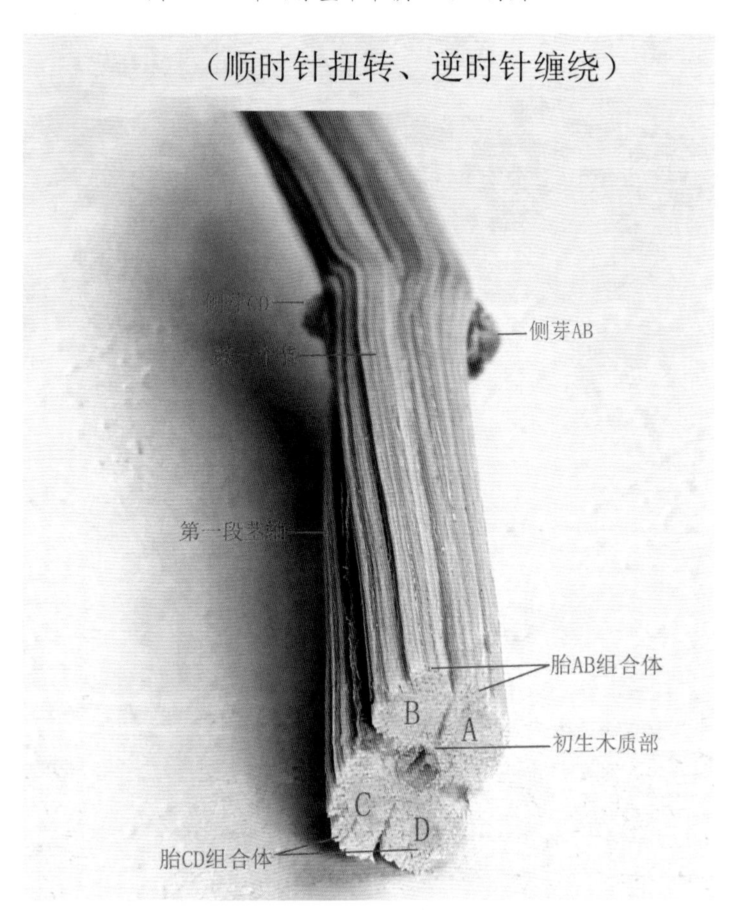

图 7-26　牛白藤第一段茎干木质部结构图

对于向着“逆时针”方向扭转、向着“顺时针”方向缠绕的茎干，在第一个节和第一段茎干，“侧芽 AB”位于“胎 AB 组合体”的“顺时针”方向一侧，“侧芽 CD”也位于“胎 CD 组合体”的“顺时针”方向一侧（图 7-27、图 7-28）。

研究表明，在上述两种不同扭转和缠绕方向的茎干其他段落，侧芽与相对应“木质部小茎轴组合体”的位置关系，与第一个节和第一段茎干相同。

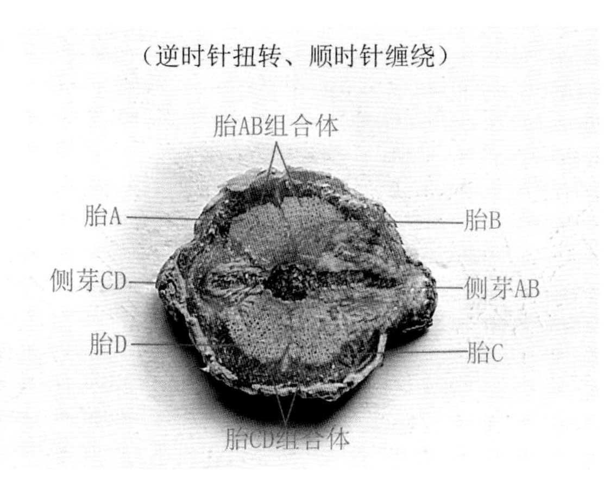

图 7-27 牛白藤茎干第一个节横切面结构图

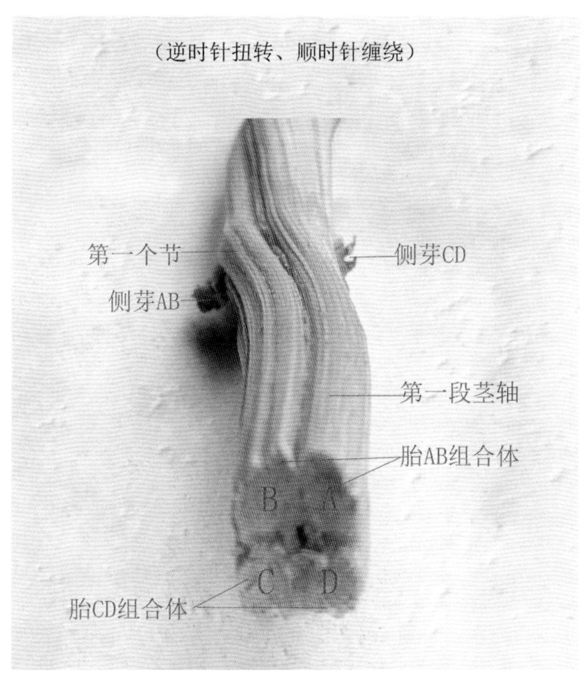

图 7-28 牛白藤第一段茎干木质部结构图

第二节 茎干木质部形成方式

正如本章第一节所述，牛白藤的茎干由四股“木质部小茎轴”组合成两个“木质部小茎轴组合体”。在茎干生长过程中，各个节上侧芽产生的生长素可刺激“组合体间分离区”或“组合体内轴间分离区”部分薄壁组织脱分化，转变为“组合体间形成层”或“组合体内轴间形成层”，恢复细胞分裂能力。通过这些“形成层”的细胞分裂，从而使茎干木质部不断增加。根据牛白藤的茎干结构，以及“风车原理”和“绞绳原理”推想，在茎干各段落中，当侧芽位于相对应“木质部小茎轴组合体”的“逆时针”方向一侧时，茎干就会向着“顺时针”方向扭转、向着“逆时针”方向缠绕；当侧芽位于相对应“木质部小茎轴组合体”的“顺时针”方向一侧时，茎干就会向着“逆时针”方向扭转、向着“顺时针”方向缠绕。

下面对牛白藤不同扭转和缠绕方向的茎干木质部形成方式，分别作详细介绍。

一、“顺时针”扭转、“逆时针”缠绕的茎干

（一）第一段茎干

图 7-29 至图 7-32 所示分别为牛白藤向着“顺时针”方向扭转、向着“逆时针”方向缠绕的茎干第一个节横切面结构、第一段茎干节间横切面结构和木质部结构。

正如本章第一节所述，第一段茎干的木质部由“胎 AB 组合体”和“胎 CD 组合体”遵循“连理枝”原理组合而成。在茎干生长过程中，“胎 AB 组合体”通过“主轴分枝”，在“胎 AB 组合体”的“逆时针”一侧（亦为图 7-31“胎 A”右侧）萌发“侧芽 AB”。按照一致的步调，“胎 CD 组合体”也通过“主轴分枝”，在“胎 CD 组合体”的“逆时针”一侧（亦为图 7-32“胎 C”右侧）萌发“侧芽 CD”。

由于“侧芽 AB”是从“胎 AB 组合体”中的“胎 A”上萌发的，因此“侧芽 AB”与“胎 A”的维管束直接相通。在茎干生长过程中，“侧芽 AB”产生的生长素可通过“短距离单方向的极性运输”方式，运送至“胎 A”的木质部，然后渗透至木质部旁边的“胎 AB 与胎 CD 组合体间分离区”，从而使“分离区”中紧靠“胎 A”侧的薄壁组织脱分化，转变为“胎 AB 组合体

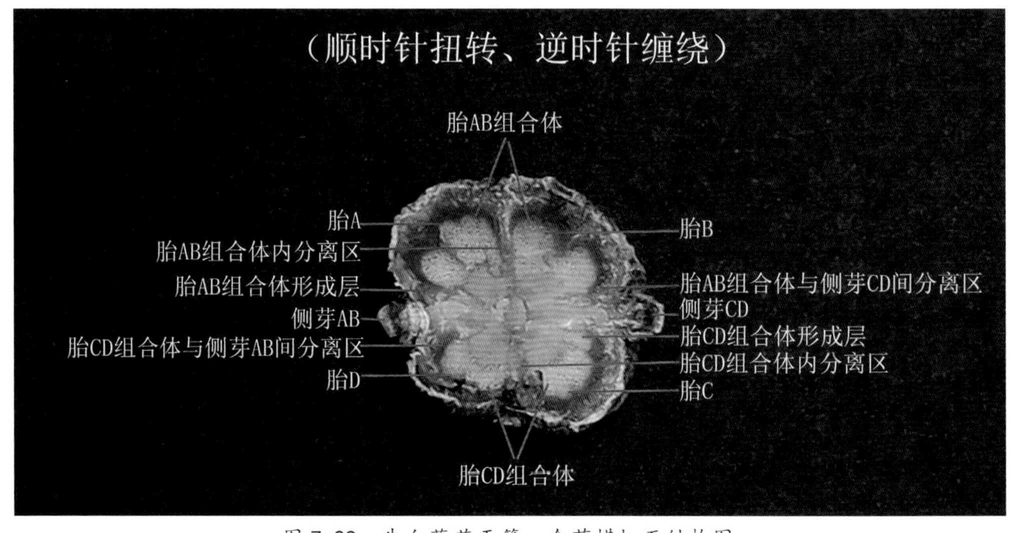

图 7-29 牛白藤茎干第一个节横切面结构图

形成层”，恢复细胞分裂能力。“胎 AB 组合体形成层”细胞分裂，不断产生新细胞并分化为木质部维管组织，从而使“胎 A”的木质部不断增加（图 7-29、图 7-30、图 7-31）。

同样，由于“侧芽 CD”是从“胎 CD 组合体”中的“胎 C”上萌发的，因此“侧芽 CD”与“胎 C”的维管束也直接相通。在茎干生长过程中，“侧芽 CD”产生的生长素也能通过“短距离单方向的极性运输”方式，运送至“胎 C”的木质部，然后渗透至木质部旁边的“胎 AB 与胎 CD 组合体间分离区”，从而使“分离区”中紧靠“胎 C”侧的薄壁组织脱分化，转变为“胎 CD 组合体形成层”，恢复细胞分裂能力。“胎 CD 组合体形成层”细胞分裂，不断产生新细胞并分化为木质部维管组织，从而使“胎 C”的木质部不断增加（图 7-29、图 7-30、图 7-32）。

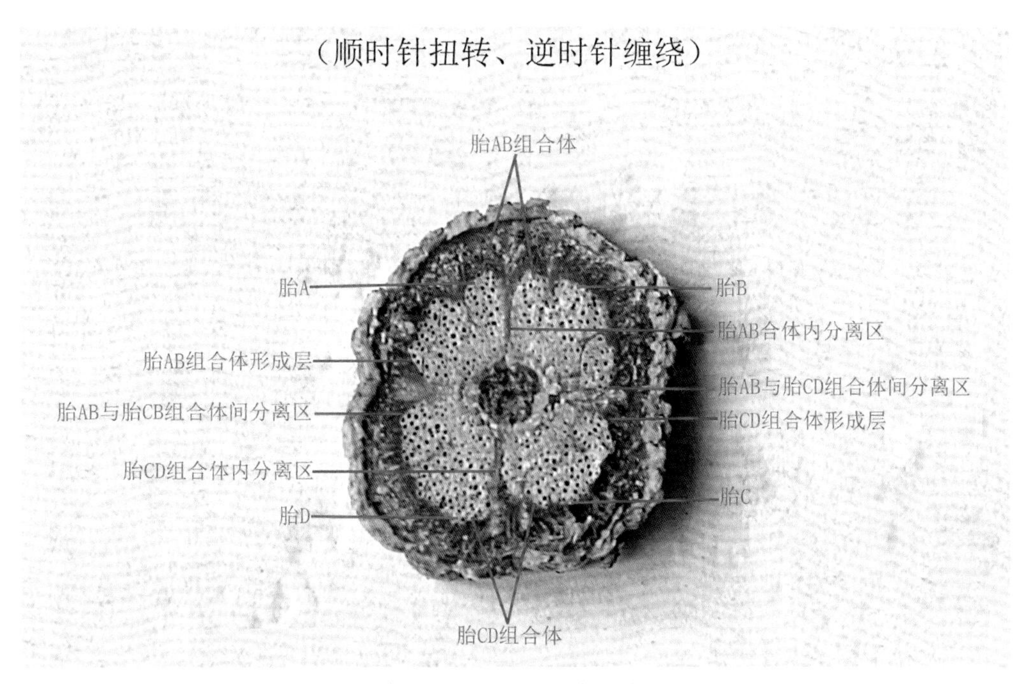

图 7-30 牛白藤第一段茎干节间横切面结构图

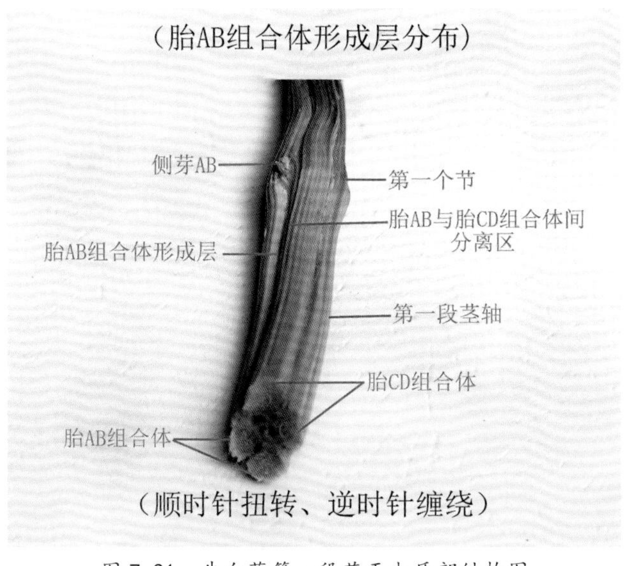

图 7-31 牛白藤第一段茎干木质部结构图

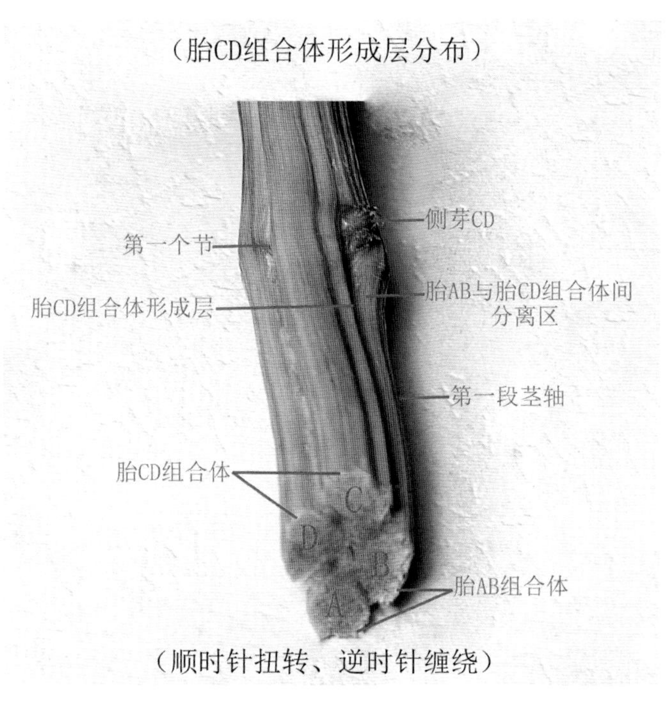

图 7-32　牛白藤第一段茎干木质部结构图

（二）第二段茎干

图 7-33 至图 7-36 所示分别为牛白藤向着“顺时针”方向扭转、向着“逆时针”方向缠绕的茎干第二个节横切面结构、第二段茎干节间横切面结构和木质部结构。

正如本章第一节所述，第二段茎干木质部由“轴 D1A1 组合体”和“轴 B1C1 组合体”遵循“连理枝”原理组合而成。在茎干生长过程中，“轴 D1A1 组合体”通过“主轴分枝”，在“轴 D1A1 组合体”的“逆时针”一侧（亦为图 7-35“轴 D1”右侧）萌发“侧芽 D1A1”。按照一致的步调，“轴 B1C1 组合体”也通过“主轴分枝”，在“轴 B1C1 组合体”的“逆时针”一侧（亦为图 7-36“轴 B1”右侧）萌发“侧芽 B1C1”。

由于“侧芽 D1A1”是从“轴 D1A1 组合体”中的“轴 D1”上萌发的，因此“侧芽 D1A1”与“轴 D1”的维管束直接相通。在茎干生长过程中，“侧芽 D1A1”产生的生长素可通过“短距离单方向的极性运输”方式，运送至“轴 D1”的木质部，然后渗透至木质部旁边的“轴 D1A1 与轴 B1C1 组合体间分离区”，从而使“分离区”中紧靠“轴 D1”侧的薄壁组织脱分化，转变为“轴 D1A1 组合体形成层”，恢复细胞分裂能力。“轴 D1A1 组合体形成层”细胞分裂，不断产生新细胞并分化为木质部维管组织，从而使“轴 D1”的木质部不断增加（图 7-33 至图 7-35）。

同样，由于“侧芽 B1C1”是从“轴 B1C1 组合体”中的“轴 B1”上萌发的，因此“侧芽 B1C1”与“轴 B1”的维管束也直接相通。在茎干生长过程中，“侧芽 B1C1”产生的生长素也能通过“短距离单方向的极性运输”方式，运送至“轴 B1”的木质部，然后渗透至木质部旁边的“轴 D1A1 与轴 B1C1 组合体间分离区”，从而使“分离区”中紧靠“轴 B1”侧的薄壁组织脱分化，转变为“轴 B1C1 组合体形成层”，恢复细胞分裂能力。“轴 B1C1 组合体形成层”细胞分裂，不断产生新细胞并分化为木质部维管组织，从而使“轴 B1”的木质部不断增加（图 7-33、图 7-34、图 7-36）。

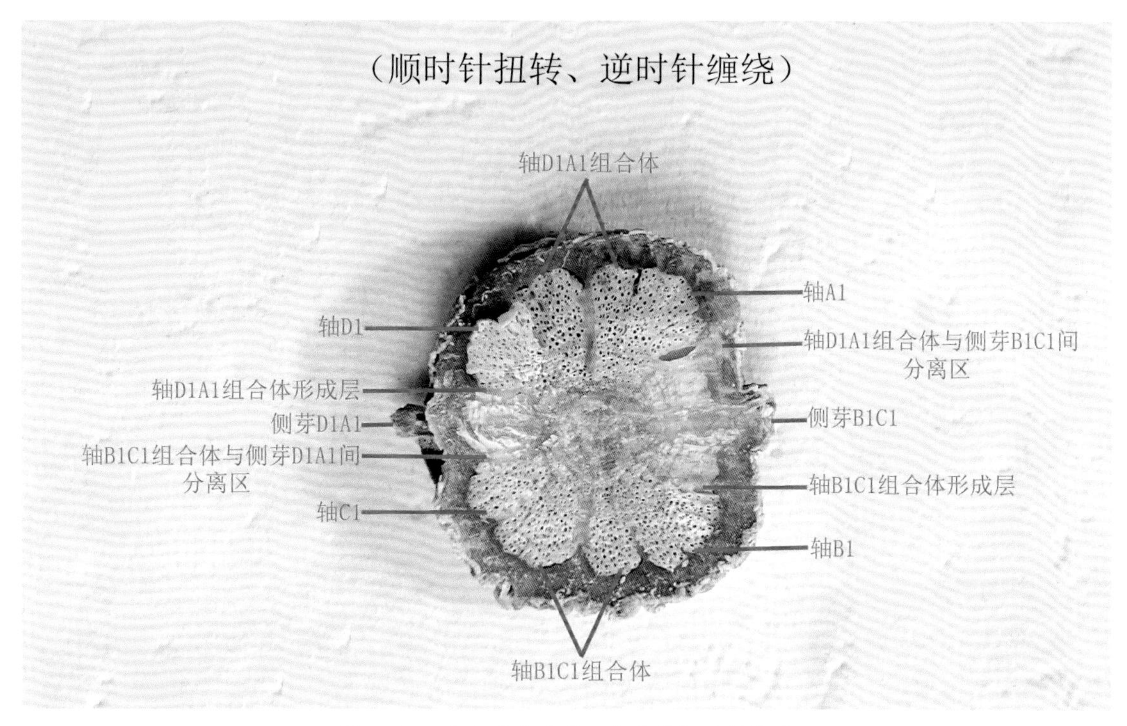

图 7-33　牛白藤茎干第二个节横切面结构图

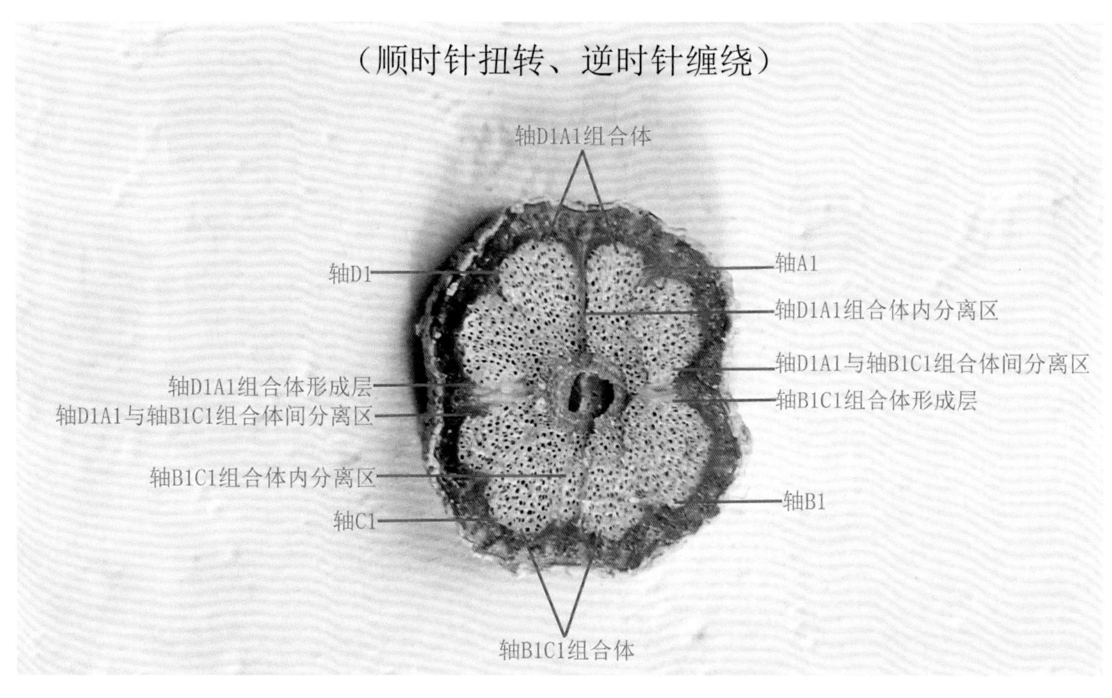

图 7-34　牛白藤第二段茎干节间横切面结构图

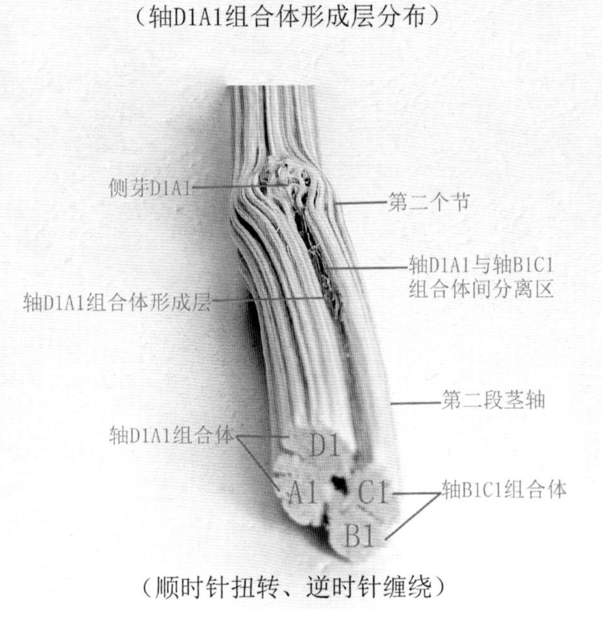

图 7-35　牛白藤第二段茎干木质部结构图

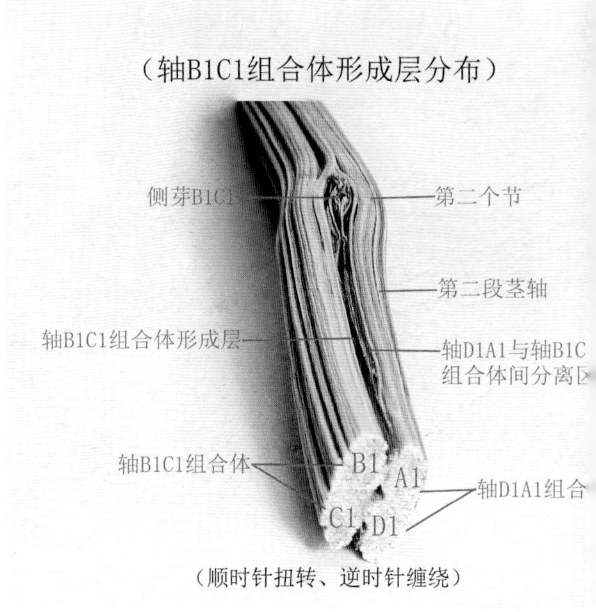

图 7-36　牛白藤第二段茎干木质部结构图

（三）第一至第二段茎干

图 7-37 至图 7-39 所示分别为牛白藤向着“顺时针”方向扭转、向着“逆时针”方向缠绕的茎干第二个节横切面结构、第一至第二段茎干木质部竖向结构。

正如本章第一节所述，第一段茎干的木质部由“胎 AB 组合体”和“胎 CD 组合体”遵循“连理枝”原理组合而成。在茎干生长过程中，按照一致的步调，在第一个节上，“胎 AB 组合体”通过“假二叉分枝”形成“轴 A1”和“轴 B1”；“胎 CD 组合体”也通过“假二叉分枝”形成“轴 C1”和“轴 D1”。接着，“轴 D1”和“轴 A1”遵循“连理枝”原理紧密连接在一起，形成“轴 D1A1 组合体”；“轴 B1”和“轴 C1”也遵循“连理枝”原理紧密连接在一起，形成“轴 B1C1 组合体”。于是，形成了第二段茎干。

在上述茎干木质部的分拆和重新组合过程中，第二段茎干的“轴 A1”是由第一段茎干的“胎 A”产生的，两者的维管束直接相通。同样，在第二段和第一段茎干中，“轴 B1”来源于“胎 B”，两者的维管束直接相通；“轴 C1”来源于“胎 C”，两者维管束直接相通；“轴 D1”来源于“胎 D”，两者的维管束直接相通。

由图 7-37 可见，在第一个节上，“胎 AB 组合体内分离区”将“胎 A”和“胎 B”分隔，“胎 CD 组合体内分离区”将“胎 C”和“胎 D”分隔。

由图 7-38 可见，第二段茎干的“轴 D1A1 与轴 B1C1 组合体间分离区”与第一段茎干的“胎 CD 组合体内分离区”是直接相通的。在第二个节上，“侧芽 D1A1”产生的生长素可通过“短距离单方向的极性运输”，沿着第二段茎干的“轴 D1”并穿过第一个节，再运送至第一段茎干“胎 D”的木质部，然后渗透至“胎 D”侧的“胎 CD 组合体内分离区”，从而使“轴间分离区”中紧靠“胎 D”侧的薄壁组织脱分化，转变为“胎 D 的轴间形成层”，恢复细胞分裂能力。“胎

D 的轴间形成层”细胞分裂，不断产生新细胞并分化为木质部维管组织，从而使“胎 D”的木质部不断增加。

由图 7-39 可见，第二段茎干的“轴 D1A1 与轴 B1C1 组合体间分离区”与第一段茎干的“胎 AB 组合体内分离区”是直接相通的。在第二个节上，“侧芽 B1C1”产生的生长素可通过“短

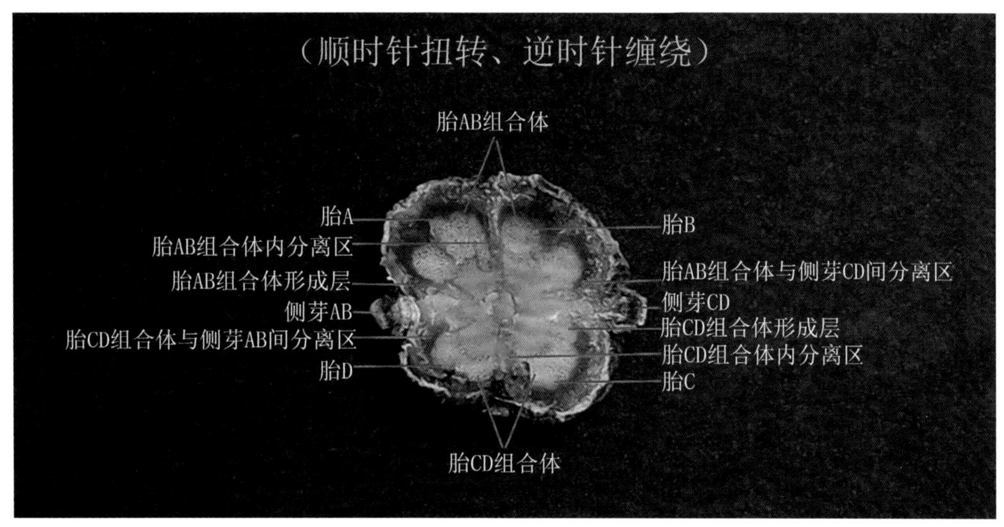

图 7-37 牛白藤茎干第一个节横切面结构图

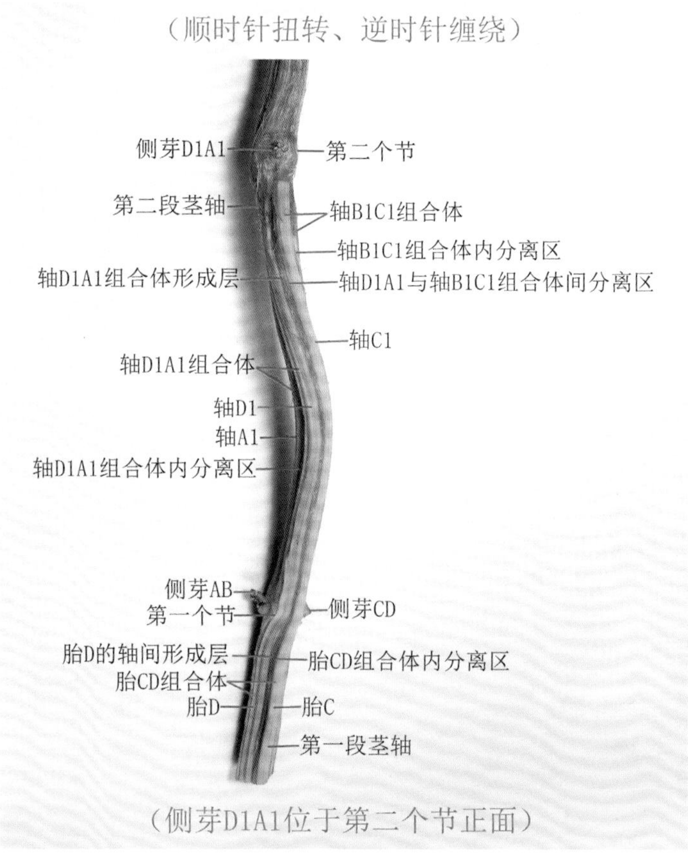

图 7-38 牛白藤第一至第二段茎干木质部结构图

距离单方向的极性运输”方式，沿着第二段茎干的“轴 B1”并穿过第一个节，再运送至第一段茎干“胎 B”的木质部，然后渗透至“胎 B”侧的“胎 AB 组合体内分离区”，从而使“分离区”中紧靠“胎 B”侧的薄壁组织脱分化，转变为“胎 B 的轴间形成层”，恢复细胞分裂能力。“胎 B 的轴间形成层”细胞分裂，不断产生新细胞并分化为木质部维管组织，从而使“胎 B”的木质部不断增加。

至此，在第一段茎干木质部中，在“胎 A”“胎 B”“胎 C”和“胎 D”四股“木质部小茎轴”的“逆时针”方向一侧已分别形成了一条竖向分布的“组合体间形成层”或“轴间形成层”。在茎干生长过程中，通过这些“形成层”共同进行细胞分裂，从而使第一段茎干木质部维管组织不断增加，茎干不断加粗。

研究表明，对于茎干向着“顺时针”方向扭转、向着“逆时针”方向缠绕的牛白藤，茎干其他段落木质部的形成方式，与第一至第二段茎干相同。

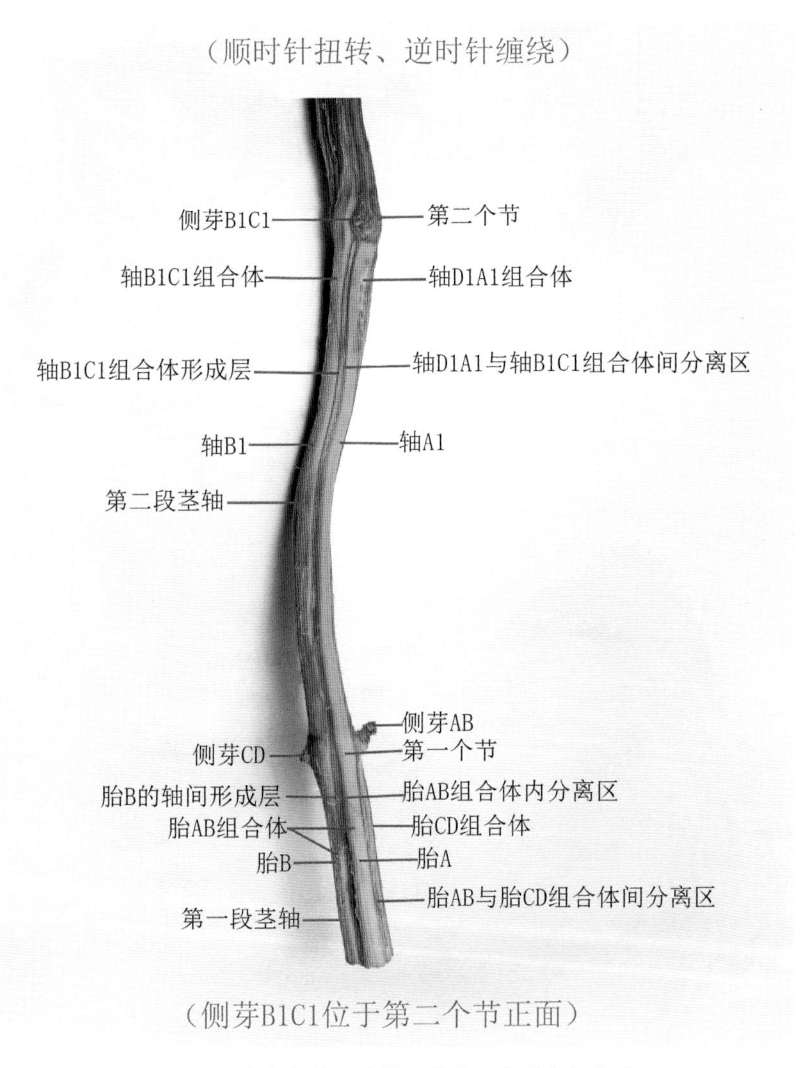

图 7-39　牛白藤第一至第二段茎干木质部结构图

二、“逆时针”扭转、“顺时针”缠绕的茎干

（一）第一段茎干

图 7-40 至图 7-43 所示分别为牛白藤向着“逆时针”方向扭转、向着“顺时针”方向缠绕的茎干第一个节横切面结构、第一段茎干节间横切面结构和木质部竖向结构。

正如本章第一节所述，第一段茎干的木质部由“胎 AB 组合体”和“胎 CD 组合体”遵循“连理枝”原理组合而成。在茎干生长过程中，“胎 AB 组合体”通过“主轴分枝”，在“胎 AB 组合体”

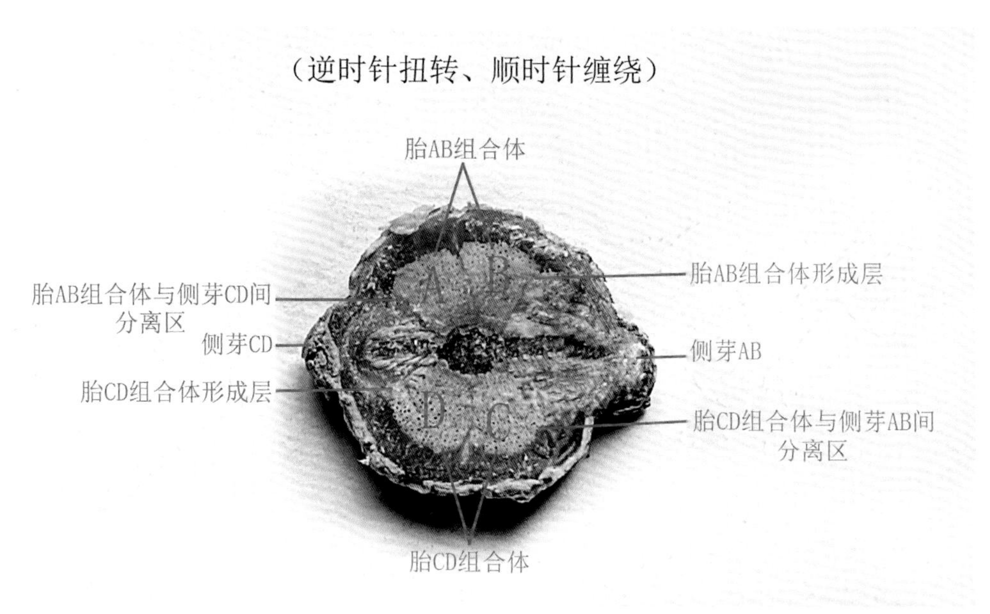

图 7-40 牛白藤茎干第一个节横切面结构图

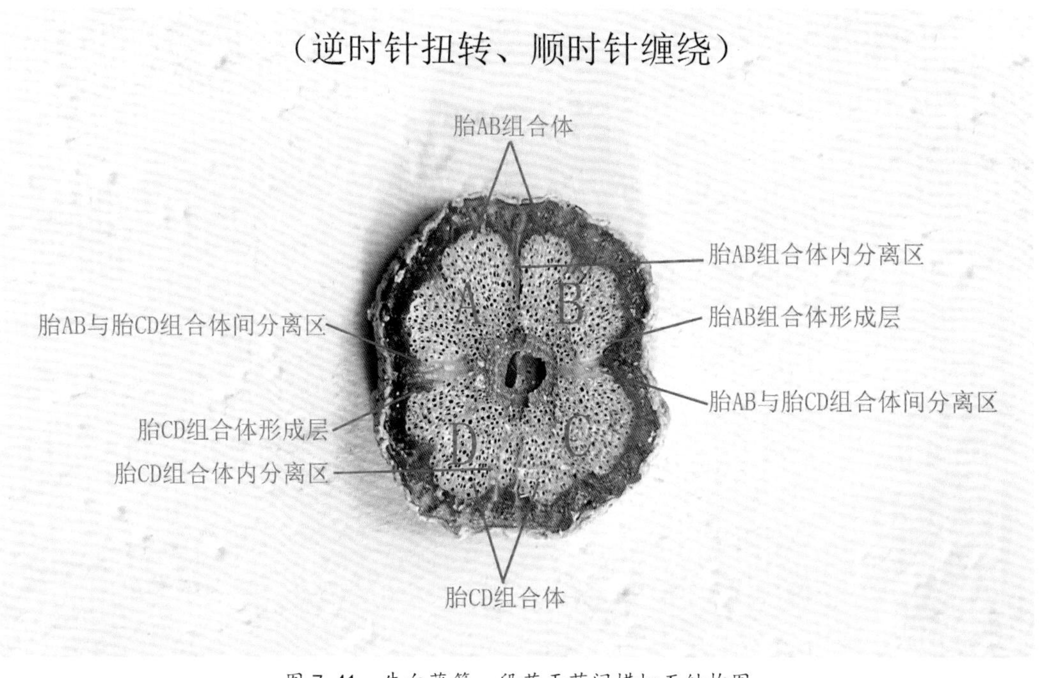

图 7-41 牛白藤第一段茎干节间横切面结构图

的“顺时针”一侧（亦为图 7-42“胎 B”左侧）萌发“侧芽 AB”。按照一致的步调，“胎 CD 组合体”也通过“主轴分枝”，在“胎 CD 组合体”的“顺时针”一侧（亦为图 7-43“胎 D”左侧）萌发“侧芽 CD”。

由于“侧芽 AB”是从“胎 AB 组合体”中的“胎 B”上萌发的，因此“侧芽 AB”与“胎 B”的维管束直接相通。在茎干生长过程中，“侧芽 AB”产生的生长素可通过“短距离单方向的极性运输”方式，运送至“胎 B”的木质部，然后渗透至木质部旁边的“胎 AB 与胎 CD 组合体间

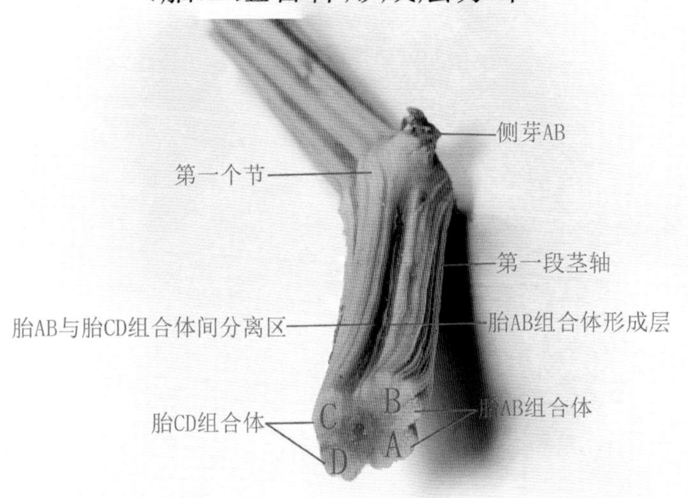

图 7-42　牛白藤第一段茎干木质部结构图

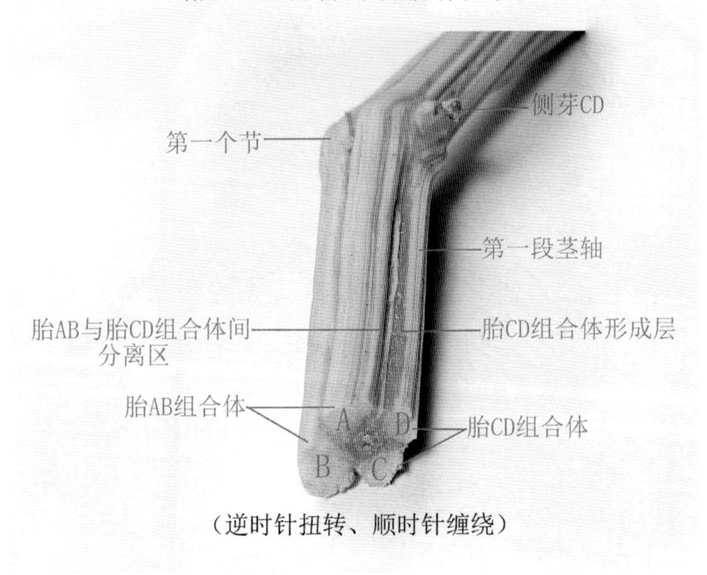

图 7-43　牛白藤第一段茎干木质部结构图

分离区”，从而使“分离区”中紧靠“胎B”侧的薄壁组织脱分化，转变为“胎AB组合体形成层”，恢复细胞分裂能力。“胎AB组合体形成层”细胞分裂，不断产生新细胞并分化为木质部维管组织，从而使“胎B”的木质部不断增加（图7-40至图7-42）。

同样，由于“侧芽CD”是从“胎CD组合体”中的“胎D”上萌发的，因此“侧芽CD”与“胎D”的维管束也直接相通。在茎干生长过程中，“侧芽CD”产生的生长素也能通过“短距离单方向的极性运输”方式，运送至“胎D”的木质部，然后渗透至木质部旁边的“组合体间分离区”，从而使“分离区”中紧靠“胎D”侧的薄壁组织脱分化，转变为“胎CD组合体形成层”，恢复细胞分裂能力。“胎CD组合体形成层”细胞分裂，不断产生新细胞并分化为木质部维管组织，从而使“胎D”的木质部不断增加（图7-40、图7-41、图7-43）。

（二）第二段茎干

图7-44至图7-47所示分别为牛白藤向着“逆时针”方向扭转、向着“顺时针”方向缠绕的茎干第二个节横切面结构、第二段茎干节间横切面结构和木质部竖向结构。

正如本章第一节所述，第二段茎干由“轴D1A1组合体”和“轴B1C1组合体”遵循“连理枝”原理组合而成。在茎干生长过程中，“轴D1A1组合体”通过“主轴分枝”，在“轴D1A1组合体”的“顺时针”一侧（亦为图7-45“轴A1”左侧）萌发“侧芽D1A1”。“轴B1C1组合体”也通过“主轴分枝”，在“轴B1C1组合体”的“顺时针”一侧（亦为图7-46“轴C1”左侧）萌发“侧芽B1C1”。

由于“侧芽D1A1”是从“轴D1A1组合体”中的“轴A1”上萌发的，因此“侧芽D1A1”与“轴A1”的维管束直接相通。在茎干生长过程中，“侧芽D1A1”产生的生长素可通过“短距离单方向的极性运输”方式，运送至“轴A1”的木质部，然后渗透至木质部旁边的“轴D1A1与轴B1C1组合体间分离区”，从而使“分离区”中紧靠“轴A1”侧的薄壁组织脱分化，转变为“轴D1A1组合体形成层”，恢复细胞分裂能力。“轴D1A1组合体形成层”细胞分裂，不断产生新

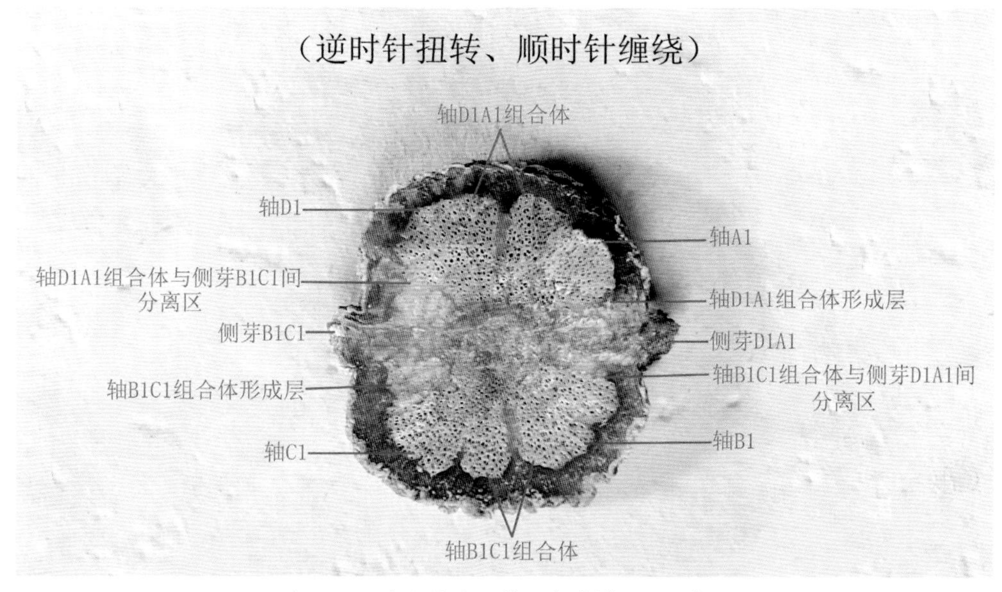

图7-44 牛白藤茎干第二个节横切面结构图

细胞并分化为木质部维管组织，从而使“轴 A1”的木质部不断增加（图 7-44、图 7-45）。

同样，由于“侧芽 B1C1”是从“轴 B1C1 组合体”中的“轴 C1”上萌发的，因此“侧芽 B1C1”与“轴 C1”的维管束也直接相通。在茎干生长过程中，“侧芽 B1C1”产生的生长素也能通过“短距离单方向的极性运输”方式，运送至“轴 C1”的木质部，然后渗透至木质部旁边的“轴 D1A1 与轴 B1C1 组合体间分离区”，从而使“分离区”中紧靠“轴 C1”侧的薄壁组织脱分化，转变为“轴 B1C1 组合体形成层”，恢复细胞分裂能力。“轴 B1C1 组合体形成层”细胞分裂，不断产生新细胞并分化为木质部维管组织，从而使“轴 C1”的木质部不断增加（图 7-44、图 7-46）。

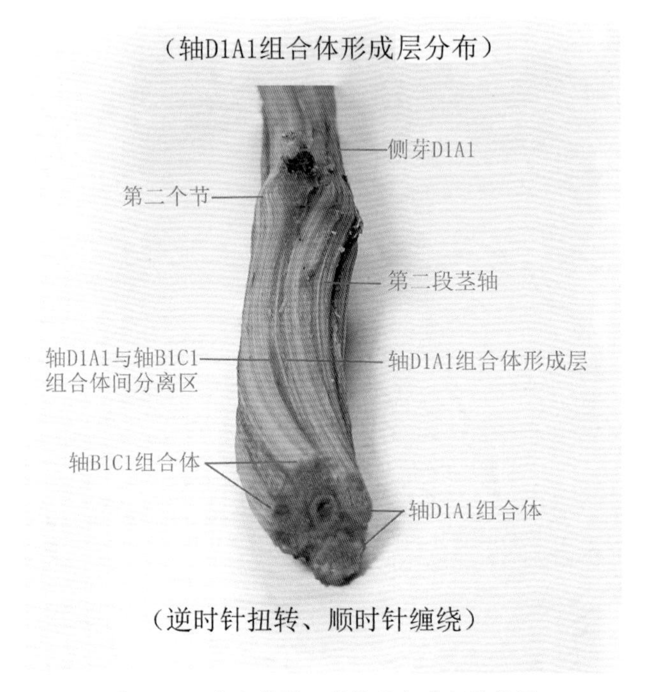

图 7-45　牛白藤第二段茎干木质部结构图

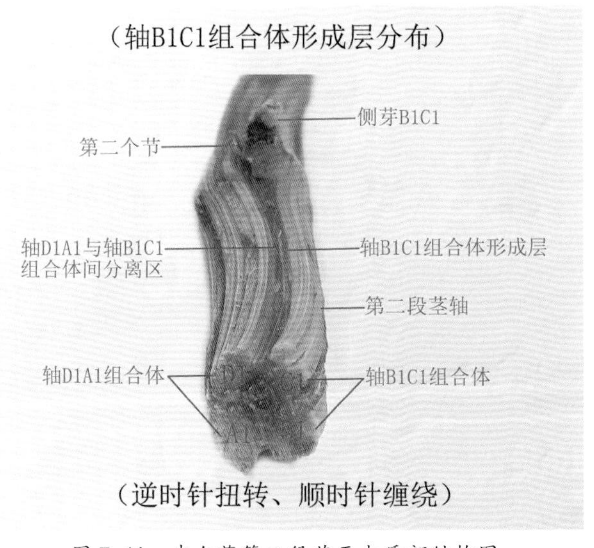

图 7-46　牛白藤第二段茎干木质部结构图

（三）第一至第二段茎干

图 7-47 至图 7-49 所示分别为牛白藤向着“逆时针”方向扭转、向着“顺时针”方向缠绕的茎干第二个节横切面结构、第一至第二段茎干木质部竖向结构。

如前所述，第一段茎干的木质部由“胎 AB 组合体”和“胎 CD 组合体”遵循“连理枝”原理组合而成。在茎干生长过程中，按照一致的步调，在第一个节上，“胎 AB 组合体”通过“假二叉分枝”，形成“轴 A1”和“轴 B1”。“胎 CD 组合体”也通过“假二叉分枝”，形成“轴 C1”和“轴 D1”。接着，“轴 D1”和“轴 A1”遵循“连理枝”原理紧密连接在一起，形成“轴 D1A1 组合体”。“轴 B1”和“轴 C1”也遵循“连理枝”原理紧密连接在一起，形成“轴 B1C1 组合体”。于是，形成了第二段茎干。

在上述茎干木质部的分拆和重新组合过程中，第二段茎干的“轴 A1”是由第一段茎干的“胎 A”产生的，两者的维管束直接相通。同样，在第二段和第一段茎干，“轴 B1”来源于“胎 B”，两者的维管束直接相通；“轴 C1”来源于“胎 C”，两者维管束直接相通；“轴 D1”来源于“胎 D”，两者的维管束直接相通。

由图 7-47 可见，在第一个节上，“胎 AB 组合体内分离区”将“胎 A”和“胎 B”分隔。同样，“胎 CD 组合体内分离区”将“胎 C”和“胎 D”分隔。

由图 7-48 可见，第二段茎干的“轴 D1A1 与轴 B1C1 组合体间分离区”与第一段茎干的“胎 AB 组合体内分离区”是相通的。在第二个节上，“侧芽 D1A1”产生的生长素可通过“短距离单方向的极性运输”方式，沿着第二段茎干的“轴 A1”并穿过第一个节，再运送至第一段茎干的“胎 A”的木质部，然后渗透至“胎 A”木质部旁边的“胎 AB 组合体内分离区”，从而使“分离区”中紧靠“胎 A”侧的薄壁组织脱分化，转变为“胎 A 的轴间形成层”，恢复细胞分裂能力。“胎 A 的轴间形成层”细胞分裂，不断产生新细胞并分化为木质部维管组织，从而使“胎 A”

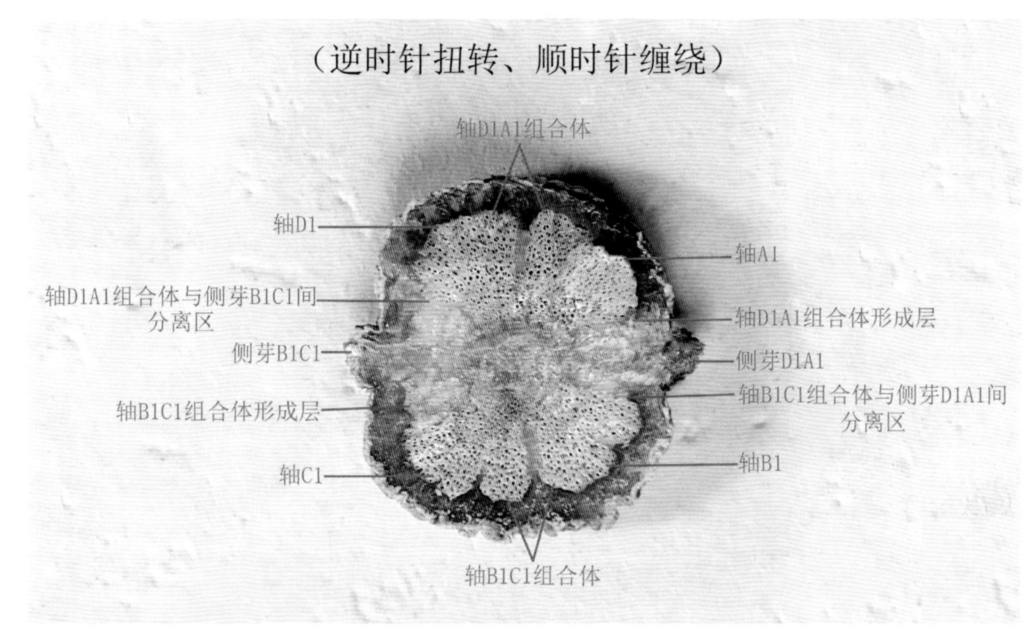

图 7-47 牛白藤茎干第二个节横切面结构图

的木质部不断增加。

由图 7-49 可见，第二段茎干的“轴 D1A1 与轴 B1C1 组合体间分离区”与第一段茎干的“胎 CD 组合体内分离区”也是相通的。在第二个节上，“侧芽 B1C1”产生的生长素也可通过“短距离单方向的极性运输”方式，沿着第二段茎干的“轴 C1”并穿过第一个节，再运送至第一段

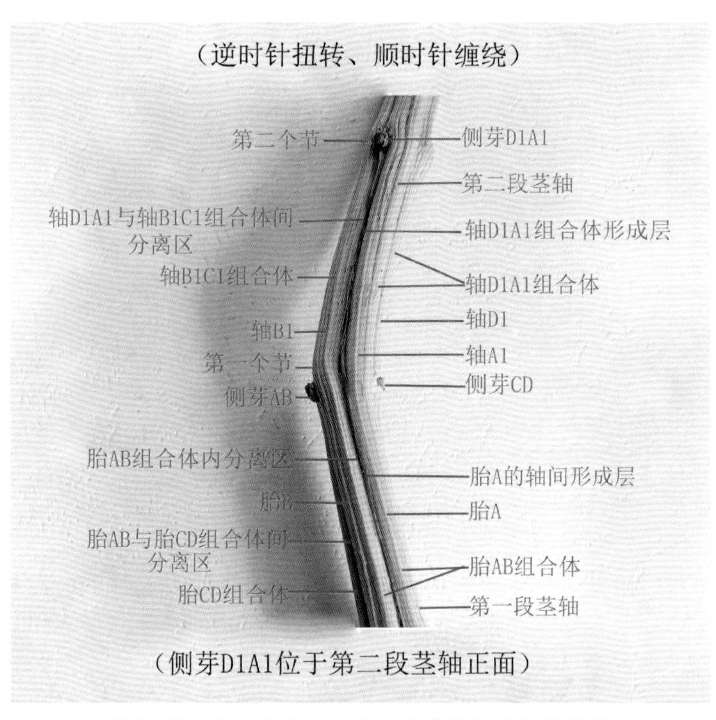

图 7-48　牛白藤第一至第二段茎干木质部结构图

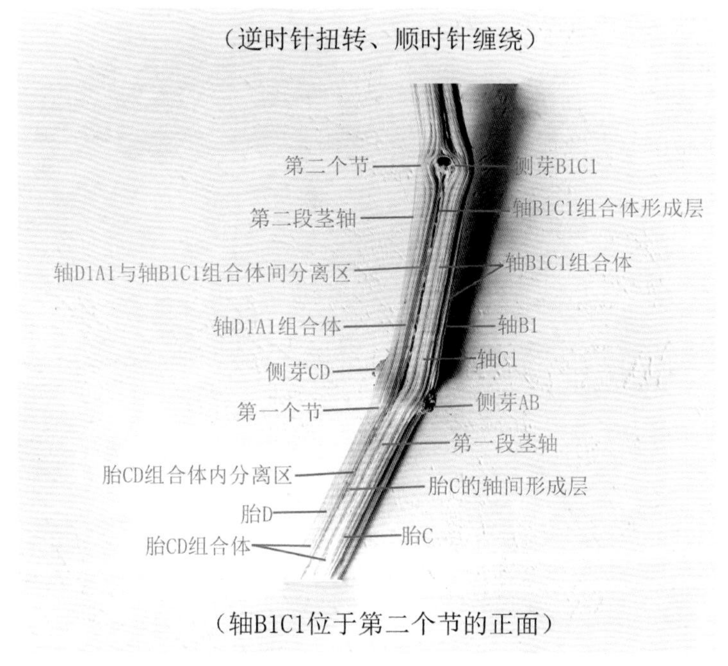

图 7-49　牛白藤第一至第二段茎干木质部结构图

茎干的“胎C”的木质部，然后渗透至“胎C”木质部旁边的“胎CD组合体内分离区”，从而使“分离区”中紧靠“胎C”侧的薄壁组织脱分化，转变为“胎C的轴间形成层”，恢复细胞分裂能力。“胎C的轴间形成层”细胞分裂，不断产生新细胞并分化为木质部维管组织，从而使“胎C”的木质部不断增加。

至此，在第一段茎干的木质部中，在“胎A”“胎B”“胎C”和“胎D”四股“木质部小茎轴”的“顺时针”方向一侧已分别形成了一条竖向分布的“组合体间形成层”或“轴间形成层”。在茎干生长过程中，通过这些“形成层”共同进行细胞分裂，从而使第一段茎干木质部维管组织不断增加，茎干不断加粗。

研究表明，对于向着“逆时针”方向扭转、向着“顺时针”方向缠绕的牛白藤，茎干其他段落木质部的形成方式，与第一至第二段茎干相同。

第三节　茎干缠绕规律

正如本章第一、二节所述，牛白藤的茎干既可向着“顺时针”方向扭转、向着“逆时针”方向缠绕，又可向着“逆时针”方向扭转、向着“顺时针”方向缠绕。导致其茎干可以向着两个方向扭转和缠绕的原因，与各个节上侧芽萌发的位置有关。根据“风车原理”和“绞绳原理”推想，当侧芽位于相对应“木质部小茎轴组合体”的“逆时针”方向一侧时，茎干就会向着“顺时针”方向扭转、向着“逆时针”方向缠绕；当侧芽位于相对应茎干“木质部小茎轴组合体”的“顺时针”方向一侧时，茎干就会向着“逆时针”方向扭转、向着“顺时针”方向缠绕。与其他缠绕性藤本植物一样，牛白藤的茎干缠绕也包含“茎轴错位”“茎干扭转”和“茎干缠绕”三个环节。

下面对不同扭转和缠绕方向的茎干的缠绕规律，分别作详细介绍。

一、“顺时针”扭转、“逆时针”缠绕的茎干

（一）茎轴错位

正如本章第一、二节所述，牛白藤茎干内部有四股“木质部小茎轴”，并分别由每两股结合在一起，形成“木质部小茎轴组合体”。然后再由两个“木质部小茎轴组合体”结合在一起，形成完整的茎干木质部结构。在“木质部小茎轴组合体”内，具有“轴间分离区”将两股“木质部小茎轴”分隔。在两个“木质部小茎轴组合体”之间，也具有更加宽阔的“组合体间分离区”，将两者分隔。在茎干生长过程中，“木质部小茎轴组合体”通过不断进行有规律的分拆和重新组合，从而导致四股“木质部小茎轴”在茎干不同段落的“木质部小茎轴组合体”之间相互交织，形成独特的木质部结构。在这个过程中，茎干木质部自然而然地发生了“茎轴错位”。

图7-50至图7-52所示为牛白藤向着“顺时针”方向扭转、向着“逆时针”方向缠绕的第一至第二段茎干木质部结构。由图7-50可见，在第一段茎干，“胎AB组合体”和“胎CD组合体”分别位于茎干的上方和下方，形成上下结构。在第一个节上，“胎AB组合体”和“胎CD组合体”经过分拆和重新组合后，在第二段茎干，新形成的“轴D1A1组合体”和“轴B1C1组合体”分别位于茎干的左侧和右侧，形成左右结构。

由图7-51、图7-52可见，在第一个节上，“侧芽AB”和“侧芽CD”分别位于茎干的左侧

和右侧。在第二个节上，“侧芽 B1C1”和“侧芽 D1A1”分别位于茎干的正面和背面。

上述情况表明，在第一至第二段茎干（即第一个节前后），木质部在竖向结构上已发生了 90° 的“茎轴错位”。

研究表明，对于向着“顺时针”方向扭转、向着“逆时针”方向缠绕的牛白藤，在茎干其他段落各个节的前后，木质部在竖向结构上也必然发生 90° 的“茎轴错位”。

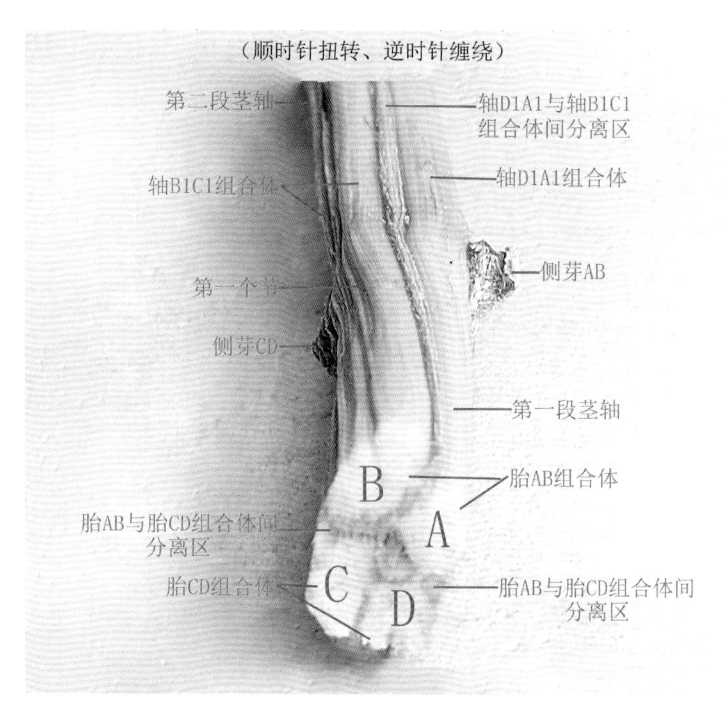

图 7-50　牛白藤第一至第二段茎干木质部结构图

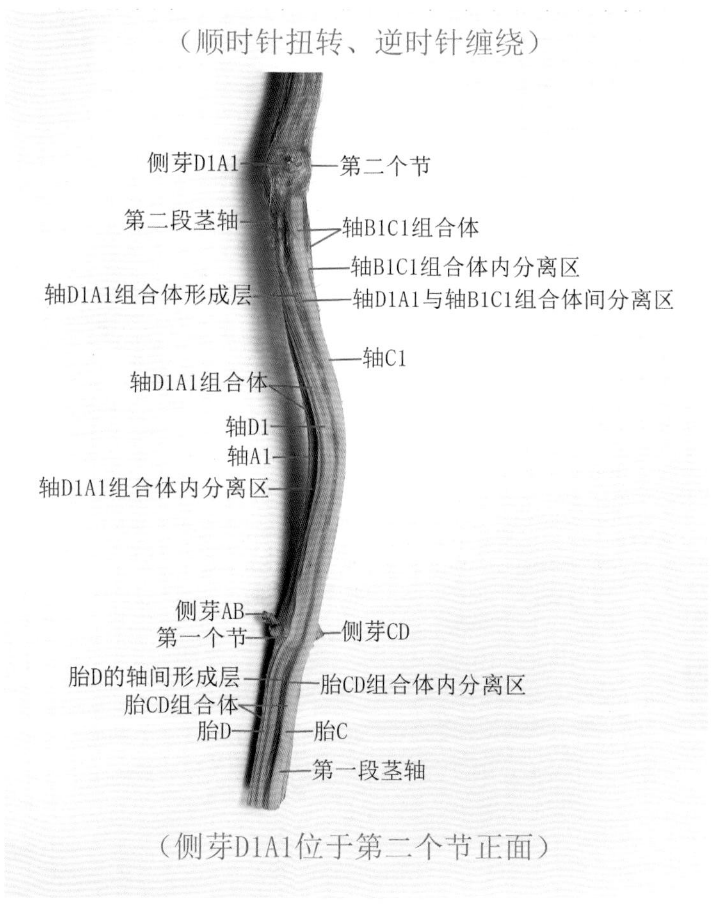

图 7-51　牛白藤第一至第二段茎干木质部结构图

（顺时针扭转、逆时针缠绕）

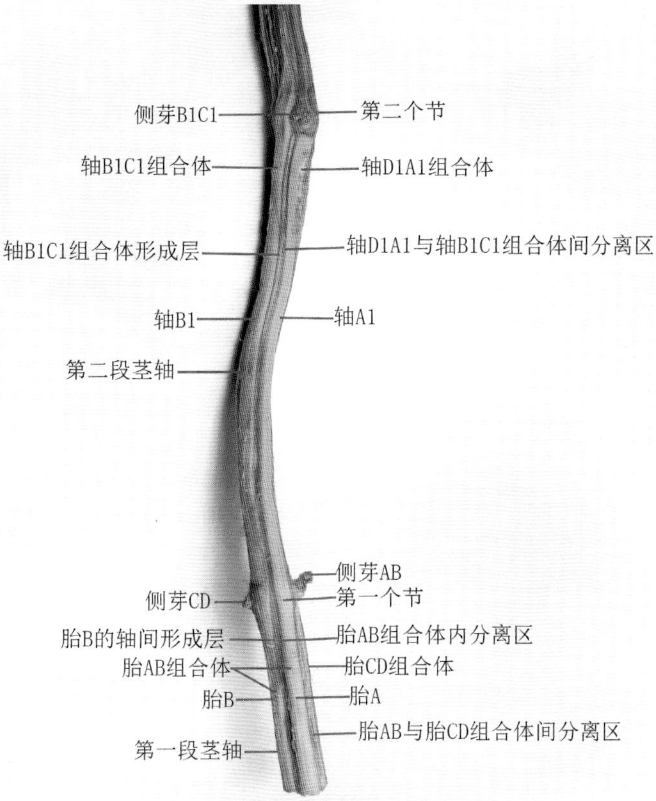

侧芽B1C1
第二个节
轴B1C1组合体
轴D1A1组合体
轴B1C1组合体形成层
轴D1A1与轴B1C1组合体间分离区
轴B1
轴A1
第二段茎轴
侧芽AB
侧芽CD
第一个节
胎B的轴间形成层
胎AB组合体内分离区
胎AB组合体
胎CD组合体
胎B
胎A
胎AB与胎CD组合体间分离区
第一段茎轴

（侧芽B1C1位于第二个节正面）

图 7-52　牛白藤第一至第二段茎干木质部结构图

（二）茎干扭转

根据“风车原理”，牛白藤茎干中的“组合体间形成层”和“组合体内轴间形成层”，具有相当于风车中风叶上的“风兜”功能。依据“风车原理”推想，对于向着“顺时针”方向扭转、向着“逆时针”方向缠绕的牛白藤，茎干中的侧芽，以及“组合体间形成层”和“组合体内轴间形成层”位于相对应“木质部小茎轴组合体”或“木质部小茎轴”的“逆时针”方向一侧。在茎干生长过程中，通过“组合体间形成层”和“组合体内轴间形成层”细胞分裂，在不断增加茎干木质部维管组织的同时，也在相对应“木质部小茎轴组合体”或“木质部小茎轴”的“逆时针”方向一侧产生推动力，推动茎干向着“顺时针”方向发生扭转。

1. 第一段茎干

图 7-53 至图 7-55 所示为牛白藤茎干第一个节横切面结构和第一段茎干木质部结构。

正如本章第一、二节所述，第一段茎干由“胎 AB 组合体”和“胎 CD 组合体”组合而成。对于向着“顺时针”方向扭转、向着“逆时针”方向缠绕的牛白藤，在茎干第一个节和第一段茎干，“侧芽 AB”和“胎 AB 组合体形成层”位于“胎 AB 组合体”的“逆时针”方向一侧（亦为图 7-54

中“胎 A”右侧）。同样，“侧芽 CD”和“胎 CD 组合体形成层”也位于“胎 CD 组合体”的“逆时针”方向一侧（亦为图 7-55 中“胎 C”右侧）。

在第一段茎干，在“侧芽 AB”产生的生长素刺激下，“胎 AB 组合体形成层”细胞分裂，从而使“胎 A”木质部的维管组织不断增加。随着新增维管组织细胞数量的不断增加和体积的不断增大，必然在“胎 A”的“逆时针”方向一侧产生一股推动力，推动“胎 A”向着“顺时针”方向移动。同样，在“侧芽 CD”产生的生长素刺激下，“胎 CD 组合体形成层”细胞分裂，从而使“胎 C”木质部的维管组织不断增加。随着新增维管组织细胞数量的不断增加和体积的不断增大，也必然在“胎 C”的“逆时针”方向一侧产生一股推动力，推动“胎 C”向着“顺时针”方向移动。

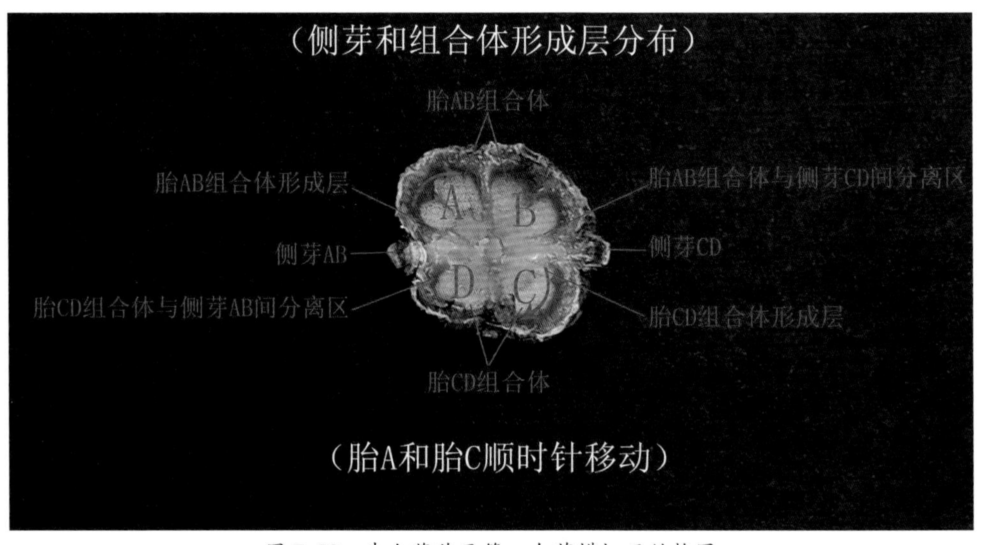

图 7-53　牛白藤茎干第一个节横切面结构图

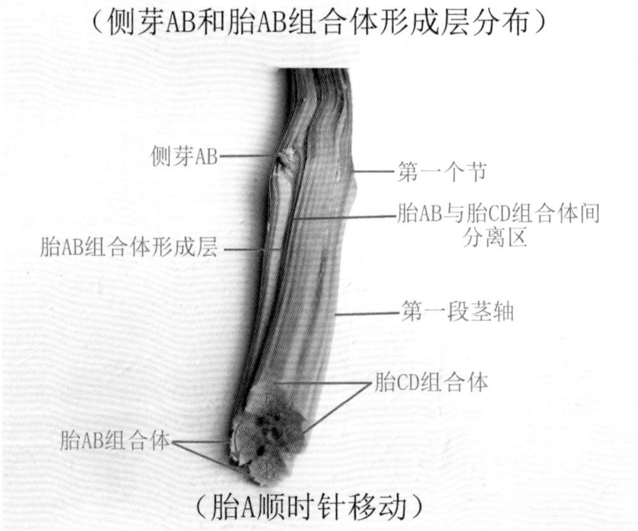

（侧芽AB和胎AB组合体形成层分布）
侧芽AB
第一个节
胎AB与胎CD组合体间分离区
胎AB组合体形成层
第一段茎轴
胎CD组合体
胎AB组合体
（胎A顺时针移动）

图 7-54　牛白藤第一段茎干木质部结构图

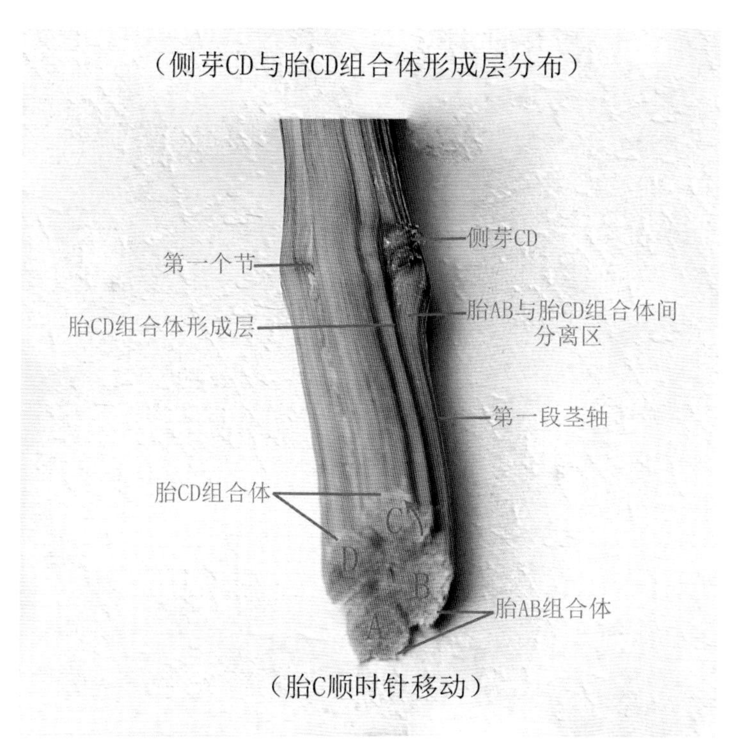

图 7-55　牛白藤第一段茎干木质部结构图

2. 第二段茎干

图 7-56 至图 7-58 所示为牛白藤茎干第二个节横切面结构和第二段茎干木质部结构。

正如本章第一、二节所述，第二段茎干由“轴 D1A1 组合体”和“轴 B1C1 组合体”组合

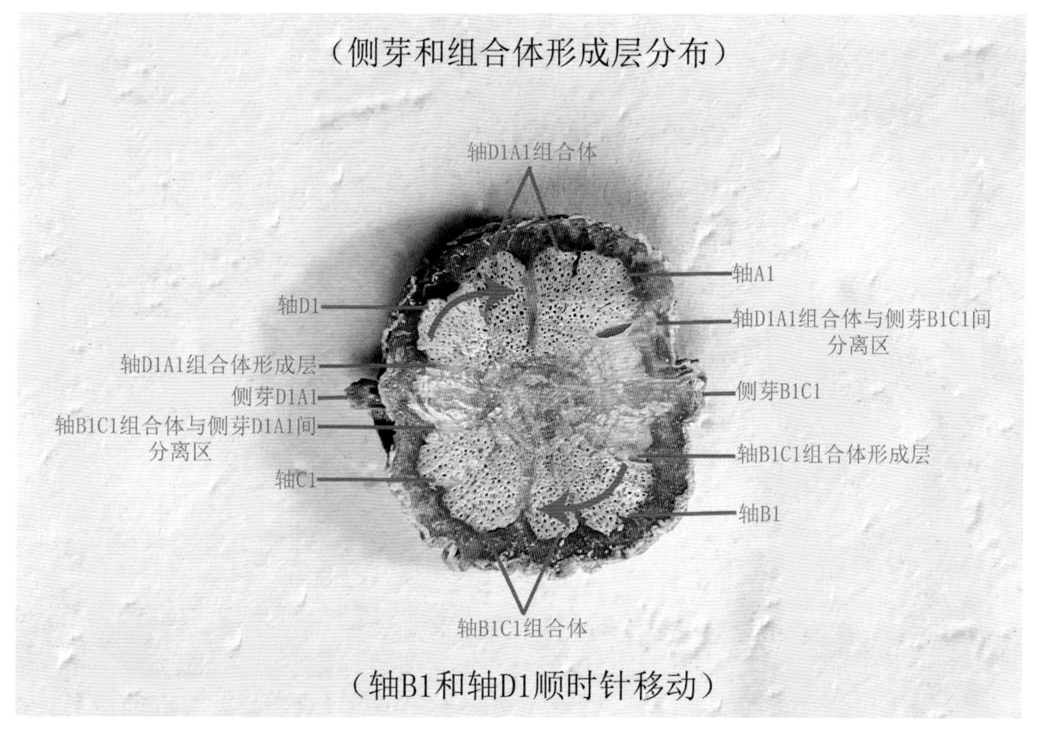

图 7-56　牛白藤茎干第二个节横切面结构图

而成。对于向着“顺时针”方向扭转、向着“逆时针”方向缠绕的牛白藤，在第二段茎干，“侧芽 D1A1”和“轴 D1A1 组合体形成层”位于“轴 D1A1 组合体”的“逆时针”方向一侧（亦为图 7-57“轴 D1”右侧）。同样，“侧芽 B1C1”和“轴 B1C1 组合体形成层”位于“轴 B1C1 组合体”的“逆时针”方向一侧（亦为图 7-58“轴 B1”右侧）。

在第二段茎干，在“侧芽 D1A1”产生的生长素刺激下，“轴 D1A1 组合体形成层”细胞分裂，从而使“轴 D1”木质部的维管组织不断增加。随着新增维管组织细胞数量的不断增加和体积的不断增大，必然在“轴 D1”的“逆时针”方向一侧产生一股推动力，推动“轴 D1”向着“顺时针”

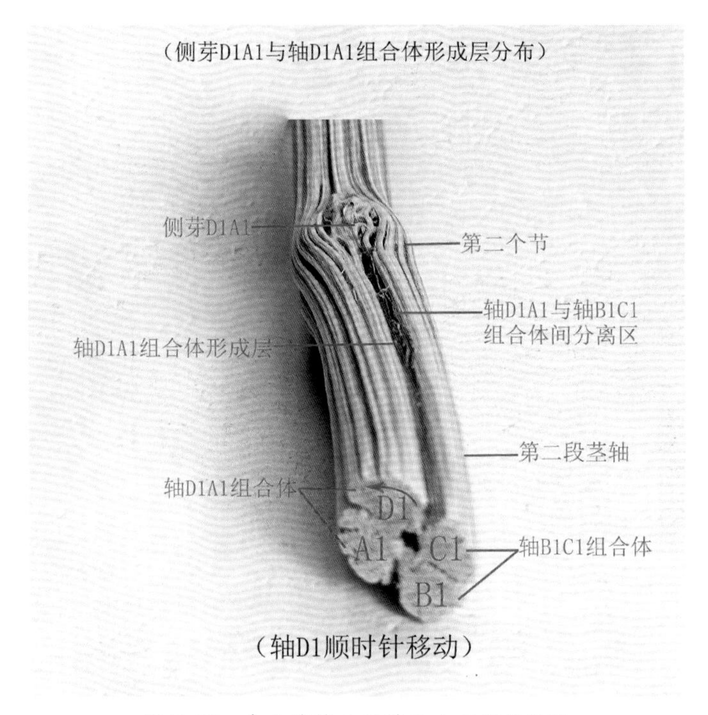

图 7-57 牛白藤第二段茎干木质部结构图

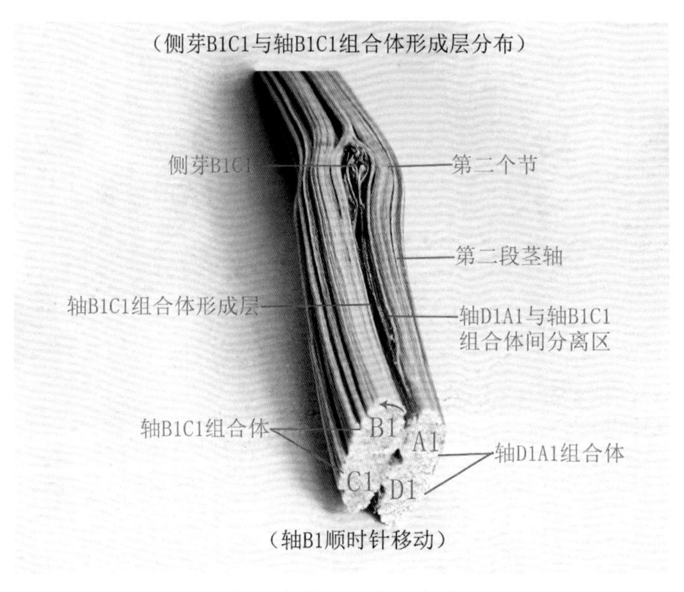

图 7-58 牛白藤第二段茎干木质部结构图

方向移动。同样，在“侧芽 B1C1”产生的生长素刺激下，“轴 B1C1 组合体形成层”细胞分裂，从而使“轴 B1”木质部的维管组织不断增加。随着新增维管组织细胞数量的不断增加和体积的不断增大，也必然在“轴 B1”的“逆时针”方向一侧产生一股推动力，并推动“轴 B1”向着“顺时针”方向移动。

3. 第一至第二段茎干

图 7-59、图 7-60 所示为牛白藤第一至第二段茎干木质部结构。如前所述，第一段茎干木质部由“胎 AB 组合体”和“胎 CD 组合体”组合而成，第二段茎干木质部由“轴 D1A1 组合体”和“胎 B1C1 组合体”组合而成。

由图 7-59 可见，第二段茎干的“轴 D1A1 与轴 B1C1 组合体间分离区”与第一段茎干的“胎 CD 组合体内分离区”是直接相通的，第二段茎干“轴 D1”与第一段茎干“胎 D” 的维管束也直接相通。在第二个节上，“侧芽 D1A1”产生的生长素可通过“短距离单方向的极性运输”方式，沿着第二段茎干的“轴 D1”运送至第一段茎干的“胎 D”。在来源于“侧芽 D1A1”产生的生长素刺激下，“胎 D 的轴间形成层”细胞分裂，从而使“胎 D”木质部的维管组织不断增加。随着新增维管组织细胞数量的不断增加和体积的不断增大，必然在“胎 D”的“逆时针”方向一侧产生一股推动力，推动“胎 D”向着“顺时针”方向移动。

由图 7-60 可见，第二段茎干的“轴 D1A1 与轴 B1C1 组合体间分离区”与第一段茎干的“胎 AB 组合体内分离区”是直接相通的，第二段茎干“轴 B1”与第一段茎干“胎 B”的维管束也直接相通。在第二个节上，“侧芽 B1C1”产生的生长素可通过“短距离单方向的极性运输”方式，沿着第二段茎干的“轴 B1”运送至第一段茎干的“胎 B”。在来源于“侧芽 B1C1”产生的生长素刺激下，“胎 B 的轴间形成层”细胞分裂，从而使“胎 B”木质部的维管组织不断增加。随着新增维管组织细胞数量的不断增加和体积的不断增大，必然在“胎 B”的“逆时针”方向一侧产生一股推动力，推动“胎 B”向着“顺时针”方向移动。

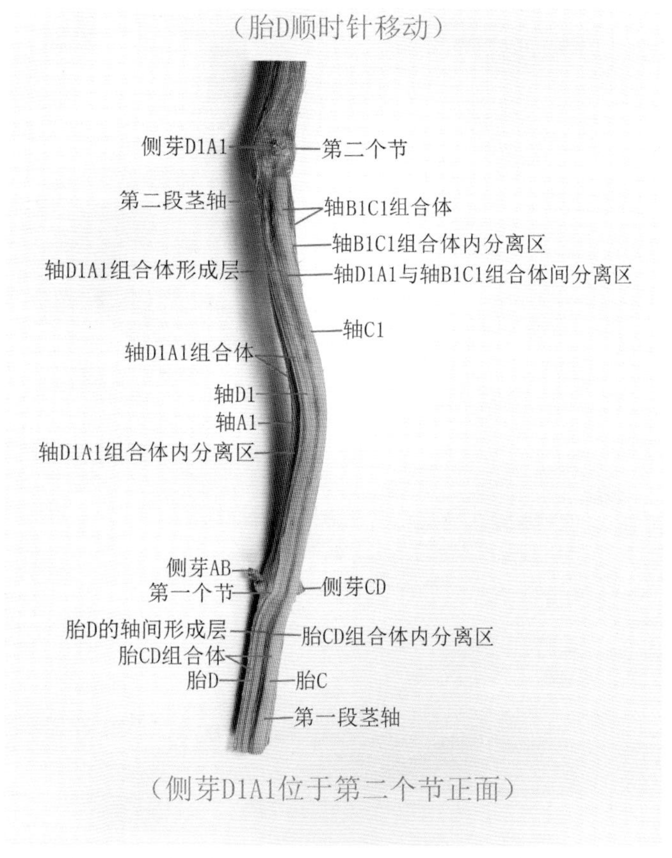

图 7-59　牛白藤第一至第二段茎干木质部结构图

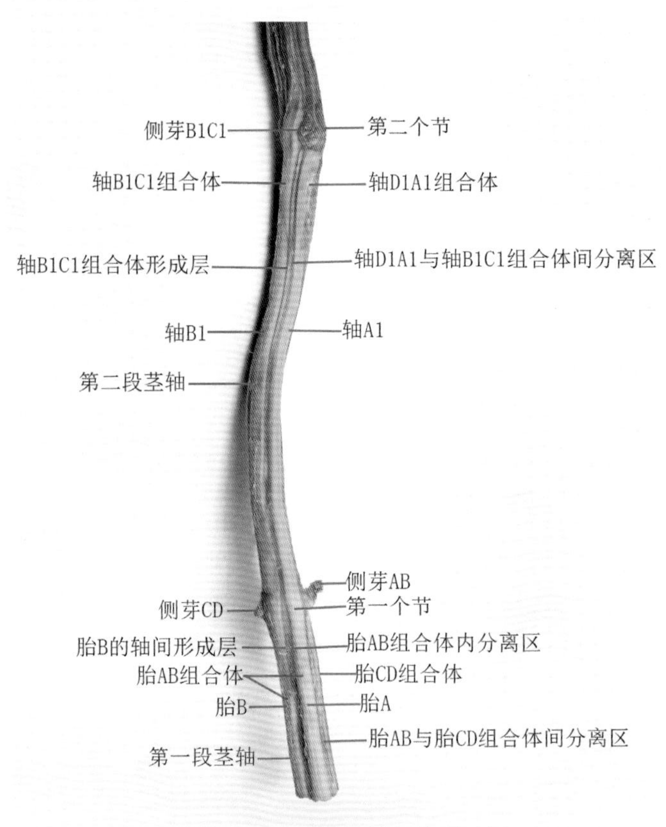

图 7-60　牛白藤第一至第二段茎干木质部结构图

至此，在第一段茎干的“胎 A”“胎 B”“胎 C”和“胎 D”四股“木质部小茎轴”的“逆时针”方向一侧各有一股推动力，推动相对应的“木质部小茎轴”向着“顺时针”方向移动，并形成合力，共同推动第一段茎干遵循“风车原理”向着“顺时针”方向转动（图 7-61）。于是，第一段茎干向着“顺时针”方向发生“茎干扭转”（图 7-62）。

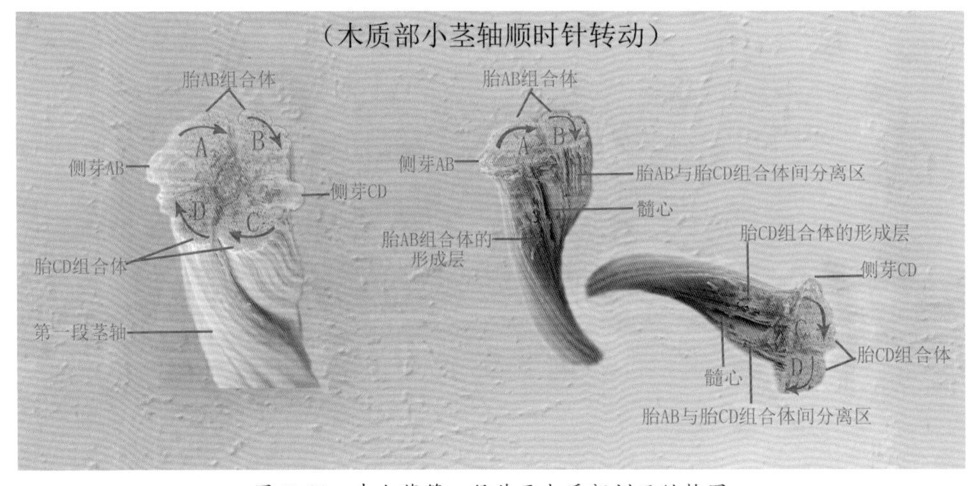

图 7-61　牛白藤第一段茎干木质部剖面结构图

研究表明，对于向着“顺时针”方向扭转、向着“逆时针”方向缠绕的牛白藤，茎干其他段落的“茎干扭转”方式与上述第一至第二段茎干相同。

图 7-62　牛白藤的茎

（三）茎干缠绕

如前所述，对于向着“顺时针”方向扭转、向着“逆时针”方向缠绕的牛白藤，在茎干生长过程中，“组合体间形成层”和“组合体内轴间形成层”细胞分裂产生推动力，推动茎干各段落向着“顺时针”方向不断发生扭转。

按照“绞绳原理”，当茎干向着“顺时针”方向扭转至紧绷状态时，在茎干内部就会形成一股与扭转方向相反的“内应力”，导致茎干发生扭曲（图 7-62）。当扭转至紧绷状态的茎干在不断向前伸展时遇到“支持物”，就会遵循“绞绳原理”，向着“逆时针”方向缠绕在“支持物”上（图 7-63）。

图 7-63　牛白藤的茎

二、“逆时针”扭转、“顺时针”缠绕的茎干

（一）茎轴错位

如前所述，牛白藤的茎干既可向着“顺时针”方向扭转、向着“逆时针”方向缠绕，又可向着“逆时针”方向扭转、向着“顺时针”方向缠绕。研究表明，两种不同扭转和缠绕方向的牛白藤，“茎轴错位”方式是完全一致的。在茎干各个节的前后，木质部在竖向结构上均发生90°的“茎轴错位”。

图7-64至7-66所示为牛白藤向着“逆时针”方向扭转、向着“顺时针”方向缠绕的第一至第二段茎干木质部结构。由图片可见，在第一段茎干，“胎AB组合体”和“胎CD组合体”分别位于茎干的上、下方，形成上下结构。在第二段茎干的“轴D1A1组合体”和“轴B1C1组合体”分别位于茎干的左、右两侧，形成左右结构。在第一个节上，“侧芽AB”和“侧芽CD”分别位于茎干的左、右两侧。在第二个节上，“侧芽B1C1”和“侧芽D1A1”分别位于茎干的正面和背面。

由此可见，木质部在竖向结构上已发生了90°的“茎轴错位”。

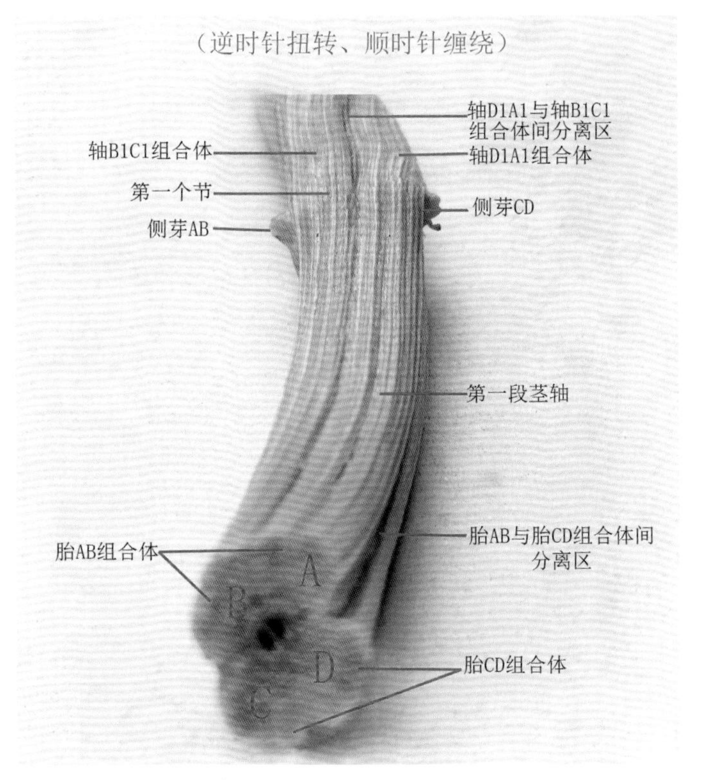

图7-64　牛白藤第一至第二段茎干木质结构图

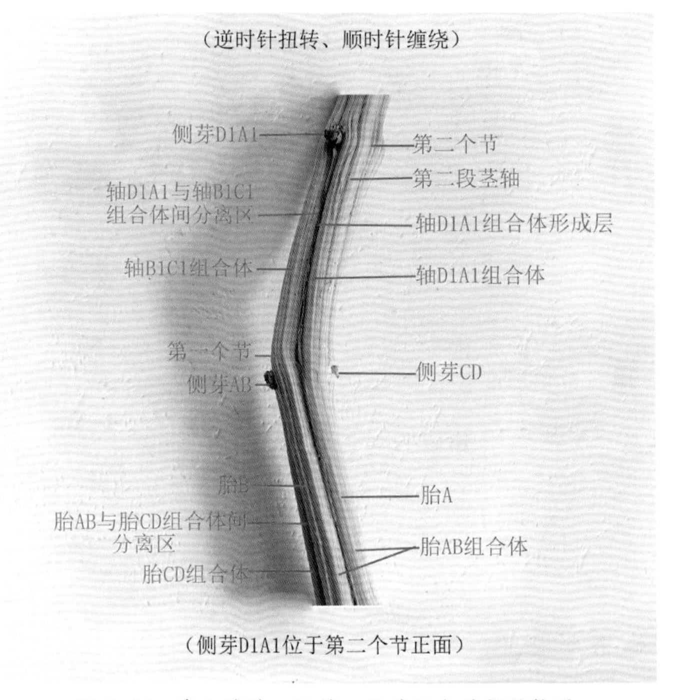

图7-65　牛白藤第一至第二段茎干木质部结构图

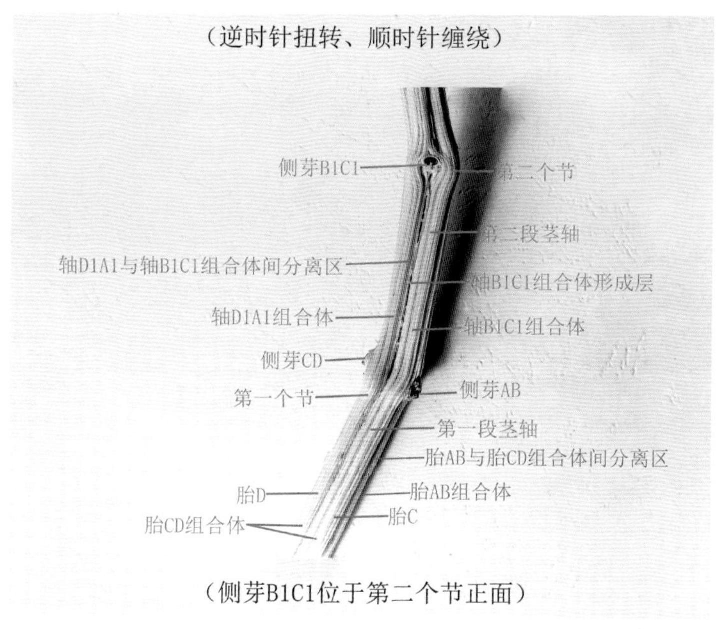

图 7-66　牛白藤第一至第二段茎干木质部结构图

（二）茎干扭转

对于茎干向着“逆时针”方向扭转、向着“顺时针”方向缠绕的牛白藤，根据“风车原理”推想，茎干的侧芽，以及“组合体间形成层”和“组合体内轴间形成层”均位于相对应“木质部小茎轴组合体”或“木质部小茎轴”的“顺时针”方向一侧。

1. 第一段茎干

图 7-67 至 7-69 所示为牛白藤茎干第一个节横切面结构和第一段茎干木质部结构。

正如本章第一、二节所述，第一段茎干由“胎 AB 组合体”和“胎 CD 组合体”组合而成。对于向着“逆时针”方向扭转、向着“顺时针”方向缠绕的牛白藤，在茎干第一个节和第一段茎干，“侧芽 AB”和“胎 AB 组合体形成层”位于“胎 AB 组合体”的“顺时针”方向一侧（亦为图 7-68

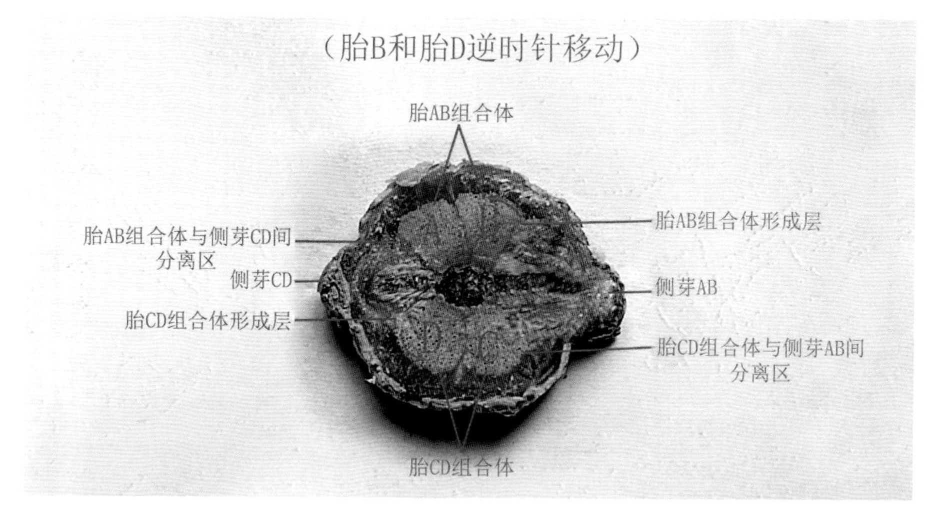

图 7-67　牛白藤茎干第一个节横切面结构图

中“胎 B”左侧）。同样，“侧芽 CD”和“胎 CD 组合体形成层”也位于“胎 CD 组合体”的“顺时针”方向一侧（亦为图 7-69 中“胎 D”左侧）。

在第一段茎干，在“侧芽 AB”产生的生长素刺激下，“胎 AB 组合体形成层”细胞分裂，从而使“胎 B”木质部的维管组织不断增加。随着新增维管组织细胞数量的不断增加和体积的不断增大，必然在“胎 B”的“顺时针”方向一侧产生一股推动力，推动“胎 B”向着“逆时针”方向移动。同样，在“侧芽 CD”产生的生长素刺激下，“胎 CD 组合体形成层”细胞分裂，从而使“胎 D”木质部的维管组织不断增加。随着新增维管组织细胞数量的不断增加和体积的不断增大，也必然在“胎 D”的“顺时针”方向一侧产生一股推动力，推动“胎 D”向着“逆时针”方向移动。

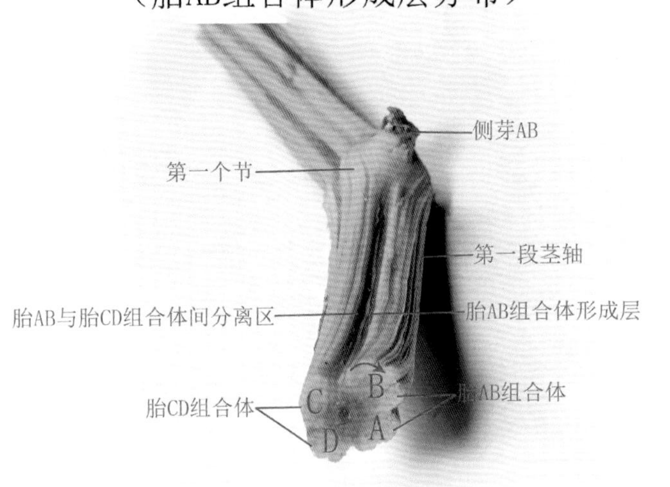

图 7-68　牛白藤第一段茎干木质部结构图

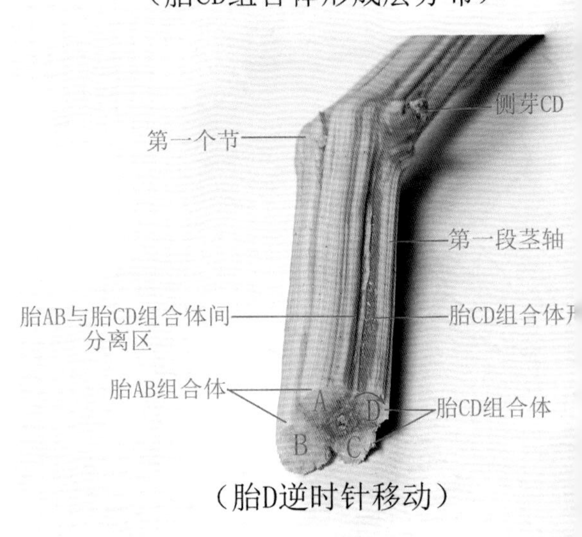

图 7-69　牛白藤第一段茎干木质部结构图

2. 第二段茎干

图 7-70 至图 7-72 所示为牛白藤茎干第二个节横切面结构和第二段茎干木质部结构。

正如本章第一、二节所述，第二段茎干由“轴 D1A1 组合体”和“轴 B1C1 组合体”组合而成。对于茎干向着“逆时针”方向扭转、向着“顺时针”方向缠绕的牛白藤，在第二段茎干，“侧芽 D1A1”和“轴 D1A1 组合体形成层”位于“轴 D1A1 组合体”的“顺时针”方向一侧（亦为图 7-71“轴 A1”左侧）。同样，“侧芽 B1C1”和“轴 B1C1 组合体形成层”位于“轴 B1C1 组合体”的“顺时针”方向一侧（亦为图 7-72“轴 C1”左侧）。

在第二段茎干，在“侧芽 D1A1”产生的生长素刺激下，“轴 D1A1 组合体形成层”细胞分裂，从而使“轴 A1”木质部的维管组织不断增加。随着新增维管组织细胞数量的不断增加和体积的不断增大，必然在“轴 A1”的“顺时针”方向一侧产生一股推动力，推动“轴 A1”向着“逆时针”方向移动。同样，在“侧芽 B1C1”产生的生长素刺激下，“轴 B1C1 组合体形成层”细胞分裂，从而使“轴 C1”木质部的维管组织不断增加。随着新增维管组织细胞数量的不断增加和体积的不断增大，也必然在“轴 C1”的“顺时针”方向一侧产生一股推动力，推动“轴 C1”向着“逆时针”方向移动。

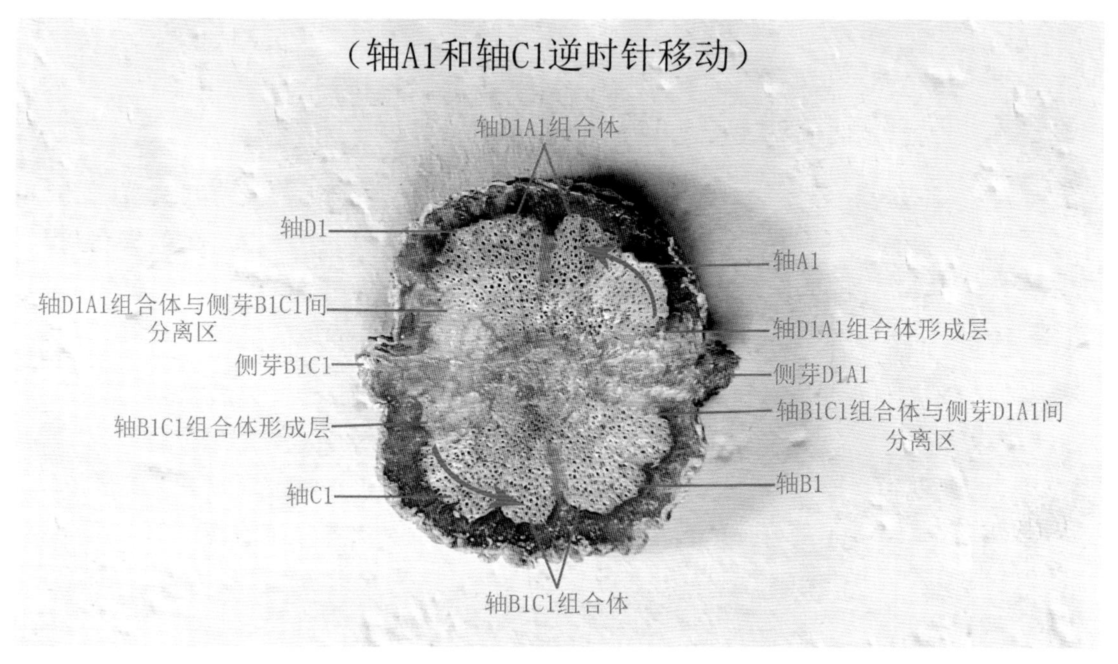

图 7-70　牛白藤茎干第二个节横切面结构图

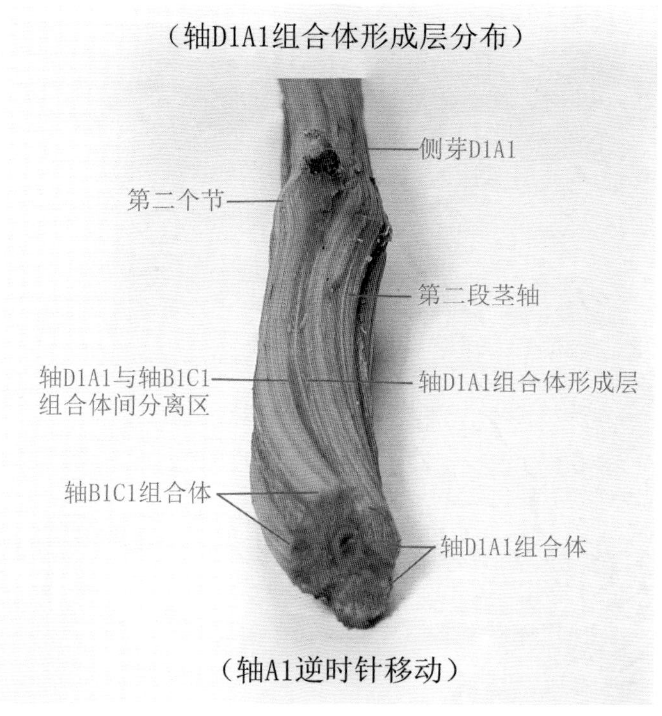

图 7-71　牛白藤第二段茎干木质部结构图

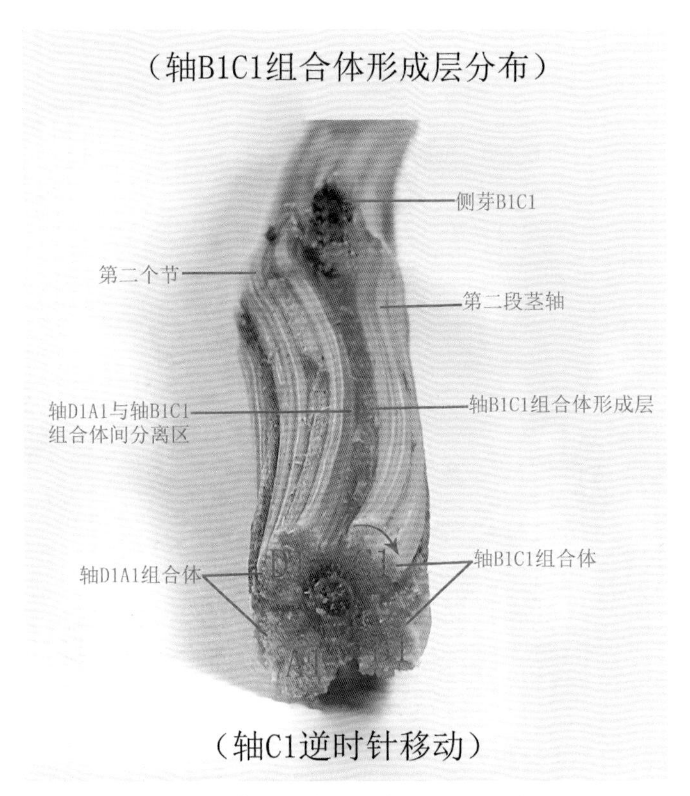

图 7-72　牛白藤第二段茎干木质部结构图

3. 第一至第二段茎干

图 7-73、图 7-74 所示为牛白藤第一至第二段茎干木质部结构，如前所述，第一段茎干木质部由“胎 AB 组合体”和“胎 CD 组合体”组合而成，第二段茎干木质部由“轴 D1A1 组合体”和“轴 B1C1 组合体”组合而成。

由图 7-73 可见，第二段茎干的“轴 D1A1 与轴 B1C1 组合体间分离区”与第一段茎干的“胎 AB 组合体内分离区”是直接相通的，第二段茎干的“轴 A1”与第一段茎干“胎 A”的维管束也直接相通。在第二个节上，“侧芽 D1A1”产生的生长素可通过“短距离单方向的极性运输”方式，沿着第二段茎干的“轴 A1”运送至第一段茎干的“胎 A”。在来源于“侧芽 D1A1”的生长素刺激下，“胎 A 的轴间形成层”细胞分裂，从而使“胎 A”木质部的维管组织不断增加。随着新增维管组织细胞数量的不断增加和体积的不断增大，必然在“胎 A”的“顺时针”方向一侧产生一股推动力，推动“胎 A”向着“逆时针”方向移动。

由图 7-74 可见，第二段茎干的“轴 D1A1 与轴 B1C1 组合体间分离区”与第一段茎干的“胎 CD 组合体内分离区”也是相通的，第二段茎干的“轴 C1”与第一段茎干“胎 C”的维管束也直接相通。在第二个节上，“侧芽 B1C1”产生的生长素也可通过“短距离单方向的极性运输”方式，沿着第二段茎干的“轴 C1”运送至第一段茎干的“胎 C”。在来源于“侧芽 B1C1”的生长素刺激下，“胎 C 的轴间形成层”细胞分裂，从而使“胎 C”木质部的维管组织不断增加。随着新增维管组织细胞数量的不断增加和体积的不断增大，必然在“胎 C”的“顺时针”方向一侧产生一股推动力，推动“胎 C”向着“逆时针”方向移动。

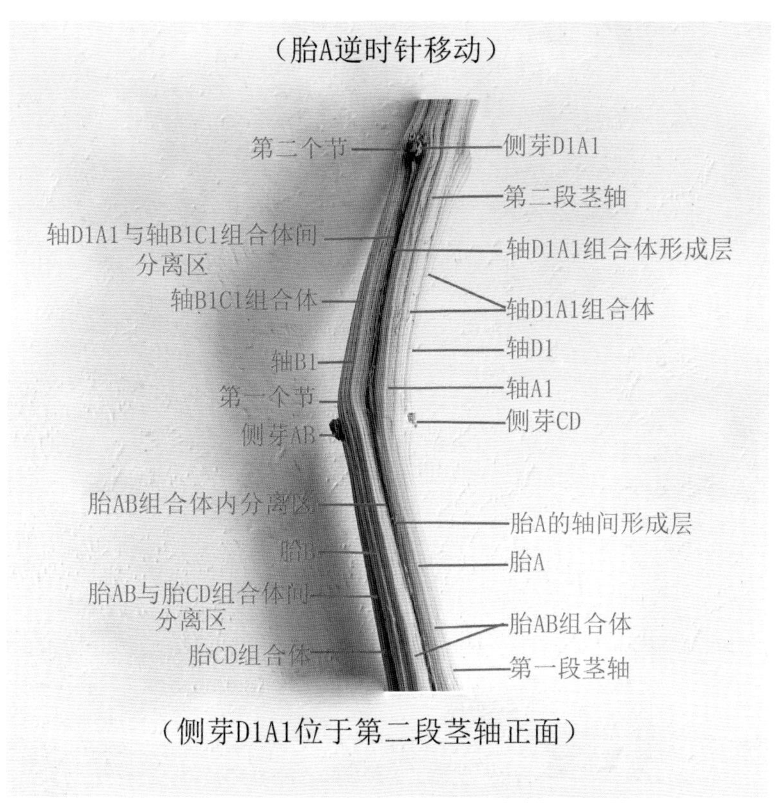

图 7-73　牛白藤第一至第二段茎干木质部结构图

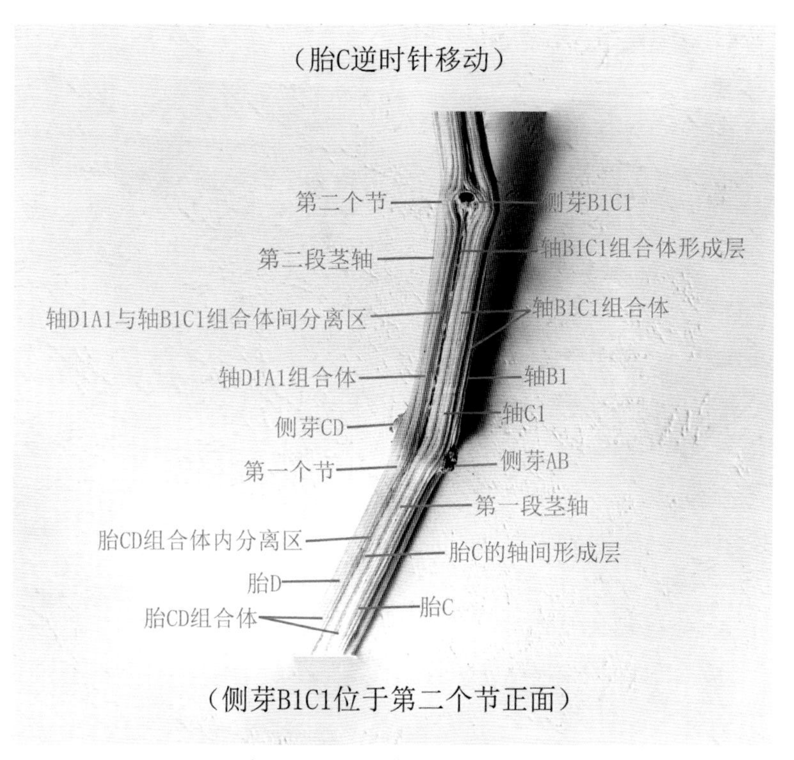

图 7-74　牛白藤第一至第二段茎干木质部结构图

至此，在第一段茎干的“胎 A”“胎 B”“胎 C”和“胎 D”四股“木质部小茎轴”的“顺时针”方向一侧各有一股推动力，推动相对应“木质部小茎轴”向着“逆时针”方向移动，并形成合力，共同推动第一段茎干遵循“风车原理”向着“逆时针”方向转动（图 7-75）。于是，第一段茎干向着“逆时针”方向发生“茎干扭转”（图 7-76）。

研究表明，对于向着“逆时针”方向扭转、向着“顺时针”方向缠绕的牛白藤，茎干其他段落的“茎干扭转”方式与上述第一至第二段茎干相同。

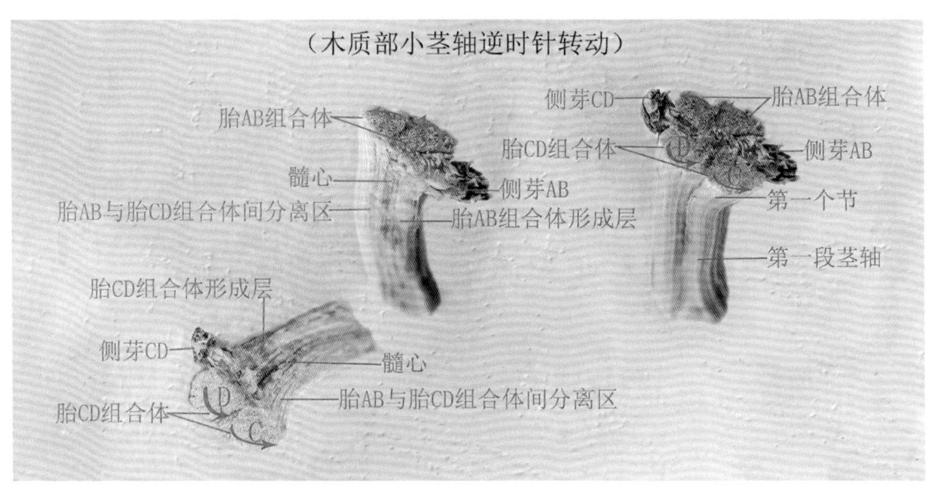

图 7-75　牛白藤第一段茎干木质部剖面结构图

图 7-76　牛白藤的茎

（三）茎干缠绕

如前所述，对于向着“逆时针”方向扭转、向着“顺时针”方向缠绕的牛白藤，在茎干生长过程中，“组合体间形成层”和“组合体内轴间形成层”细胞分裂产生推动力，推动茎干各段落向着“逆时针”方向不断发生扭转。

按照“绞绳原理”，当茎干向着“逆时针”方向扭转至紧绷状态时，在茎干内部就会形成一股与扭转方向相反的“内应力”，导致茎干发生扭曲。当扭转至紧绷状态的茎干在不断向前伸展时遇到“支持物”，就会遵循“绞绳原理”，向着“顺时针”方向缠绕在“支持物”上（图 7-77）。

图 7-77　牛白藤的茎

综上所述，在牛白藤茎干生长过程中，“组合体间形成层”和“组合体内轴间形成层”细胞分裂产生的作用力，推动茎干向着“顺时针”方向扭转、向着“逆时针”方向缠绕；或者推动茎干向着“逆时针”方向扭转、向着“顺时针”方向缠绕。这就是“连体四胞胎植物”——牛白藤茎干缠绕的规律。

第八章 五茎轴植物

根据植物的“多胚现象”推想，在植物开花授粉后，当一个受精卵分裂成单卵五胞胎时，如果分裂不完全，且继续发育成熟，就有可能形成“连体五胞胎植物”。茎干解剖结果显示，青江藤的茎干由五股“木质部小茎轴”组成，在结构上具有“连体五胞胎”的特点。根据植物的“多胚现象”和青江藤茎干结构的特点，按照上述推想，本章以青江藤为例，试图从“连体五胞胎植物”的角度，探索茎干由五股“木质部小茎轴”组成的缠绕性藤本植物的茎干结构及其形成方式，以及茎干缠绕的规律。

青江藤 *Celastrus hindsii* Benth. 卫矛科。小枝紫色，具稀疏皮孔。叶互生，长圆状窄椭圆形或椭圆状倒披针形，长 7 ～ 14 ㎝。花淡绿色。蒴果近球状；种子 1 粒，阔椭圆形或近球形；假种皮橙红色。花期 5 ～ 7 月；果期 7 ～ 10 月（图 8-1 至图 8-3）。

图 8-1　青江藤的花

图 8-2　青江藤的叶

图 8-3 青江藤的果

第一节 茎干结构

研究表明，青江藤具有与普通维管植物决然不同的茎干结构。

一、外观结构

图 8-4 至图 8-7 所示为青江藤的茎。由图片可见，青江藤是一种茎干向着“顺时针”方向扭转、向着“逆时针”方向缠绕的植物。多年生老茎的横切面呈“梅花”状；茎干外形像“梅花柱”，又像五股绳纠缠在一起。从茎的外观结构上看，具有“连体五胞胎”的特点。

图 8-4 青江藤的茎

图 8-5　青江藤的茎

图 8-6　青江藤的茎

图 8-7　青江藤的茎

二、干枯茎干结构

图 8-8 所示为青江藤干枯的茎干。由图片可见，在茎干的韧皮部和髓心等组织腐烂后，对剩下的木质部用手轻轻一剥就会分成五股。干枯的茎干，在结构上也具有“连体五胞胎”的特点。

图 8-8　青江藤干枯的茎干木质部

三、节间横切面结构

图 8-9 至图 8-11 所示为青江藤第一段茎干节间横切面结构。由图片可见，节间横切面结构呈现以下特点：

①在平面上具有五个“扇形”片区呈现梅花状分布，分别为“胎 A”“胎 B”“胎 C”“胎 D”和“胎 E”五股“木质部小茎轴”。

②在“木质部小茎轴”之间具有由薄壁组织组成的“轴间分离区”，将其分隔。“轴间分离区”中的射线呈“对向”弯曲分布。

③五股“木质部小茎轴”通过初生木质部和髓心连接在一起。

④木质部没有年轮。

⑤韧皮部没有“分离区”。

茎干解剖结果显示，青江藤茎干其他段落的节间横切面结构，与第一段茎干相同。

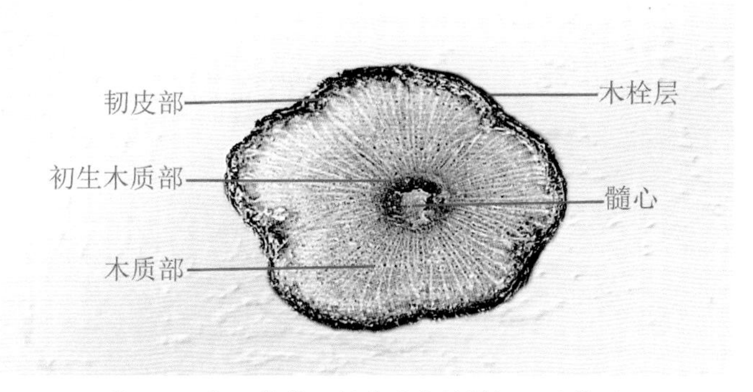

图 8-9 青江藤第一段茎干节间横切面结构图

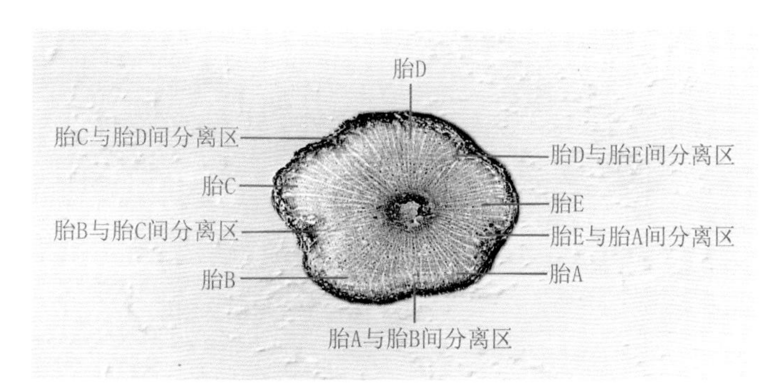

图 8-10 青江藤第一段茎干节间横切面结构图

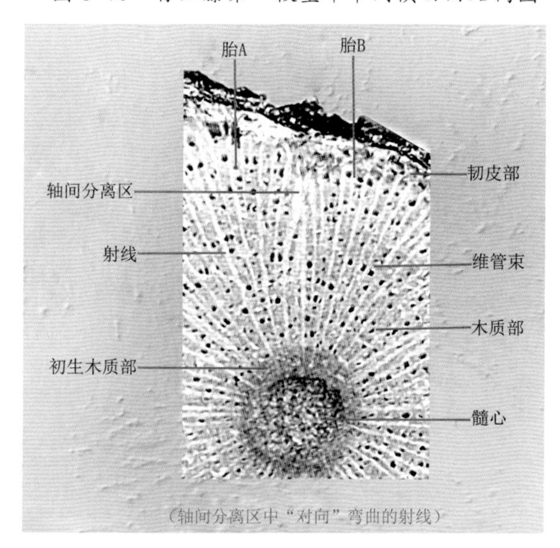

图 8-11 青江藤第一段茎干节间横切面“轴间分离区”结构图

四、节横切面结构

图 8-12、图 8-13 所示为青江藤茎干第一个节横切面结构。由图片可见，节的结构具有以下特点：

①青江藤的茎干虽然具有五股“木质部小茎轴”，但在每个节上只有一个侧芽。在第一个节上，由“胎 A”萌发“侧芽 A”。依据茎干扭转和缠绕方向，以及“风车原理”和“绞绳原理”（详见第三章）推想，“侧芽 A”位于“胎 A”的“逆时针”方向一侧。

②由“轴间分离区”（薄壁组织）或侧芽将“木质部小茎轴”分隔。

③在“侧芽 A”的两侧，也具有由薄壁组织组成的“分离区”将侧芽与“木质部小茎轴”分隔。

④侧芽的基部，与初生木质部和髓心相连。

⑤韧皮部没有“分离区”分隔。

茎干解剖结果显示，青江藤茎干其他段落各个节的横切面结构，与第一个节相同。

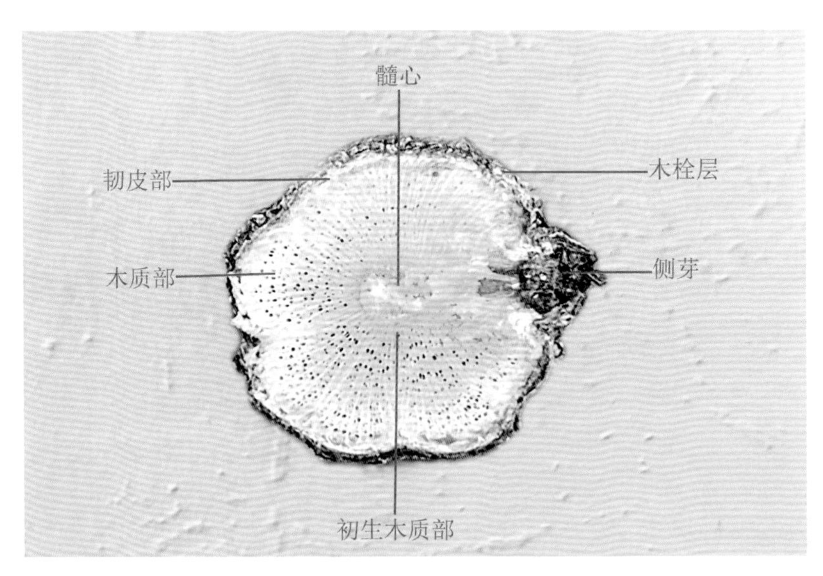

图 8-12　青江藤茎干第一个节横切面结构图

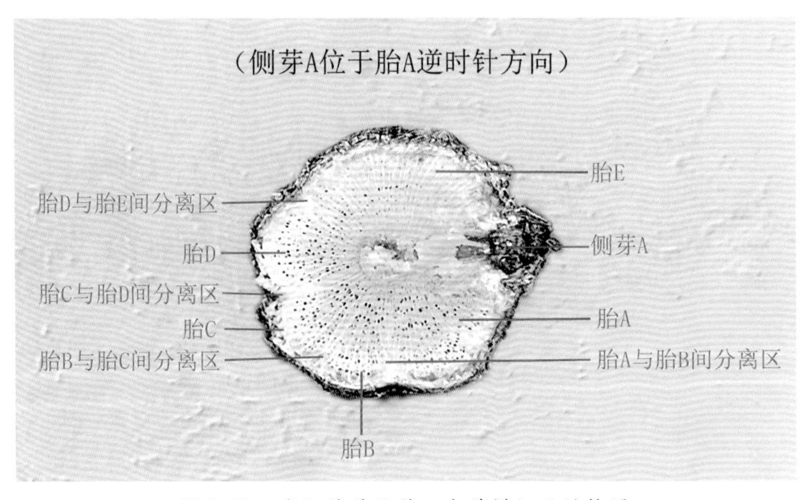

图 8-13　青江藤茎干第一个节横切面结构图

五、木质部竖向结构

图 8-14 所示为青江藤第一段茎干木质部结构（将茎干剥皮）。由图片可见，第一段茎干木质部在竖向结构上具有以下特点：

①第一段茎干由“胎 A”“胎 B”“胎 C”“胎 D”和“胎 E”五股“木质部小茎轴”组成。

②在相邻的“木质部小茎轴”之间具有“轴间分离区”（薄壁组织），将其分隔。

③在第一个节上只有一个侧芽。

茎干解剖结果显示，青江藤茎干其他段落的木质部竖向结构与第一段茎干相同。

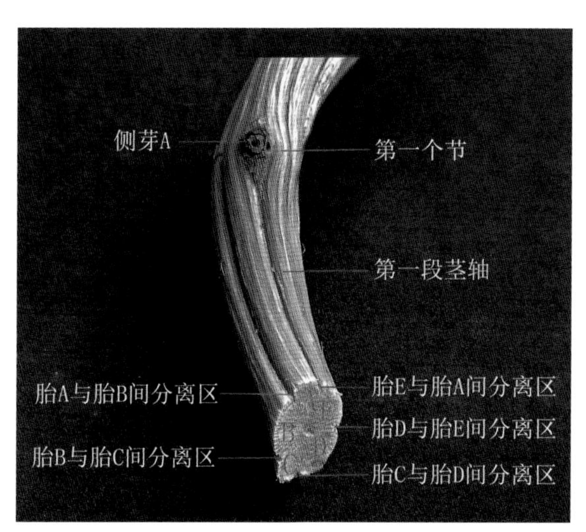

图 8-14　青江藤第一段茎干木质部结构图

六、茎干竖向结构形成方式

图 8-15 所示为青江藤第一至第五段茎干木质部结构。

（一）第一至第二段茎干

图 8-16、图 8-17 所示分别为青江藤茎干第一个节横切面结构、第一至第二段茎干木质部结构。

在青江藤的种子发芽后，由“胎 A”“胎 B”“胎 C”“胎 D”和“胎 E”遵循“连理枝”原理（详见第二章）紧密结合在一起，形成第一段茎干。

当第一段茎干生长发育至一定程度时，由“胎 A”通过“主轴分枝”（详见第四章第一节），在“胎 A”的“逆时针”方向一侧（亦为图 8-17“胎 A”右侧）萌发“侧芽 A”，并形成第一个节。与此同时，“胎 E”的顶芽停止生长，并通过“假二叉分枝”（详见第四章第一节），由下面的两个腋芽代替顶芽继续生长，产生“轴 E1”和“轴 E2”。此后，“胎 E”原顶端分生组织转变分裂方式，重新恢复细胞分裂，产生一些薄壁组织形成“轴间分离区”，将“轴 E1”和“轴 E2”分隔。紧接着，“胎 A”和“轴 E1”遵循“连理枝”原理紧密结合在一起，形成“轴 F”。在“轴 F”形成后，原先形成的“轴 E1 与轴 E2 间分离区”自然而然成为“轴 F 与轴 E2 间分离区”。

至此，在茎干的第二段，由“胎 B”“胎 C”“胎 D”“轴 E2”和“轴 F”五股“木质部小茎轴”组成的新茎干形成。

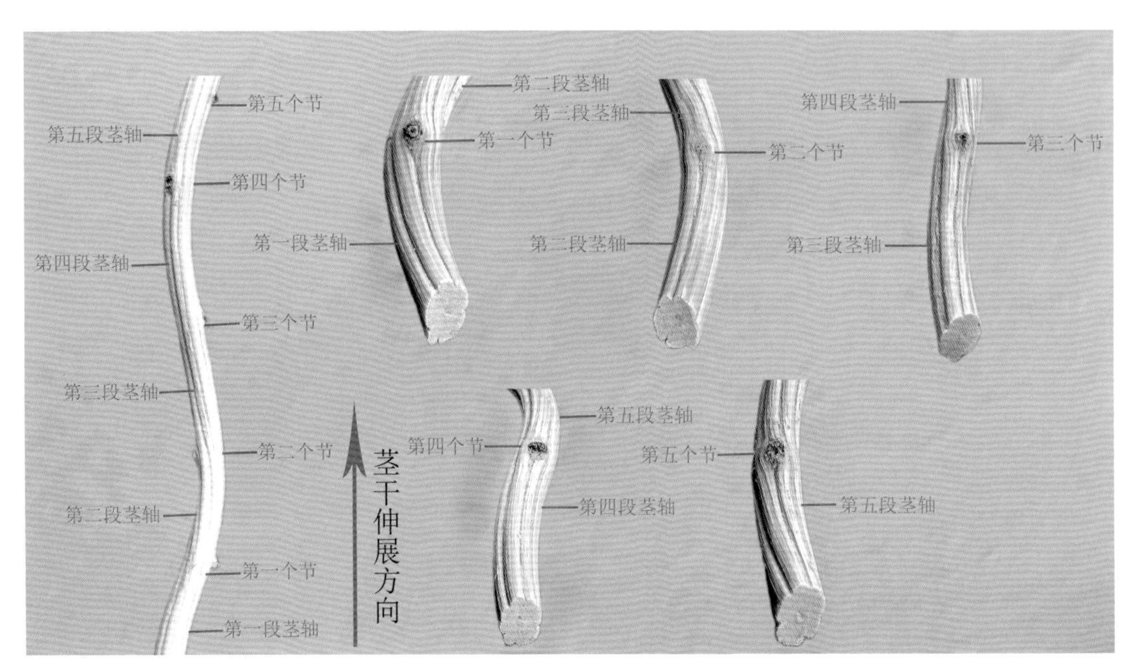

图 8-15　青江藤第一至第五段茎干木质部结构图

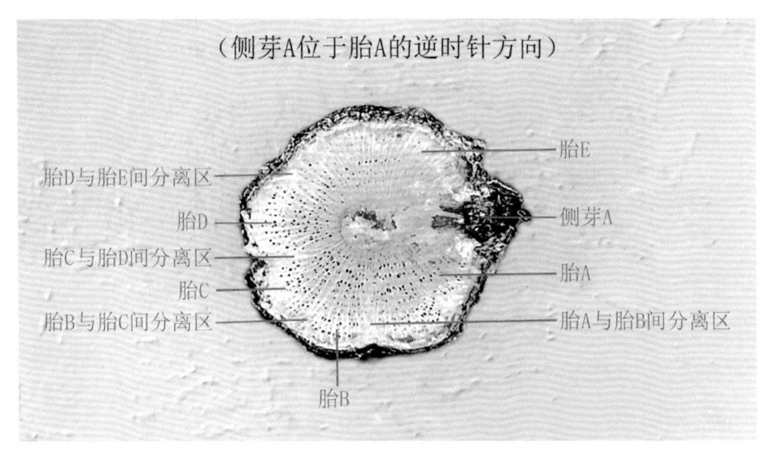

图 8-16　青江藤茎干第一个节横切面结构图

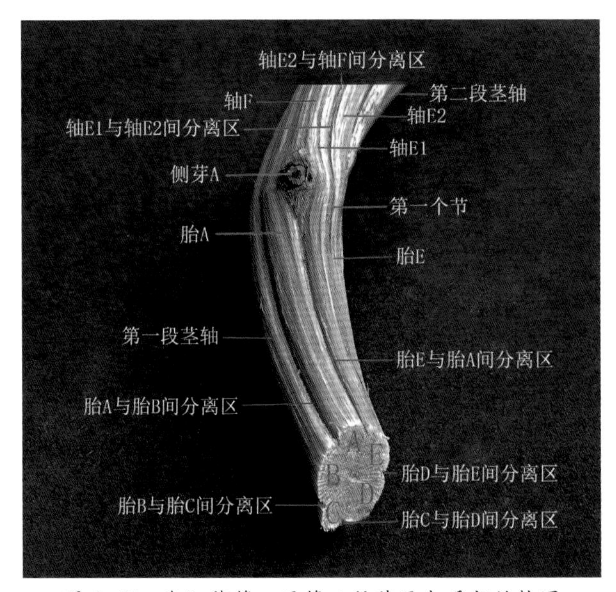

图 8-17　青江藤第一至第二段茎干木质部结构图

（二）第二至第三段茎干

图8-18、图8-19所示分别为青江藤茎干第二个节横切面结构、第二至第三段茎干木质部结构。

如前所述，第二段茎干的木质部由“胎B”“胎C”“胎D”“轴E2”和“轴F”组成。当第二段茎干生长发育至一定程度时，由“胎C”通过“主轴分枝”，在“胎C”的“逆时针”方向一侧（亦为图8-19“胎C”右侧）萌发“侧芽C”，并形成第二个节。与此同时，“胎B”的顶芽停止生长，并通过“假二叉分枝”，由下面的两个腋芽代替顶芽继续生长，产生“轴B1”和“轴B2”。此后，“胎B”原顶端分生组织转变分裂方式，重新恢复细胞分裂，产生一些薄壁组织形成“轴间分离区”，将“轴B1”和“轴B2”分隔。紧接着，“胎C”和“轴B1”遵循“连理枝”原理紧密结合在一起，形成“轴G”。在“轴G”形成后，原先形成的“轴B1与轴B2间分离区”自然而然成为“轴G与轴B2间分离区”。

至此，在茎干的第三段，由“胎D”“轴E2”“轴F”“轴B2”和“轴G”五股“木质部小茎轴”组成的新茎干形成。

（侧芽C位于胎C逆时针方向）

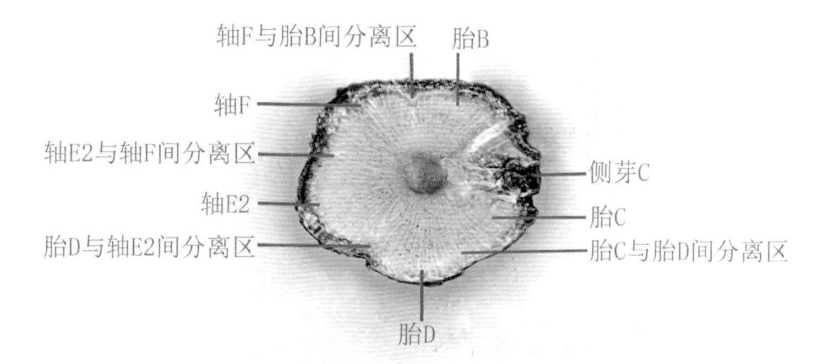

图8-18 青江藤茎干第二个节横切面结构图

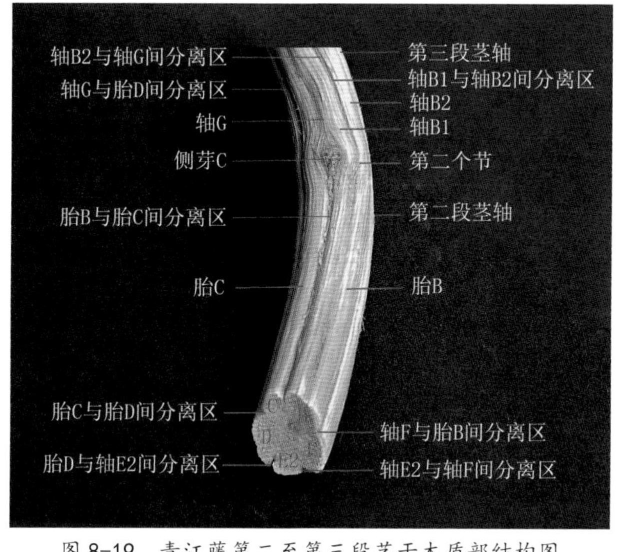

图8-19 青江藤第二至第三段茎干木质部结构图

（三）第三至第四段茎干

图8-20、图8-21所示分别为青江藤茎干第三个节横切面结构、第三至第四段茎干木质部结构。

如前所述，第三段茎干的木质部由“胎D”“轴E2”“轴F”“轴B2”和“轴G”组成。当第三段茎干生长发育至一定程度时，由“轴E2”通过“主轴分枝”，在“轴E2”的“逆时针”方向一侧（亦为图8-21“轴E2”右侧）萌发“侧芽E2”，并形成第三个节。与此同时，“胎D”的顶芽停止生长，并通过“假二叉分枝”，由下面的两个腋芽代替顶芽继续生长，产生“轴D1”和“轴D2”。此后，“胎D”原顶端分生组织转变分裂方式，重新恢复细胞分裂，产生一些薄壁组织形成“轴间分离区”，将“轴D1”和“轴D2”分隔。紧接着，“轴E2”和“轴D1”遵循“连理枝”原理紧密结合在一起，形成“轴H”。在“轴H”形成后，原先形成的“轴D1与轴D2间分离区”自然而然成为“轴H与轴D2间分离区”。

至此，在茎干的第四段，由“轴F”“轴B2”“轴G”“轴D2”和“轴H”五股“木质部小茎轴”组成的新茎干形成。

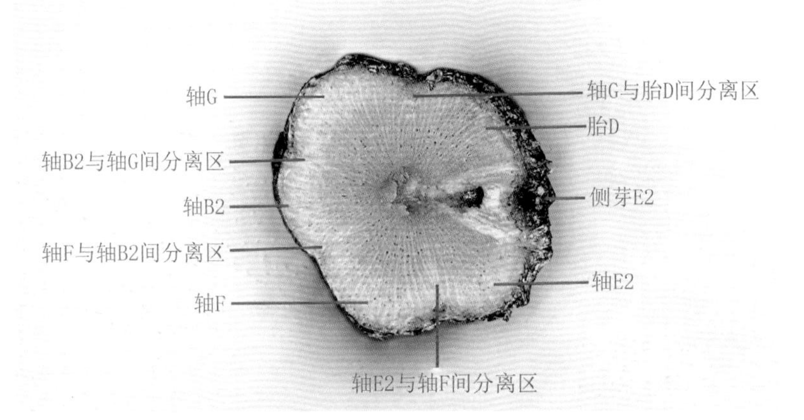

图8-20　青江藤茎干第三个节横切面结构图

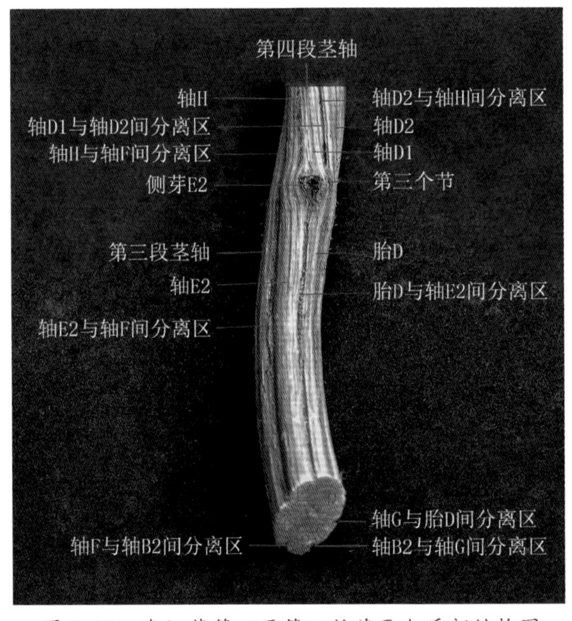

图8-21　青江藤第三至第四段茎干木质部结构图

（四）第四至第五段茎干

图8-22、图8-23所示分别为青江藤茎干第四个节横切面结构、第四至第五段茎干木质部结构。

如前所述，第四段茎干的木质部由“轴 F”“轴 B2”“轴 G”“轴 D2”和“轴 H”组成。当第四段茎干生长发育至一定程度时，由“轴 B2”通过“主轴分枝”，在“轴 B2”的“逆时针”方向一侧（亦为图 8-23“轴 B2”右侧）萌发“侧芽 B2”，并形成第四个节。与此同时，“轴 F”的顶芽停止生长，并通过“假二叉分枝”，由下面的两个腋芽代替顶芽继续生长，产生“轴 F1”和“轴 F2”。此后，“轴 F”原顶端分生组织转变分裂方式，重新恢复细胞分裂，产生一些薄壁组织形成“轴间分离区”，将“轴 F1”和“轴 F2”分隔。紧接着，“轴 B2”和“轴 F1”遵循“连理枝”原理紧密结合在一起，形成“轴 I”。在“轴 I”形成后，原先形成的“轴 F1 与轴 F2 间分离区”自然而然成为“轴 I 与轴 F2 间分离区”。

至此，在茎干的第五段，由“轴 G”“轴 D2”“轴 H”“轴 F2”和“轴 I”五股“木质部小茎轴”组成的新茎干形成。

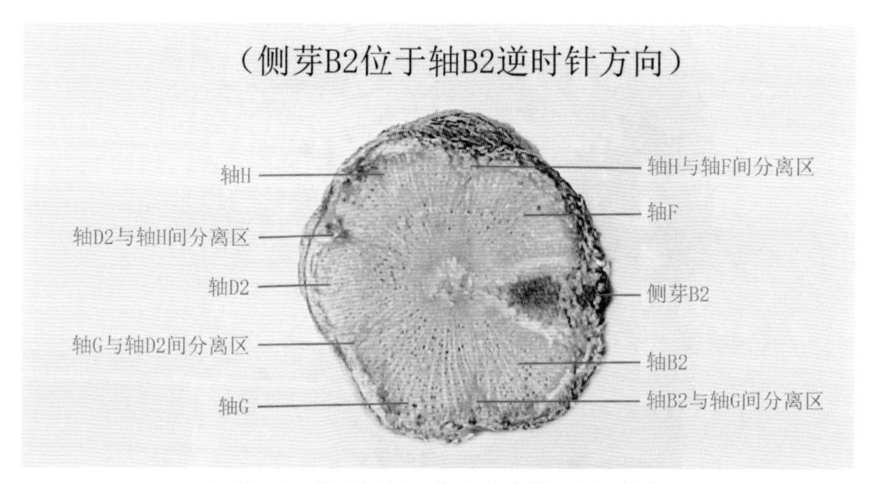

图 8-22 青江藤茎干第四个节横切面结构图

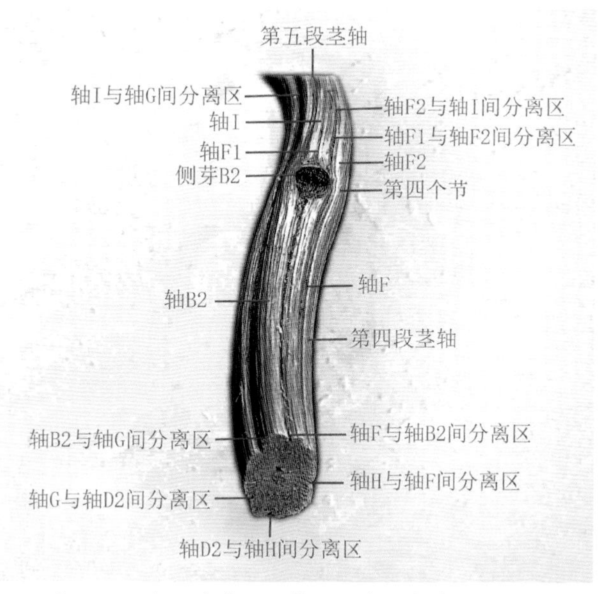

图 8-23 青江藤第四至第五段茎干木质部结构图

（五）第五至第六段茎干

图8-24、图8-25所示分别为青江藤茎干第五个节横切面结构、第五至第六段茎干木质部结构。

如前所述，第五段茎干的木质部由“轴G”“轴D2”“轴H”“轴F2”和“轴I”组成。当第五段茎干生长发育至一定程度时，由“轴D2”通过“主轴分枝”，在“轴D2”的“逆时针”方向一侧（亦为图8-25“轴D2”右侧）萌发“侧芽D2”，并形成第五个节。与此同时，“轴G”的顶芽停止生长，并通过“假二叉分枝”，由下面的两个腋芽代替顶芽继续生长，产生“轴G1”和“轴G2”。此后，“轴G”原顶端分生组织转变分裂方式，重新恢复细胞分裂，产生一些薄壁组织形成“轴间分离区”，将“轴G1”和“轴G2”分隔。紧接着，“轴D2”和“轴G1”遵循“连理枝”原理紧密结合在一起，形成“轴J”。在“轴J”形成后，原先形成的“轴G1与轴G2间分离区”自然而然成为“轴J与轴G2间分离区”。

至此，在茎干的第六段，由“轴H”“轴F2”“轴I”“轴G2”和“轴J”五股“木质部小茎轴”组成的新茎干形成。

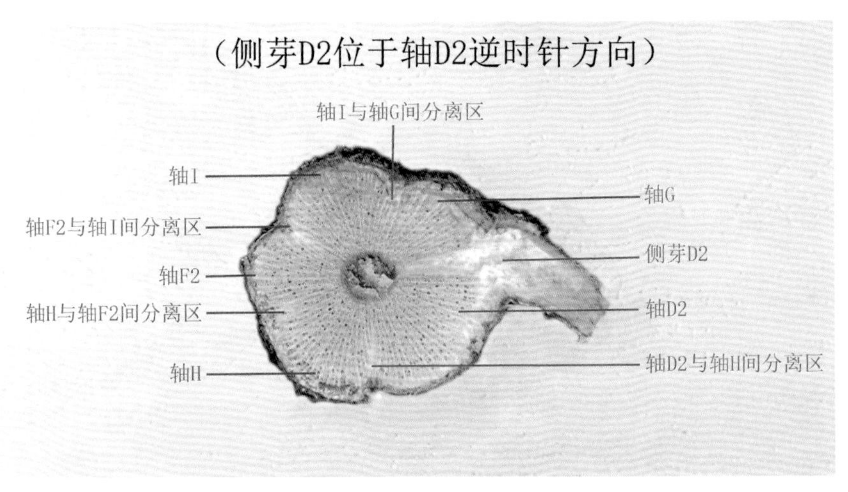

图8-24　青江藤茎干第五个节横切面结构图

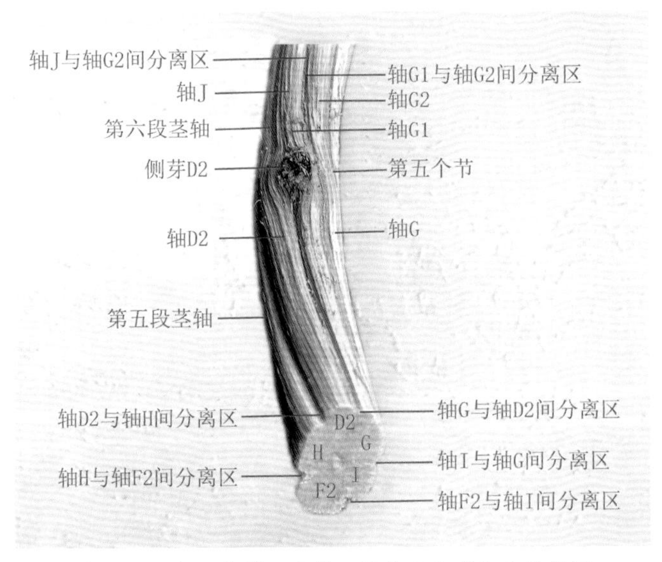

图8-25　青江藤第五至第六段茎干木质部曲结构图

（六）侧芽萌发规律

青江藤的茎干虽由五股"木质部小茎轴"组成，但在各个节上只由其中的一股"木质部小茎轴"萌发一个侧芽，而且侧芽的萌发顺序具有一定的规律性。

图 8-26 所示为青江藤第一至第五段茎干木质部竖向结构及第一个节横切面结构图。如前所述，在第一段茎干和第一个节上，由"胎 A"萌发"侧芽 A"。在第二段茎干和第二个节上，由"胎 C"萌发"侧芽 C"。由图 8-26 可见，在茎干第一个的节横切面结构上，在"胎 C"和"胎 A"之间被另一股"木质部小茎轴"——"胎 B"所分隔。

在第三段茎干和第三个节上，由"轴 E2"萌发"侧芽 E2"。然而，"轴 E2"是由第一段茎干中的"胎 E"在第一个节上通过"假二叉分枝"形成的。由此可以断定，"侧芽 E2"实质上由"胎 E"萌发。由图 8-26 可见，在茎干第一个节的横切面结构上，在"胎 E"和"胎 C"之间被另一股"木质部小茎轴"——"胎 D"所分隔。

在第四段茎干和第四个节上，由"轴 B2"萌发"侧芽 B2"。然而，"轴 B2"是由第一段茎干中的"胎 B"在第二个节上通过"假二叉分枝"形成的。由此可以断定，"侧芽 B2"实质上由"胎 B"萌发。由图 8-26 可见，在茎干第一个节的横切面结构上，在"胎 B"和"胎 E"之间，除了被"侧芽 A"分隔外，还被另一股"木质部小茎轴"——"胎 A"所分隔。

在第五段茎干和第五个节上，由"轴 D2"萌发"侧芽 D2"。然而，"轴 D2"是由第一段茎干中的"胎 D"在第三个节上通过"假二叉分枝"形成的。由此可以断定，"侧芽 D2"实质上由"胎 D"萌发。由图 8-26 可见，在茎干第一个节横切面结构上，在"胎 D"和"胎 B"之间被另一股"木质部小茎轴"——"胎 C"所分隔。

茎干解剖结果显示，在青江藤茎干其他段落的各个节上，"木质部小茎轴"萌发侧芽的顺序，与上述第一至第五段茎干"木质部小茎轴"萌发侧芽的顺序相同。

综上所述，在青江藤茎干生长过程中，每向前伸展一个段落，在前后两个节萌发侧芽的"木质部小茎轴"之间，均被另一股"木质部小茎轴"所分隔。也就是说，在茎干木质部竖向结构上，每个节萌发一个侧芽；在茎干横切面结构上，每隔一股"木质部小茎轴"萌发一个侧芽。这就是"连体五胞胎植物"——青江藤侧芽萌发的规律。

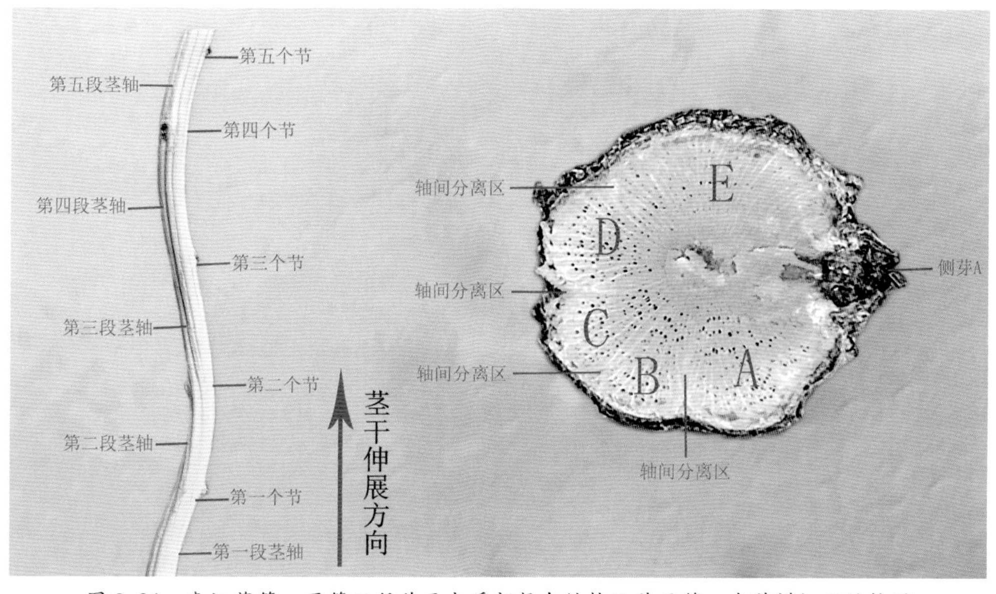

图 8-26　青江藤第一至第五段茎干木质部竖向结构及茎干第一个节横切面结构图

第二节　茎干木质部形成方式

青江藤的茎干由五股“木质部小茎轴”组成，并具有由薄壁组织组成的“轴间分离区”，将五者分隔。在茎干长过程中，各个节上的侧芽产生的生长素可刺激“轴间分离区”部分薄壁细胞脱分化，转变为“轴间形成层”，恢复细胞分裂能力。青江藤是一种茎干向着“顺时针”方向扭转、向着“逆时针”缠绕的植物。根据茎干扭转和缠绕方向，以及“风车原理”和“绞绳原理”推想，茎干中的侧芽和“轴间形成层”位于相对应“木质部小茎轴”的“逆时针”方向一侧。在茎干长过程中，通过“轴间形成层”的细胞分裂，从而使木质部维管组织不断增加，茎干不断加粗。茎干木质部的形成方式如下。

一、第一段茎干

图 8-27 至图 8-29 所示分别为青江藤茎干第一个节横切面结构、第一段茎干节间横切面结构和木质部竖向结构。

正如本章第一节所述，青江藤第一段茎干由“胎 A”“胎 B”“胎 C”“胎 D”和“胎 E”

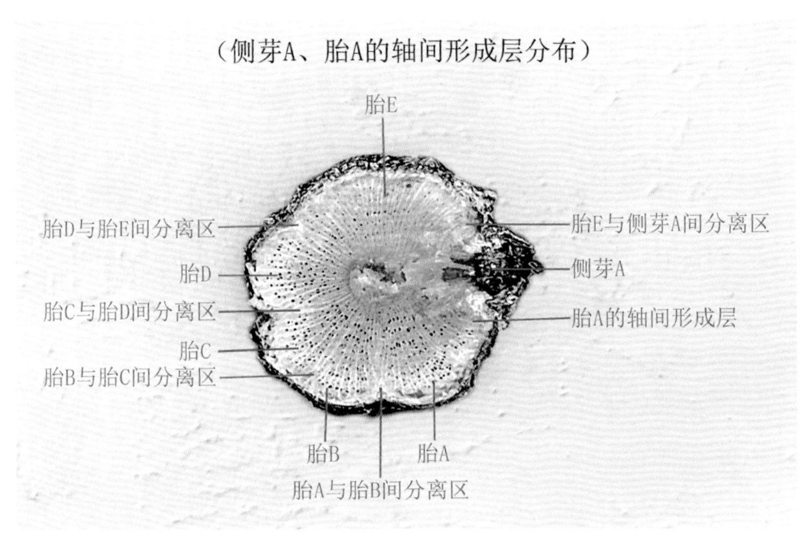

图 8-27　青江藤茎干第一个节横切面结构图

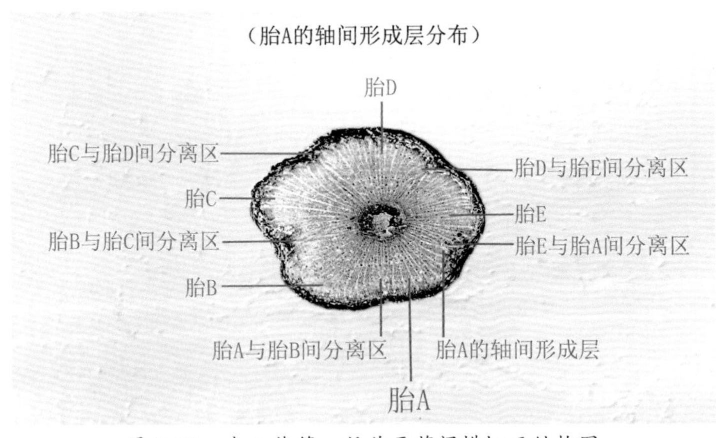

图 8-28　青江藤第一段茎干节间横切面结构图

（侧芽A、胎A的轴间形成层分布）

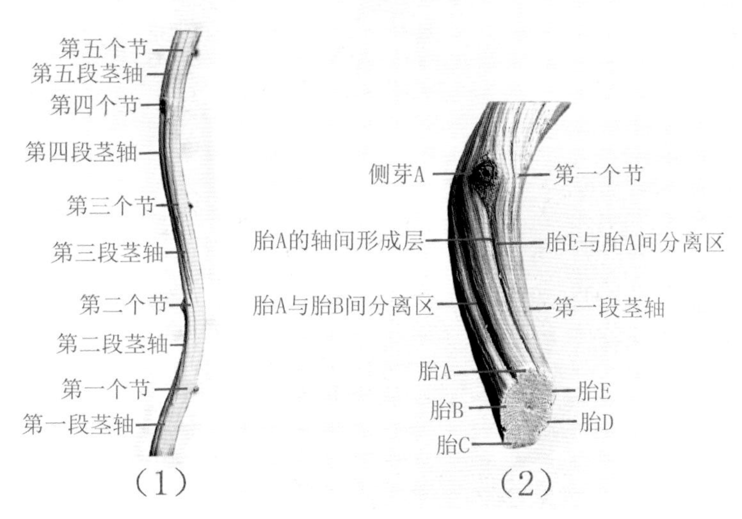

图 8-29　青江藤第一段茎干木质部结构图

五股“木质部小茎轴”组成。在第一段茎干，“侧芽 A”是由“胎 A”经“主轴分枝”产生的，两者的维管束直接相通。在茎干生长过程中，“侧芽 A”产生的生长素可通过“短距离单方向的极性运输”方式，运送至“胎 A”的木质部，然后渗透至木质部旁边的“轴间分离区”，从而使“分离区”中紧靠“胎 A”侧的薄壁组织脱分化，转变为“胎 A 的轴间形成层”，恢复细胞分裂能力。“胎 A 的轴间形成层”细胞分裂，不断产生新细胞并分化为木质部维管组织，从而使“胎 A”的木质部不断增加。

二、第一至第二段茎干

图 8-30 至图 8-32 所示分别为青江藤茎干第二个节横切面结构、第二段茎干节间横切面结构和木质部竖向结构。

正如本章第一节所述，青江藤第二段茎干由“胎 B”“胎 C”“胎 D”“轴 E2”和“轴 F”五股“木质部小茎轴”组成。在第二段茎干，“侧芽 C”是由“胎 C”经“主轴分枝”产生的，两者的维管束直接相通。在茎干生长过程中，“侧芽 C”产生的生长素可通过“短距离单方向的极性运输”方式，运送至“胎 C”的木质部，然后渗透至木质部旁边的“轴间分离区”，从而使“分离区”紧靠“胎 C”侧的薄壁组织脱分化，转变为“胎 C 的轴间形成层”，恢复细胞分裂能力。“胎 C 的轴间形成层”细胞分裂，不断产生新细胞并分化为木质部维管组织，从而使“胎 C”的木质部不断增加。

由图 8-32（1）显示的茎干木质部的木纹竖向结构可见，“胎 C”的木质部在竖向结构上是从第二段茎干直接延伸至第一段茎干的，在第二个节上，“侧芽 C”产生的生长素可透过相通的维管束，通过“短距离单方向的极性运输”方式，从第二段茎干直接运送至第一段茎干。受到来自“侧芽 C”产生的生长素刺激，第一段茎干“胎 C”旁边的“轴间分离区”的薄壁组织也能脱分化，转变为“胎 C 的轴间形成层”，恢复细胞分裂能力。“胎 C 的轴间形成层”细胞分裂，不断产生新细胞并分化为木质部维管组织，从而使第一段茎干“胎 C”的木质部也能不断增加。

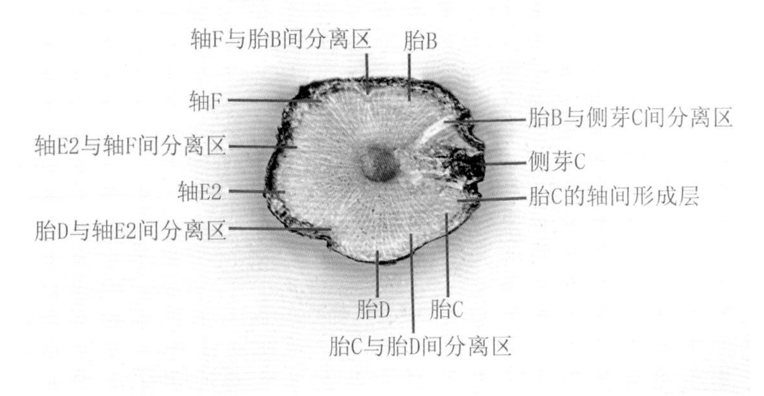

图 8-30 青江藤茎干第二个节横切面结构图

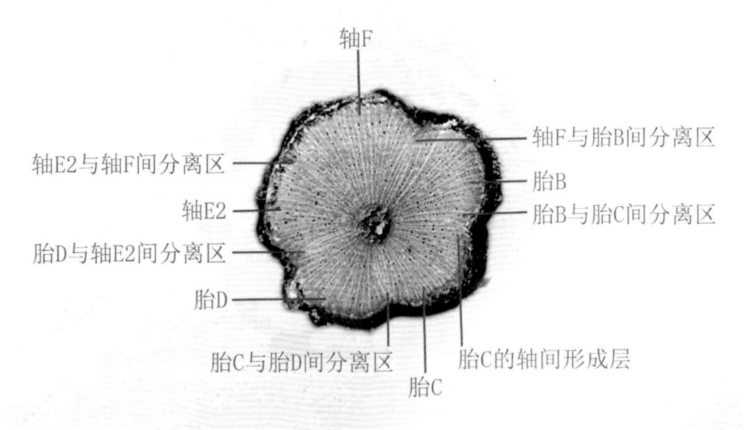

图 8-31 青江藤第二段茎干节间横切面结构图

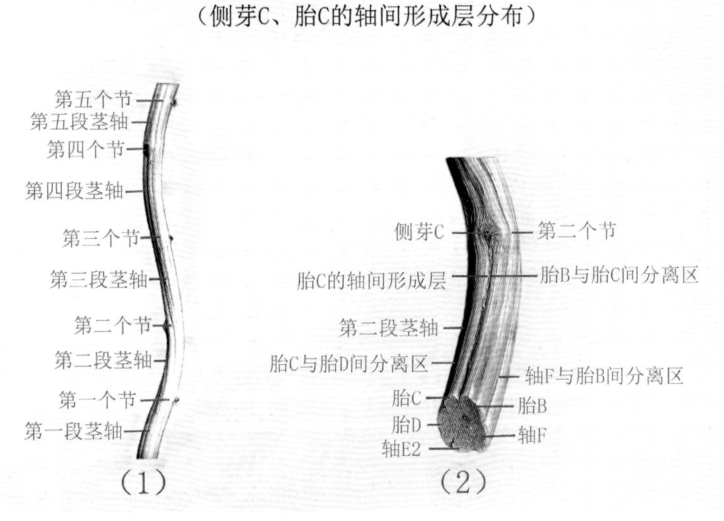

图 8-32 青江藤第二段茎干木质部结构图

三、第一至第三段茎干

图 8-33 至图 8-35 所示分别为青江藤茎干第三个节横切面结构、第三段茎干节间横切面结构和木质部竖向结构。

正如本章第一节所述，青江藤第三段茎干由“胎 D”“轴 E2”“轴 F”“轴 B2”和“轴 G”五股“木质部小茎轴”组成。在第三段茎干，“侧芽 E2”是由“轴 E2”经“主轴分枝”产生的，两者的维管束直接相通。在茎干生长过程中，“侧芽 E2”产生的生长素可通过“短距离单方向的极性运输”方式，运送至“轴 E2”的木质部，然后渗透至木质部旁边的“轴间分离区”，从而使“分离区”紧靠“轴 E2”侧的薄壁组织脱分化，转变为“轴 E2 的轴间形成层”，恢复细胞分裂能力。“轴 E2 的轴间形成层”细胞分裂，不断产生新细胞并分化为木质部维管组织，从而使“轴 E2”的木质部不断增加。

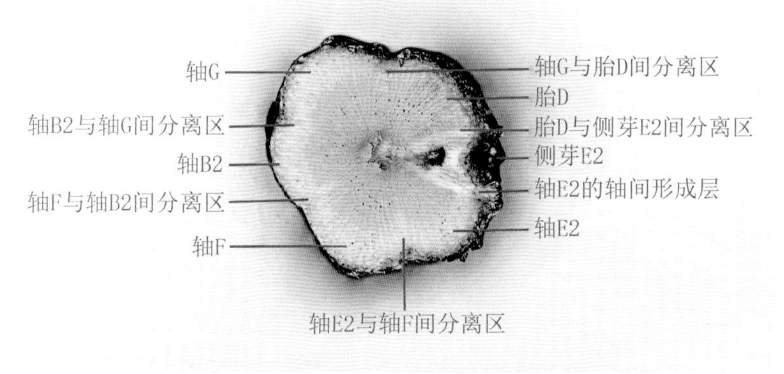

图 8-33 青江藤茎干第三节横切面结构图

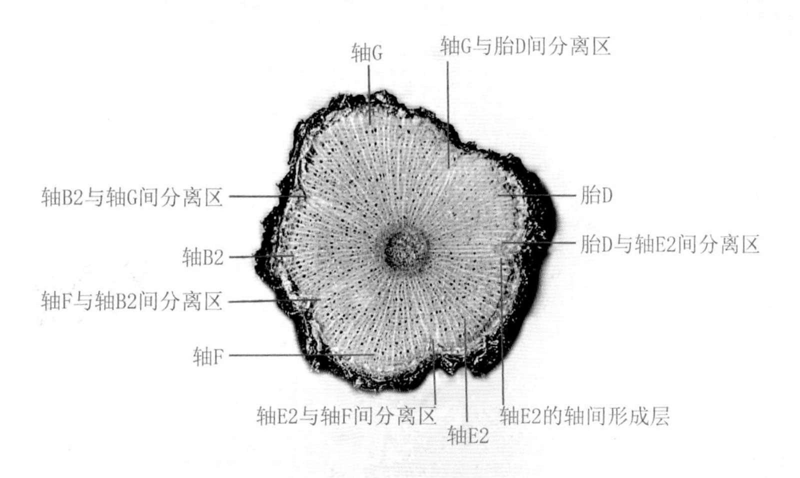

图 8-34 青江藤第三段茎干节间横切面结构图

（侧芽E2、轴E2的轴间形成层分布）

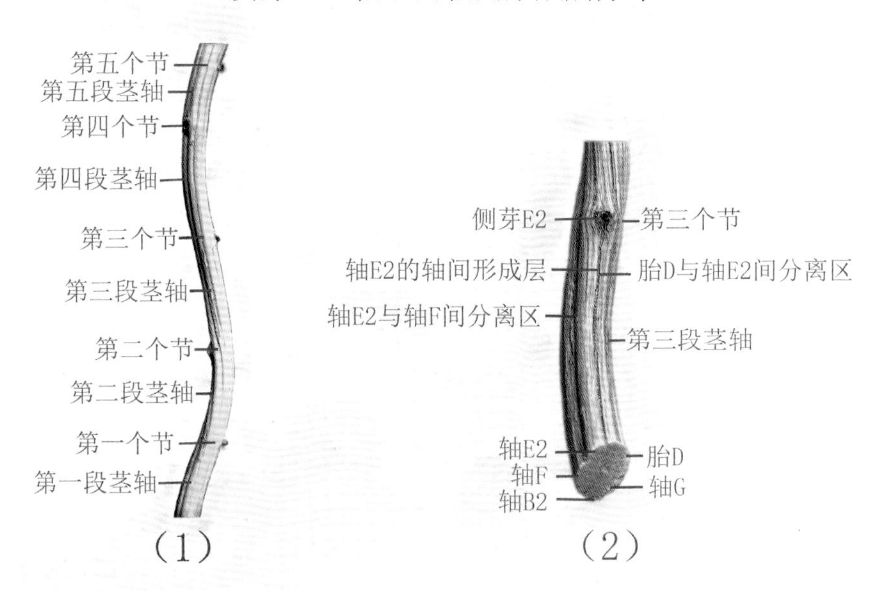

图 8-35　青江藤第三段茎干木质部结构图

正如本章第一节所述，第二和第三段茎干中的“轴 E2”是由第一段茎干的“胎 E”在第一个节上通过“假二叉分枝”产生的。由图 8-35（1）显示的茎干木质部的木纹竖向结构可见，第一至第三段茎干的“胎 E”和“轴 E2”的木质部维管束是直接相通的。在第三个节上，“侧芽 E2”产生的生长素可透过相通的维管束，通过“短距离单方向的极性运输”方式，从第三段茎干的“轴 E2”，经过第二段茎干的“轴 E2”，再运送至第一段茎干的“胎 E”，并渗透至“轴 E2”和“胎 E”旁边的“轴间分离区”。

在来自第三个节“侧芽 E2”产生的生长素刺激下，第二段茎干“轴 E2”侧的“轴间分离区”薄壁组织脱分化，转变为“轴 E2 的轴间形成层”，恢复细胞分裂能力。“轴 E2 的轴间形成层”细胞分裂，不断产生新细胞并分化为木质部维管组织，从而使第二段茎干“轴 E2”的木质部不断增加。

同样，在来自第三个节“侧芽 E2”产生的生长素刺激下，第一段茎干“胎 E”侧的“轴间分离区”薄壁组织也脱分化，转变为“胎 E 的轴间形成层”，恢复细胞分裂能力。“胎 E 的轴间形成层”细胞分裂，不断产生新细胞并分化为木质部维管组织，从而使第一段茎干“胎 E”的木质部不断增加。

四、第一至第四段茎干

图 8-36 至图 8-38 所示分别为青江藤茎干第四个节横切面结构、第四段茎干节间横切面结构和木质部竖向结构。

正如本章第一节所述，青江藤第四段茎干由“轴 F”“轴 B2”“轴 G”“轴 D2”和“轴 H”五股“木质部小茎轴”组成。在第四段茎干，“侧芽 B2”是由“轴 B2”经“主轴分枝”产生的，两者的维管束直接相通。在茎干生长过程中，“侧芽 B2”产生的生长素可通过“短距离单方向的极性运输”方式，运送至“轴 B2”的木质部，然后渗透至木质部旁边的“轴间分离区”，从而使“分离区”紧靠“轴 B2”侧的薄壁组织脱分化，转变为“轴 B2 的轴间形成层”，恢复细胞分裂能力。“轴 B2 的轴间形成层”细胞分裂，不断产生新细胞并分化为木质部维管组织，从而使“轴 B2”的木质部不断增加。

正如本章第一节所述，第三和第四段茎干中的“轴 B2”，是由第一段茎干的“胎 B”在茎干的第二个节上通过“假二叉分枝”产生的。由图 8-38（1）显示的茎干木质部的木纹竖向结构可见，第一至第四段茎干的“胎 B”和“轴 B2”的木质部维管束是直接相通的。

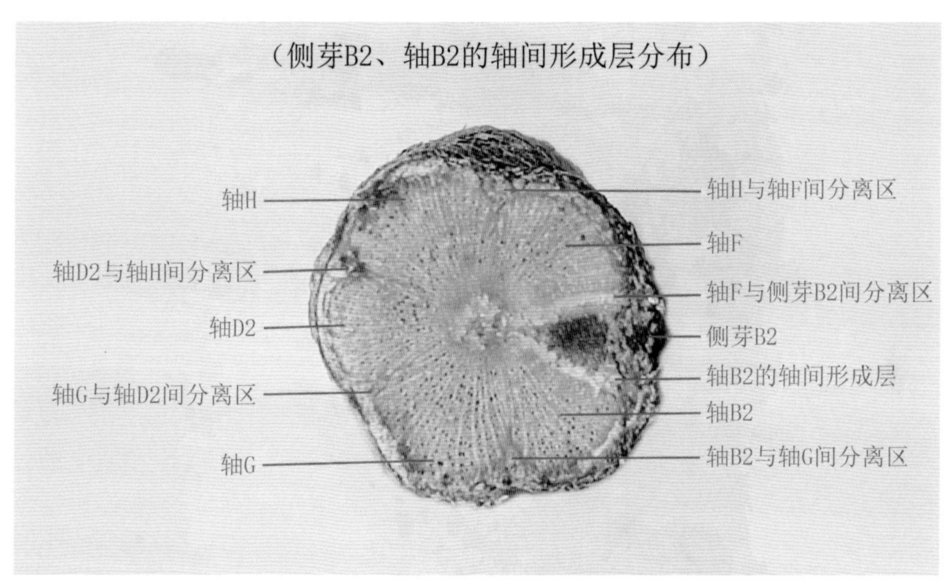

图 8-36　青江藤茎干第四个节横切面结构图

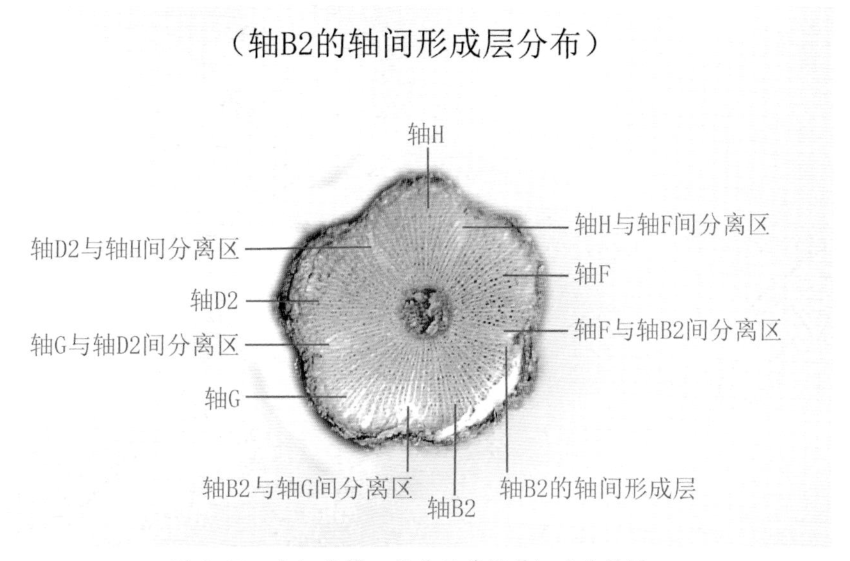

图 8-37　青江藤第四段茎干节间横切面结构图

（侧芽B2、轴B2的轴间形成层分布）

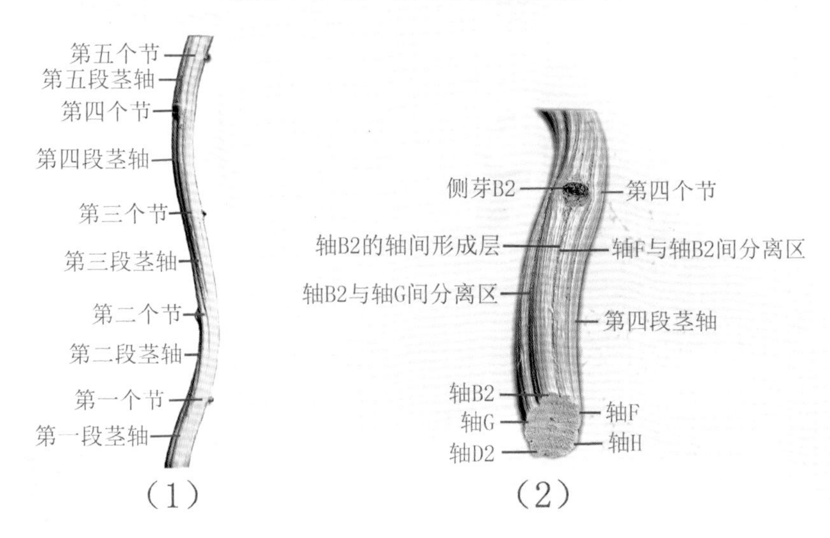

图 8-38　青江藤第四段茎干木质部结构图

在第四个节上，“侧芽 B2”产生的生长素可透过相通的维管束，通过“短距离单方向的极性运输”方式，从第四段茎干的“轴 B2”，经过第三段茎干的“轴 B2”，再运送至第二和第一段茎干的“胎 B”，并渗透至上述各段落中的“轴 B2”和“胎 B”旁边的“轴间分离区”。

在来自第四个节“侧芽 B2”产生的生长素刺激下，第三段茎干“轴 B2”侧的“轴间分离区”薄壁组织脱分化，转变为“轴 B2 的轴间形成层”，恢复细胞分裂能力。“轴 B2 的轴间形成层”细胞分裂，不断产生新细胞并分化为木质部维管组织，从而使第三段茎干“轴 B2”的木质部不断增加。

同样，在来自第四个节“侧芽 B2”产生的生长素刺激下，第二和第一段茎干“胎 B”侧的“轴间分离区”薄壁组织也脱分化，转变为“胎 B 的轴间形成层”，恢复细胞分裂能力。“胎 B 的轴间形成层”细胞分裂，不断产生新细胞并分化为木质部维管组织，从而使第二和第一段茎干“胎 B”的木质部不断增加。

五、第一至第五段茎干

图 8-39 至图 8-41 所示分别为青江藤茎干第五个节横切面结构、第五段茎干节间横切面结构和木质部竖向结构。

正如本章第一节所述，青江藤第五段茎干由“轴 G”“轴 D2”“轴 H”“轴 F2”和“轴 I”五股“木质部小茎轴”组成。在第五段茎干，“侧芽 D2”是由“轴 D2”经“主轴分枝”产生的，两者的维管束直接相通。在茎干生长过程中，“侧芽 D2”产生的生长素可通过“短距离单方向的极性运输”方式，运送至“轴 D2”的木质部，然后渗透至木质部旁边的“轴间分离区”，从而使“分离区”紧靠“轴 D2”侧的薄壁组织脱分化，转变为“轴 D2 的轴间形成层”，恢复细胞分裂能力。“轴 D2 的轴间形成层”细胞分裂，不断产生新细胞并分化为木质部维管组织，从而使“轴 D2”的木质部不断增加。

（侧芽D2、轴D2的轴间形成层分布）

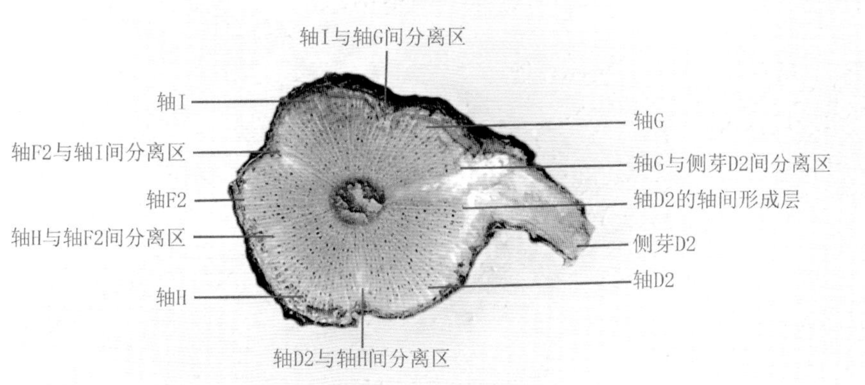

图 8-39 青江藤茎干第五个节横切面结构图

（轴D2的轴间形成层分布）

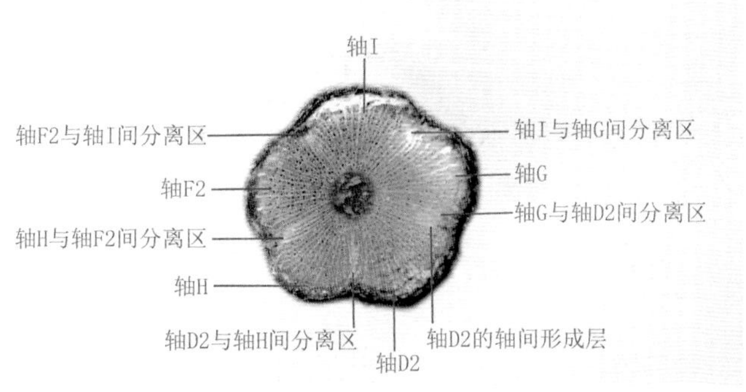

图 8-40 青江藤第五段茎干节间横切面

（侧芽D2、轴D2的轴间形成层分布）

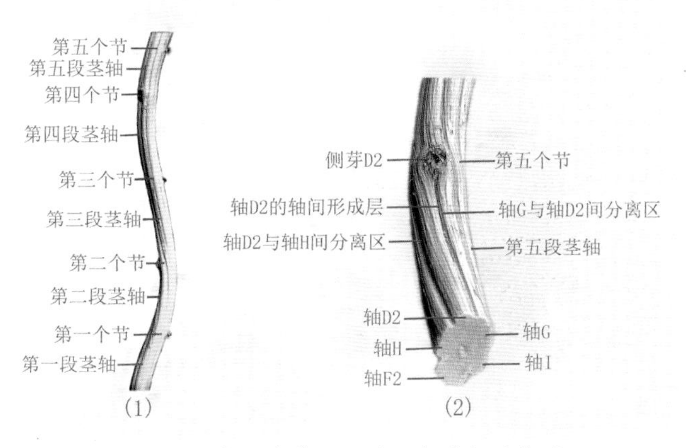

图 8-41 青江藤第五段茎干木质部结构图

正如本章第一节所述，第四和第五段茎干中的“轴 D2”是由第一段茎干的“胎 D”在茎干的第三个节上通过“假二叉分枝”产生的。由图 8-41（1）显示的茎干木质部的木纹竖向结构可见，第一至第五段茎干的“胎 D”和“轴 D2”的木质部维管束是直接相通的。

在第五个节上，“侧芽 D2”产生的生长素可透过相通的维管束，通过“短距离单方向的极性运输”方式，从第五段茎干的“轴 D2”，经过第四段茎干的“轴 D2”，再运送到第三至第一段茎干的“胎 D”，并渗透至上述各段落中的“轴 D2”和“胎 D”旁边的“轴间分离区”。

在来自第五个节“侧芽 D2”产生的生长素刺激下，第四段茎干“轴 D2”侧的“轴间分离区”薄壁组织脱分化，转变为“轴 D2 的轴间形成层”，恢复细胞分裂能力。“轴 D2 的轴间形成层”细胞分裂，不断产生新细胞并分化为木质部维管组织，从而使第四段茎干“轴 D2”的木质部不断增加。

同样，在来自第五个节“侧芽 D2”产生的生长素刺激下，第三至第一段茎干“胎 D”侧的“轴间分离区”薄壁组织也脱分化，转变为“胎 D 的轴间形成层”，恢复细胞分裂能力。“胎 D 的轴间形成层”细胞分裂，不断产生新细胞并分化为木质部维管组织，从而使第三至第一段茎干“胎 D”的木质部不断增加。

至此，在青江藤第一段茎干中，在“胎 A”“胎 B”“胎 C”“胎 D”和“胎 E”五股“木质部小茎轴”的“逆时针”一侧已分别形成了一条竖向结构的“轴间形成层”。在茎干生长过程中，通过这些“轴间形成层”共同进行细胞分裂，从而使木质部维管组织不断增加，茎干不断加粗（图 8-42）。

研究表明，青江藤茎干其他段落木质部的形成方式，与上述第一至第五段茎干相同。

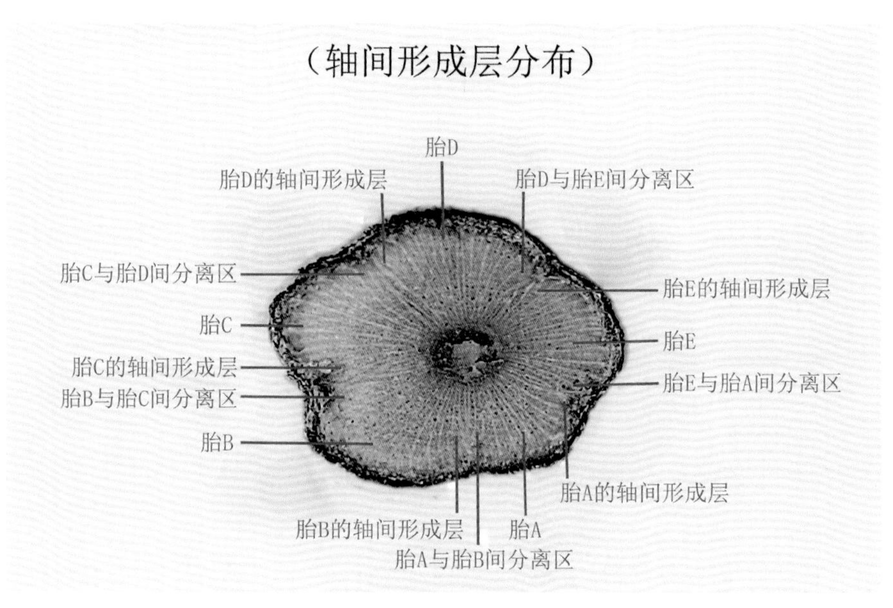

图 8-42 青江藤第一段茎干节间横切面结构图

第三节 茎干缠绕规律

青江藤是一种茎干向着“顺时针”方向扭转、向着“逆时针”缠绕的植物。和其他缠绕性藤本植物一样，青江藤茎干的缠绕包括“茎轴错位”“茎干扭转”和“茎干缠绕”三个环节。

一、茎轴错位

图 8-43 所示为青江藤第一至第二段茎干的木质部结构。

正如本章第一、二节所述，青江藤第一段茎干由“胎 A”“胎 B”“胎 C”“胎 D”和“胎

E”五股“木质部小茎轴”组成。按照茎干木质部竖向结构的形成方式，在第一个节上，由“胎A”通过“主轴分枝”产生“侧芽A”，由“胎E”通过“假二叉分枝”产生“轴E1”和“轴E2”，再由“胎A”和“轴E1”遵循“连理枝”原理组合成“轴F”。于是，由“胎B”“胎C”“胎D”“轴E2”和“轴F”五股“木质部小茎轴”组成的第二段新茎干形成。

由图8-43可见，在第一段茎轴上，“侧芽A”正下方的“胎A”与“胎E”之间有一条竖向分布的“轴间分离区”，将两者分隔。但是，在第二段茎轴上，当“胎A”和“轴E1”遵循“连理枝”原理组合成“轴F”后，“侧芽A”正上方的“轴间分离区”消失。与此同时，在“侧芽A”的右上方，在“轴F”与“轴E2”之间重新产生了一条竖向分布的“轴间分离区”，将这两者轴分隔。从“侧芽A”上、下方“轴间分离区”的位置变化显示，在茎干第一个节前后，木质部已向着侧芽的右侧发生了“茎轴错位”。据粗略测算，错位的角度为20°左右。

研究表明，在青江藤茎干其他段落各个节的前后，相关的“木质部小茎轴”经过“主轴分枝”和“假二叉分枝”，并遵循“连理枝”原理进行重新组合后，新形成的茎干在竖向结构上必然向着侧芽的右侧发生“茎轴错位”。错位的角度均为20°左右。

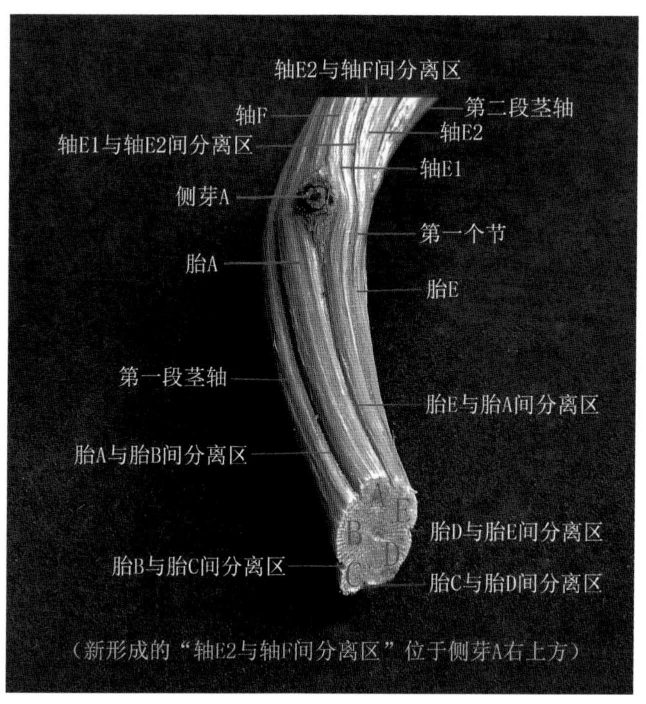

图8-43 青江藤第一至第二段茎干木质部结构图

二、茎干扭转

正如本章第一、二节所述，在青江藤茎干的五股“木质部小茎轴”之间具有“轴间分离区”和“轴间形成层”。依据“风车原理”，茎干中的“轴间形成层”具有相当于风车中风叶上的“风兜”功能。

青江藤是一种茎干向着“顺时针”方向扭转、向着“逆时针”缠绕的植物。依据茎干扭转和缠绕方向，以及“风车原理”和“绞绳原理”推想，在茎干各段落中，“侧芽”和“轴间形成层”位于相对应“木质部小茎轴”的“逆时针”方向一侧。在茎干生长过程中，受到来自“侧芽”产生的生长素刺激，“轴间形成层”细胞分裂，在不断增加木质部维管组织的同时，自然而然在相对应“木质部小茎轴”的“逆时针”一侧产生推动力，推动茎干向着“顺时针”方向发生扭转。

（一）第一段茎干

图 8-44、图 8-45 所示分别为青江藤茎干第一个节横切面结构和第一段茎干木质部竖向结构。

正如本章第一、二节所述，青江藤第一段茎干由“胎 A”“胎 B”“胎 C”“胎 D”和“胎 E”五股“木质部小茎轴”组成。在第一个节上，由“胎 A”通过“主轴分枝”产生“侧芽 A”。“侧芽 A”和“胎 A 的轴间形成层”位于第一段茎干“胎 A”木质部的“逆时针”方向一侧（亦为图 8-45“胎 A”的右侧）。

在茎干生长过程中，“侧芽 A”产生的生长素可刺激“胎 A 的轴间形成层”细胞分裂，从而使“胎 A”木质部的维管组织不断增加。随着新的维管组织数量不断增加和细胞体积不断增大，必然在“胎 A”的“逆时针”方向一侧产生一股推动力，推动“胎 A”向着“顺时针”方向移动。

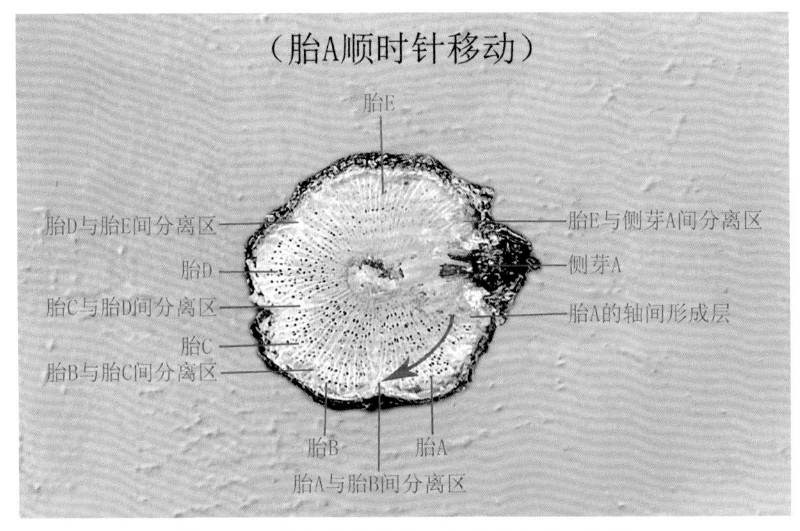

图 8-44　青江藤茎干第一个节横切面结构图

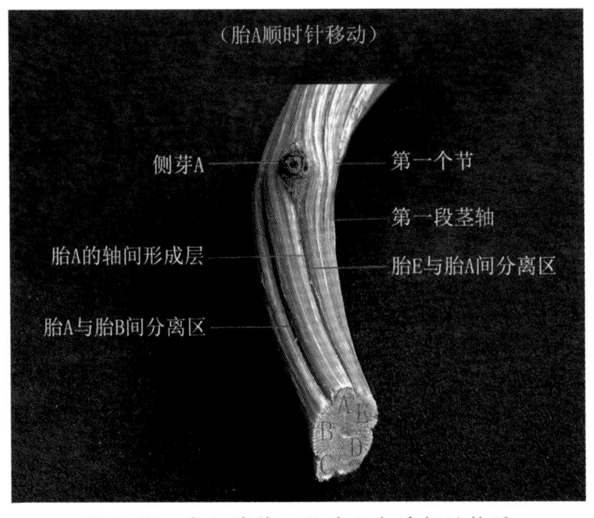

图 8-45　青江藤第一段茎干木质部结构图

（二）第一至第二段茎干

图 8-46、图 8-47 所示分别为青江藤茎干第二个节横切面结构和第二段茎干木质部竖向结构。

正如本章第一、二节所述，青江藤第二段茎干由“胎 B”“胎 C”“胎 D”“轴 E2”和“轴 F”五股“木质部小茎轴”组成。在第二个节上，由“胎 C”通过“主轴分枝”产生“侧芽 C”。“侧芽 C”和“胎 C 的轴间形成层”位于第二段茎干“胎 C”木质部的“逆时针”方向一侧（亦为图 8-47“胎 C”的右侧）。

在茎干生长过程中，“侧芽 C”产生的生长素可刺激“胎 C 的轴间形成层”细胞分裂，从而使“胎 C”木质部的维管组织不断增加。随着新的维管组织数量不断增加和细胞体积不断增大，必然在“胎 C”的“逆时针”方向一侧产生一股推动力，推动“胎 C”向着“顺时针”方向移动。

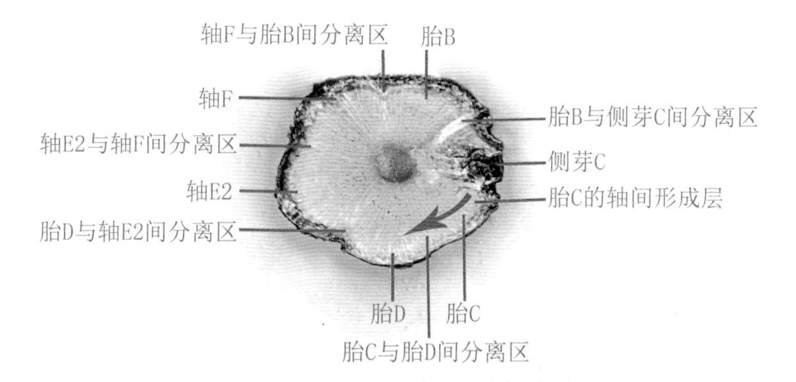

图 8-46　青江藤茎干第二个节横切面结构图

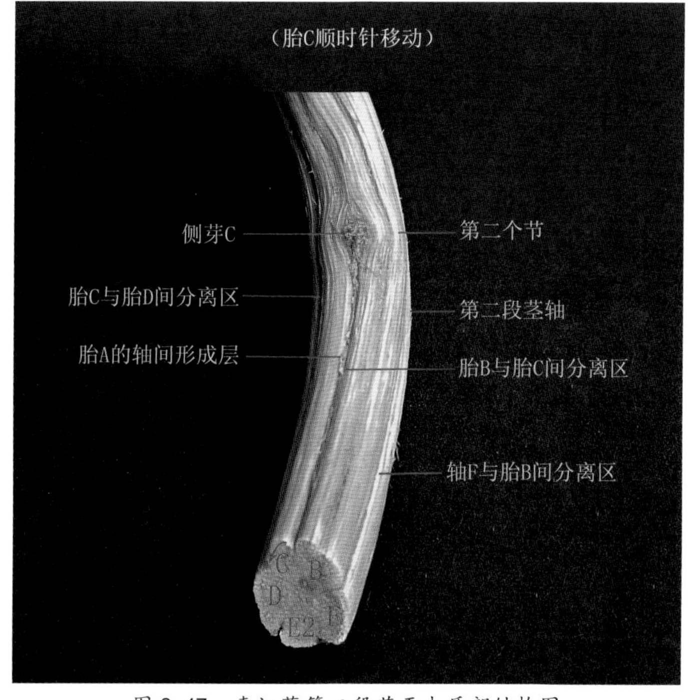

图 8-47　青江藤第二段茎干木质部结构图

另外，正如本章第一、二节所述，在茎干木质部的竖向结构上，“胎 C”的维管组织从第二段茎干一直延伸至第一段茎干。在茎干生长过程中，第二个节“侧芽 C”产生的生长素可通过“短距离单方向的极性运输”方式，从第二段茎干的“胎 C”直接输送至第一段茎干的“胎 C”，并刺激第一段茎干“胎 B 的轴间形成层”细胞分裂，从而使这段茎干“胎 C”木质部的维管组织不断增加。随着新的维管组织数量不断增加和细胞体积不断增大，必然在第一段茎干“胎 C”的“逆时针”方向一侧也产生一股推动力，推动这段茎干的“胎 C”向着“顺时针”方向移动。

（三）第一至第三段茎干

图 8-48、图 8-49 所示分别为青江藤茎干第三个节横切面结构和第三段茎干木质部竖向结构。

正如本章第一、二节所述，青江藤第三段茎干的木质部由“胎 D”“轴 E2”“轴 F”“轴 B2”和“轴 G”五股“木质部小茎轴”组成。在第三个节上，由“轴 E2”通过“主轴分枝”产生“侧芽 E2”。“侧芽 E2”和“轴 E2 的轴间形成层”位于第三段茎干“轴 E2”木质部的“逆时针”方向一侧（亦为图 8-49“轴 E2”的右侧）。

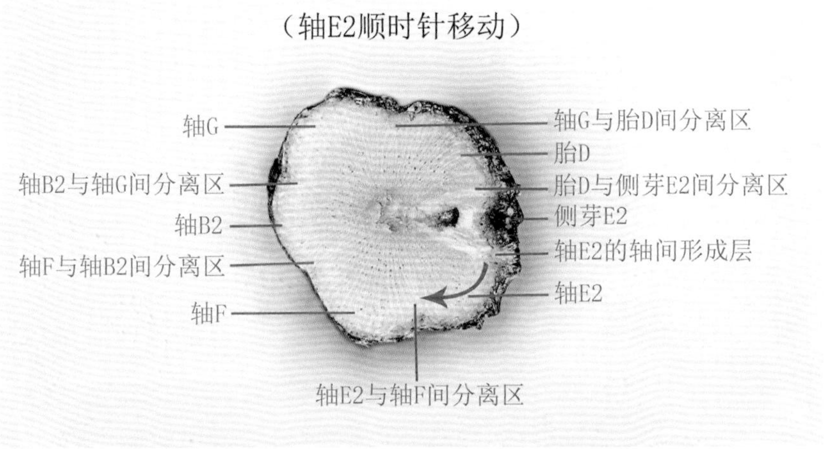

（轴E2顺时针移动）
轴G
轴B2与轴G间分离区
轴B2
轴F与轴B2间分离区
轴F
轴G与胎D间分离区
胎D
胎D与侧芽E2间分离区
侧芽E2
轴E2的轴间形成层
轴E2
轴E2与轴F间分离区

图 8-48 青江藤茎干第三个节横切面结构图

（轴E2顺时针移动）
侧芽E2
第三个节
第三段茎轴
轴E2的轴间形成层
胎D与轴E2间分离区
轴E2与轴F间分离区

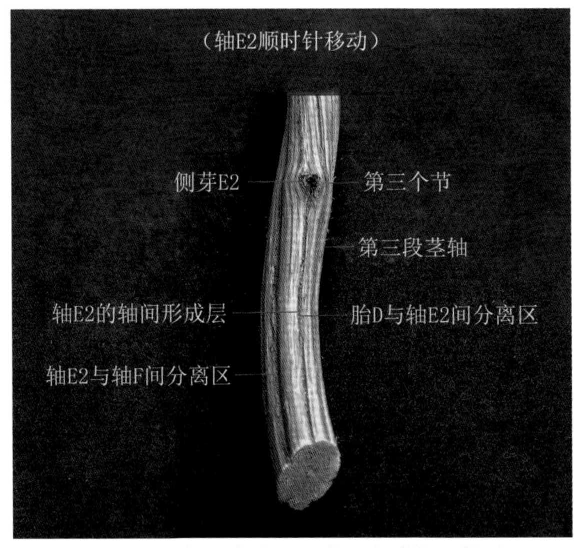

图 8-49 青江藤第三段茎干木质部结构图

在茎干生长过程中，“侧芽 E2”产生的生长素可刺激“轴 E2 的轴间形成层”细胞分裂，从而使“轴 E2”木质部的维管组织不断增加。随着新的维管组织数量不断增加和细胞体积不断增大，必然在“轴 E2”的“逆时针”方向一侧产生一股推动力，推动“轴 E2”向着“顺时针”方向移动。

另外，正如本章第一、二节所述，第二和第三段茎干的“轴 E2”是由第一段茎干的“胎 E”在第一个节上通过“主轴分枝”产生的。由此可见，在茎干木质部的竖向结构上，上述三段茎干的“轴 E2”和“胎 E”的维管束直接相通。在茎干生长过程中，第三个节“侧芽 E2”产生的生长素可通过“短距离单方向的极性运输”方式，从第三段茎干的“轴 E2”直接运送至第二段茎干的“轴 E2”，再运送至第一段茎干的“胎 E”。

受到来自“侧芽 E2”产生的生长素的刺激，第二段茎干“轴 E2 的轴间形成层”细胞分裂，从而使这段茎干“轴 E2”木质部的维管组织不断增加。随着新的维管组织数量不断增加和细胞体积不断增大，必然在“轴 E2”的“逆时针”方向一侧产生一股推动力，推动这段茎干“轴 E2”向着“顺时针”方向移动。

同样，受到来自“侧芽 E2”产生的生长素的刺激，第一段茎干“胎 E 的轴间形成层”细胞分裂，从而使“胎 E”木质部的维管组织不断增加。随着新的维管组织数量不断增加和细胞体积不断增大，必然在“胎 E”的“逆时针”方向一侧产生一股推动力，推动“胎 E”向着“顺时针”方向移动。

（四）第一至第四段茎干

图 8-50、图 8-51 所示分别为青江藤茎干第四个节横切面结构和第四段茎干木质部竖向结构。

正如本章第一、二节所述，青江藤第四段茎干由“轴 F”“轴 B2”“轴 G”“轴 D2”和“轴 H”五股“木质部小茎轴”组成。在第四个节上，由“轴 B2”通过“主轴分枝”产生“侧芽 B2”。“侧芽 B2”和“轴 B2 的轴间形成层”位于第四段茎干“轴 B2”木质部的“逆时针”方向一侧（亦为图 8-51“轴 B2”的右侧）。

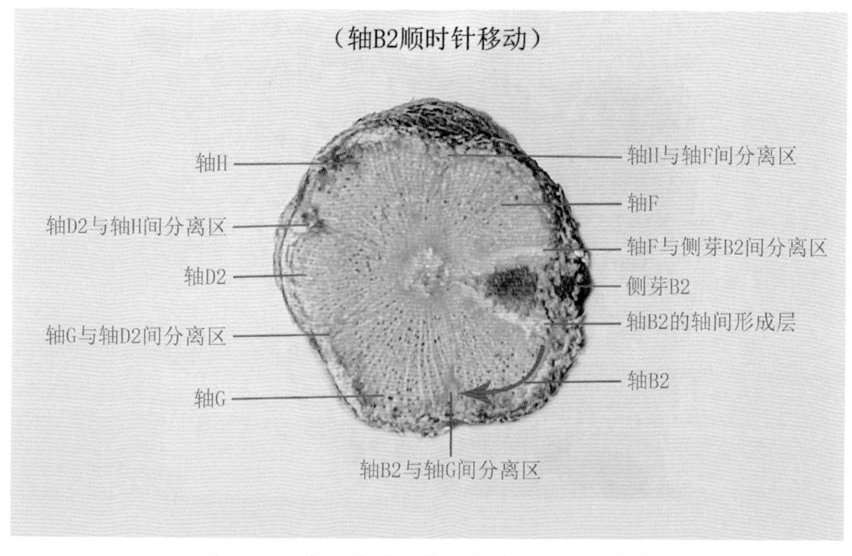

图 8-50 青江藤茎干第四个节横切面结构图

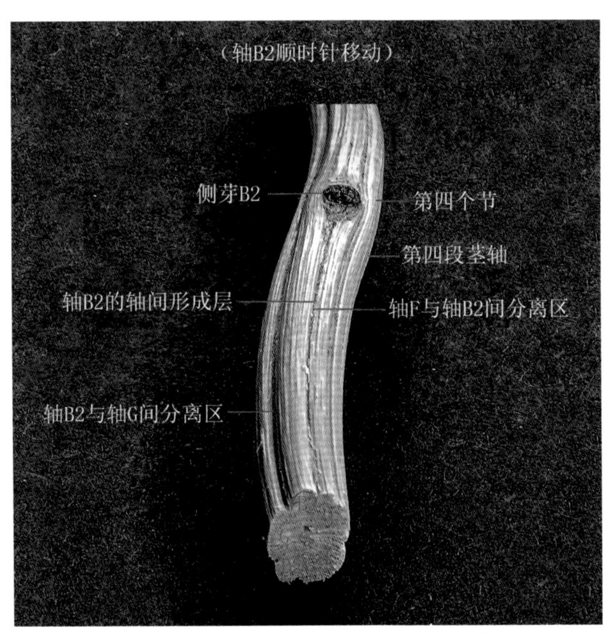

图 8-51　青江藤第四段茎干木质部结构图

在茎干生长过程中，“侧芽 B2”产生的生长素可刺激“轴 B2 的轴间形成层”细胞分裂，从而使“轴 B2”木质部的维管组织不断增加。随着新的维管组织数量不断增加和细胞体积不断增大，必然在“轴 B2”的“逆时针”方向一侧产生一股推动力，推动“轴 B2”向着“顺时针”方向移动。

另外，正如本章第一、二节所述，第三和第四段茎干中的“轴 B2”是由第一段茎干的“胎 B”在茎干的第二个节上通过“假二叉分枝”产生的。由此可见，在茎干木质部的竖向结构上，上述四段茎干的“轴 B2”和“胎 B”的维管束直接相通。在茎干生长过程中，第四个节“侧芽 B2”产生的生长素可通过“短距离单方向的极性运输”方式，从第四段茎干的“轴 B2”，经过第三段茎干的“轴 B2”，再运送至第二和第一段茎干的“胎 B”。

受到来自“侧芽 B2”产生的生长素的刺激，第三段茎干“轴 B2 的轴间形成层”细胞分裂，从而使这段茎干“轴 B2”木质部的维管组织不断增加。随着新的维管组织数量不断增加和细胞体积不断增大，必然在“轴 B2”的“逆时针”方向一侧产生一股推动力，推动这段茎干的“轴 B2”向着“顺时针”方向移动。

同样，受到来自“侧芽 B2”产生的生长素的刺激，第二和第一段茎干“胎 B 的轴间形成层”细胞分裂，从而使这两段茎干“胎 B”木质部的维管组织不断增加。随着新的维管组织数量不断增加和细胞体积不断增大，必然在“胎 B”的“逆时针”方向一侧产生一股推动力，推动这两段茎干的“胎 B”向着“顺时针”方向移动。

（五）第一至第五段茎干

图 8-52、图 8-53 所示分别为青江藤茎干第五个节横切面结构和第五段茎干木质部竖向结构。

正如本章第一、二节所述，青江藤第五段茎干由“轴 G”“轴 D2”“轴 H”“轴 F2”和“轴 I”五股“木质部小茎轴”组成。在第五个节上，由“轴 D2”通过“主轴分枝”产生“侧芽 D2”。“侧芽 D2”和“轴 D2 的轴间形成层”位于第五段茎干“轴 D2”木质部的“逆时针”方向一侧（亦为图 8-53“轴 D2”的右侧）。

在茎干生长过程中，“侧芽 D2”产生的生长素可刺激“轴 D2 的轴间形成层”细胞分裂，从而使“轴 D2”木质部的维管组织不断增加。随着新的维管组织数量不断增加和细胞体积不断增大，必然在“轴 D2”的“逆时针”方向一侧产生一股推动力，推动“轴 D2”向着“顺时针”

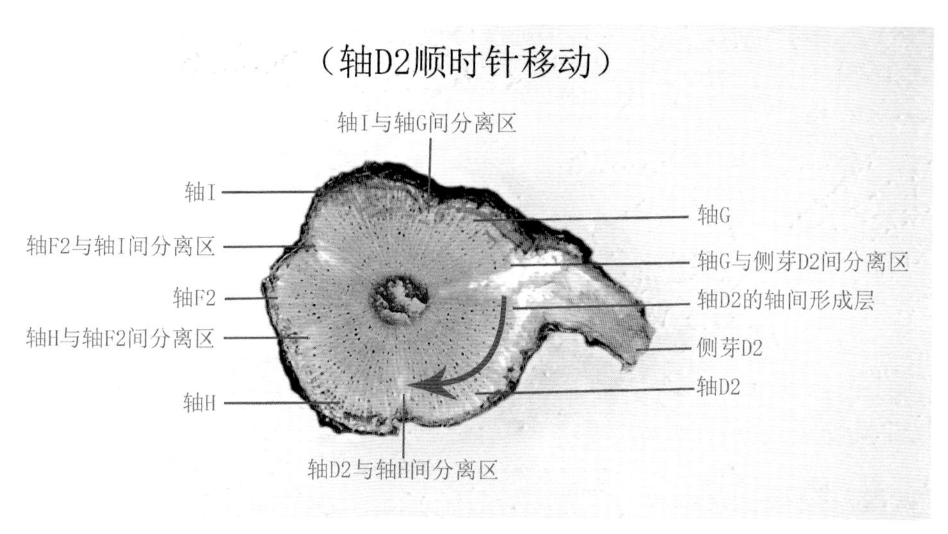

图 8-52 青江藤茎干第五个节横切面结构图

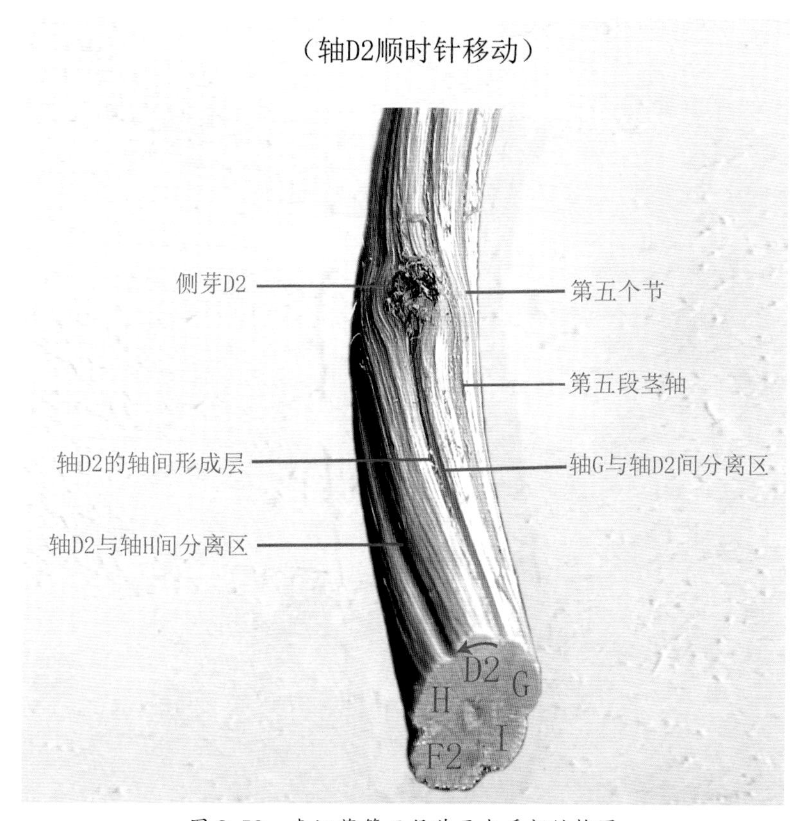

图 8-53 青江藤第五段茎干木质部结构图

方向移动。

另外，正如本章第一、二节所述，第四和第五段茎干中的“轴 D2”是由第一段茎干的“胎 D”在茎干的第三个节上通过“假二叉分枝”产生的。由此可见，在茎干木质部的竖向结构上，上述五段茎干的“轴 D2”和“胎 D”的维管束直接相通。在茎干生长过程中，第五个节“侧芽 D2”产生的生长素可通过“短距离单方向的极性运输”方式，从第五段茎干的“轴 D2”，经过第四段茎干的“轴 D2”，再运送到第三至第一段茎干的“胎 D”。

受到来自“侧芽 D2”产生的生长素的刺激，第四段茎干“轴 D2 的轴间形成层”细胞分裂，从而使这段茎干“轴 D2”木质部的维管组织不断增加。随着新的维管组织数量不断增加和细胞体积不断增大，必然在“轴 D2”的“逆时针”方向一侧产生一股推动力，推动这段茎干的“轴 D2”向着“顺时针”方向移动。

同样，受到来自“侧芽 D2”产生的生长素的刺激，第三至第一段茎干“胎 D 的轴间形成层”细胞分裂，从而使这三段茎干“胎 D”木质部的维管组织不断增加。随着新的维管组织数量不断增加和细胞体积不断增大，必然在“胎 D”的“逆时针”方向一侧产生一股推动力，推动这三段茎干的“胎 D”向着“顺时针”方向移动。

至此，在第一段茎干“胎 A”“胎 B”“胎 C”“胎 D”和“胎 E”的“逆时针”方向一侧各自形成了一股推动力。按照“风车原理”，在上述五股推动力的共同作用下，第一段茎干的五股“木质部小茎轴”必然以“髓心”为中心，像“风车”一样向着“顺时针”方向旋转（图 8-54）。于是，第一段茎干向着“顺时针”方向发生“茎干扭转”（图 8-55）。

研究表明，在青江藤茎干生长过程中，“轴间形成层”细胞分裂产生的推动力，也会推动茎干其他段落向着“顺时针”方向发生“茎干扭转”。

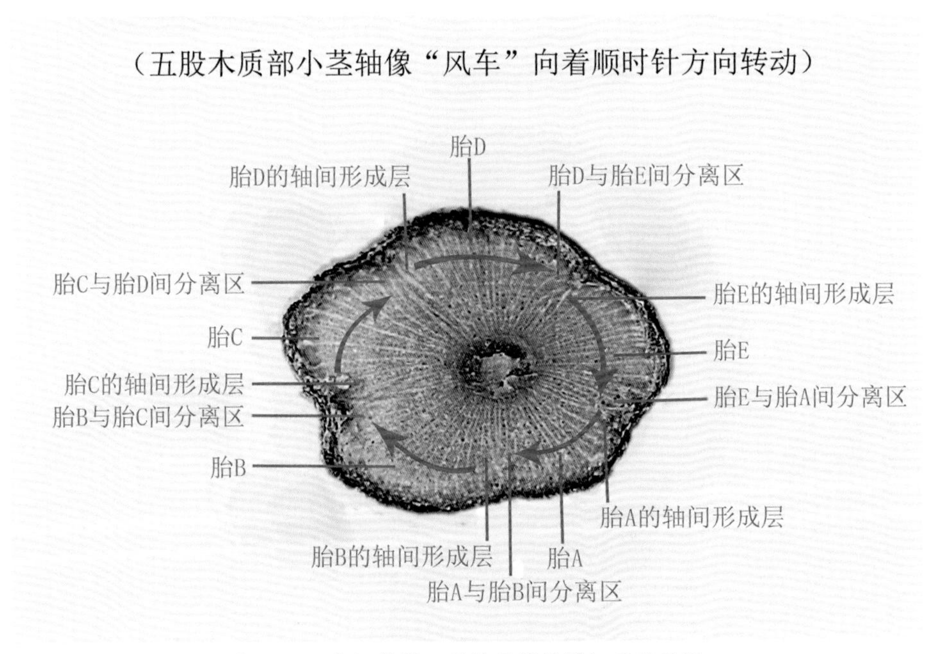

图 8-54　青江藤第一段茎干节间横切面结构图

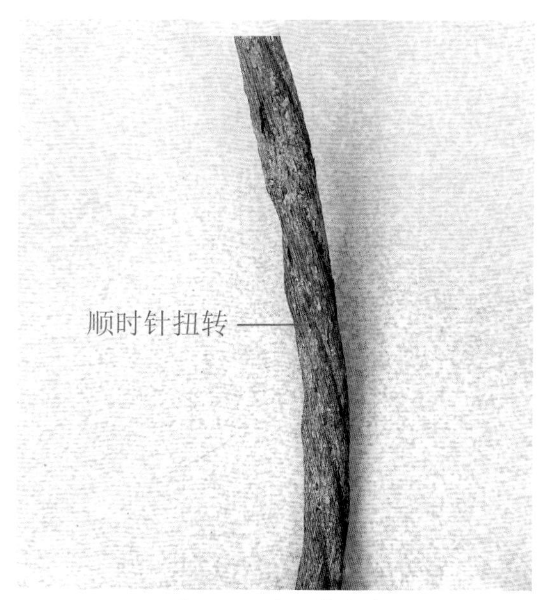

图 8-55　青江藤的茎

三、茎干缠绕

如前所述，在青江藤茎干生长过程中，通过木质部“轴间形成层”细胞分裂产生推动力，推动茎干向着“顺时针”方向不断发生“茎干扭转”。

按照“绞绳原理”，当茎干向着“顺时针”方向扭转至紧绷状态，就会在茎干内部形成一股与“茎干扭转”方向相反的“内应力”，导致茎干发生扭曲。当扭转至紧绷状态的茎干在不断向前伸展过程中遇到“支持物”，就会遵循“绞绳原理”，向着“逆时针”方向缠绕在“支持物”上（图 8-56、图 8-57）。

综上所述，在青江藤茎干生长过程中，“轴间形成层”细胞分裂产生的作用力，推动茎干向着“顺时针”方向扭转、向着“逆时针”方向缠绕。这就是“连体五胞胎植物”——青江藤茎干缠绕的规律。

图 8-56　青江藤的茎

图 8-57　青江藤的茎

第九章 茎干生长阶段与异常结构

关于藤本植物茎干异常结构的问题，在斯蒂芬•帕拉帝的《木本植物生理学》（尹伟伦 等 译），以及谷安根、陆静梅、王立军的《维管植物演化形态学》等著作中均有论述。在《维管植物演化形态学》还将藤本植物茎干的异常结构归纳为板状型或星状型、紫葳型、多环型、无患子型、菊木型和马钱型等类型。对于藤本植物茎干异常结构形成的原因，上述著作仅笼统地认为是“这些植物的形成层处于不正常的位置及活动不平衡”所致。

与普通维管植物比较，缠绕性藤本植物的茎干确实存在多种类型的异常结构。但是，就缠绕性藤本植物自身而言，这些茎干结构则属于不同种类的植物、在不同生长阶段所形成的正常结构。研究表明，同一种类的缠绕性藤本植物，在同一生长阶段所形成的茎干结构是相同的。在不同生长阶段所形成的茎干，其结构则差异很大。这也是一种正常现象。

依据上述特点，可将缠绕性藤本植物茎干的生长时期分为初生生长、次生生长和后次生生长三个阶段。

第一节 初生生长阶段

“初生生长”是指由缠绕性藤本植物茎干顶端的“原形成层”细胞分裂，产生的细胞分化为初生木质部和初生韧皮部的阶段。在这个阶段所形成的茎干结构，称为“初生结构”。

缠绕性藤本植物在“初生生长”阶段形成的幼茎为“圆柱形”（图 9-1）。其外形和内部结构均与普通维管植物茎干的“初生结构”没有明显的区别。

图 9-1 鸡矢藤的茎

第二节 次生生长阶段

正如第四至第八章所述，在缠绕性藤本植物的茎干中同时存在“轴间形成层”和“维管形成层”两种侧生分生组织，茎干的木质部是由“轴间形成层”和“维管形成层”共同进行细胞分裂形成的。

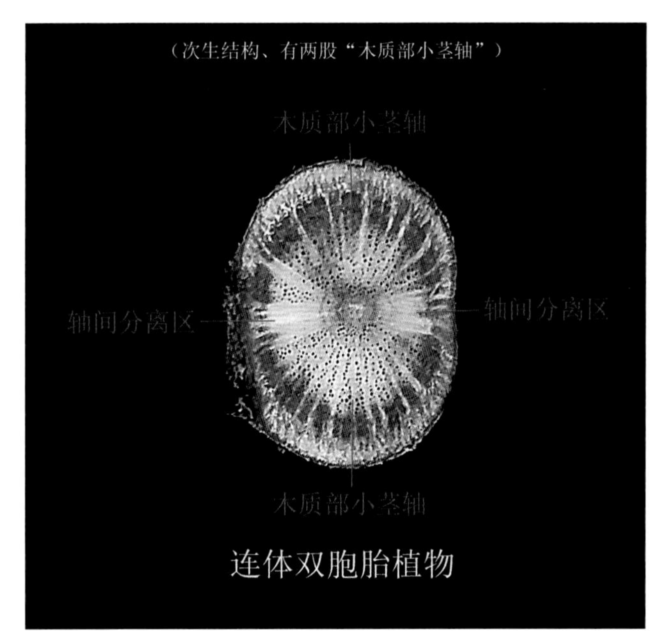

图 9-2 鸡矢藤茎干节间横切面结构图

“次生生长”是指由茎干的“维管形成层”细胞分裂，向内产生木质部，向外产生韧皮部；同时，由“轴间形成层”细胞分裂形成“木质部小茎轴”的阶段。在这个阶段所形成的茎干结构，称为“次生结构”。

缠绕性藤本植物茎干的“次生结构”，与普通维管植物的茎干结构有着明显的区别。主要体现在以下两个方面。

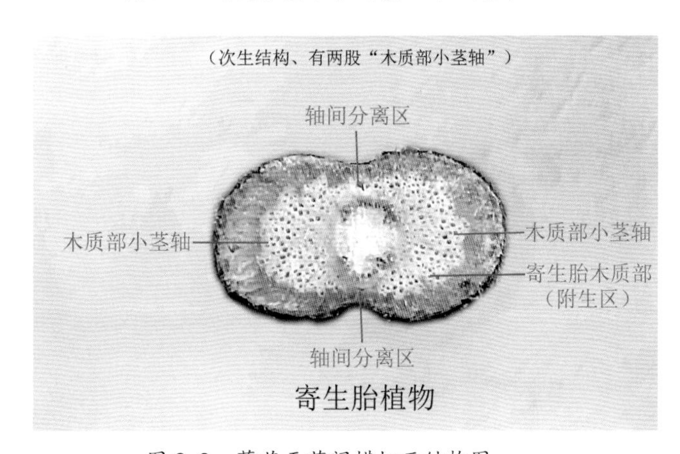

图 9-3 葛茎干节间横切面结构图

一、具有两股或多股“木质部小茎轴”

缠绕性藤本植物的茎干在进入“次生生长”阶段后，“木质部小茎轴”开始形成。成形的茎干由两股或多股“木质部小茎轴”组成。同种，茎干内“木质部小茎轴”的数量相同；不同品种，“木质部小茎轴”的数量各异。

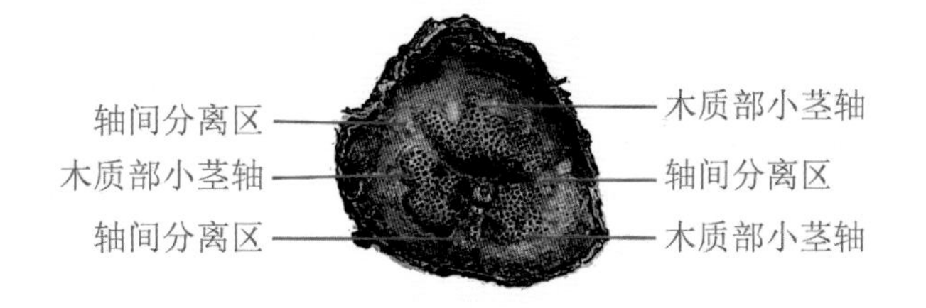

图 9-4 五爪金龙茎干节间横切面结构图

例如，鸡矢藤的茎干由两股“木质部小茎轴”组成（图 9-2）；葛的茎干也由两股“木质部小茎轴”组成（图 9-3）；五爪金龙的茎干由三股“木质部小茎轴”组成（图 9-4）；牛白藤的茎干由四股“木质部小茎轴”组成（图 9-5）；青江藤的茎干由五股“木质部小茎轴”组成（图 9-6）。

在相邻的“木质部小茎轴”之间具有由薄壁组织组成的“轴间分离区”，将其分隔。

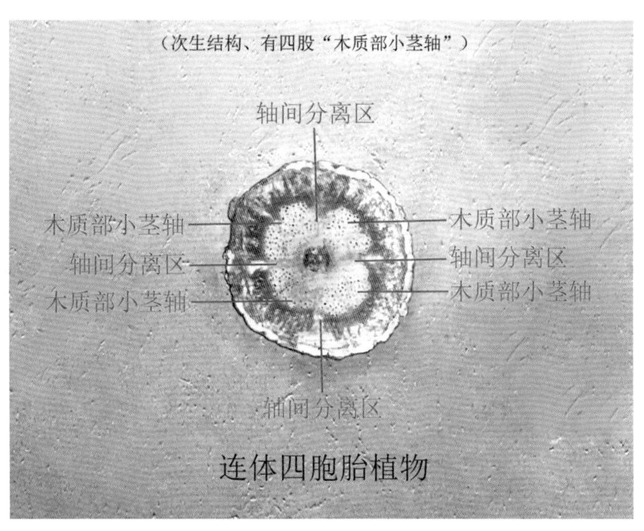

图 9-5　牛白藤茎干节间横切面结构图

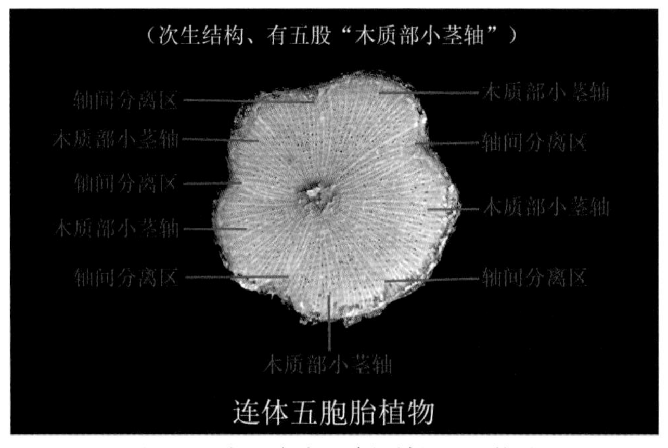

图 9-6　青江藤茎干节间横切面结构图

二、在“轴间分离区”中出现正在形成的维管组织

正如第四至第八章所述，在缠绕性藤本植物茎干生长过程中，通过“轴间形成层”的细胞分裂，从而使木质部的维管组织不断增加。

图 9-7、图 9-8 所示分别为鸡矢藤和五爪金龙茎干节间横切面结构。由图片可见，在茎干木质部的“轴间分离区”中出现了一些由“轴间形成层”细胞分裂，正在形成的维管组织。类似的现象在缠绕性藤本植物中普遍存在，这是缠绕性藤本植物所特有的茎干结构。

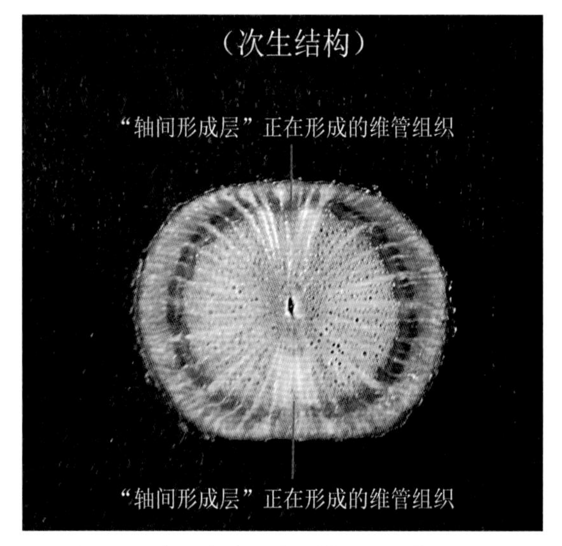

图 9-7　鸡矢藤茎干节间横切面结构图

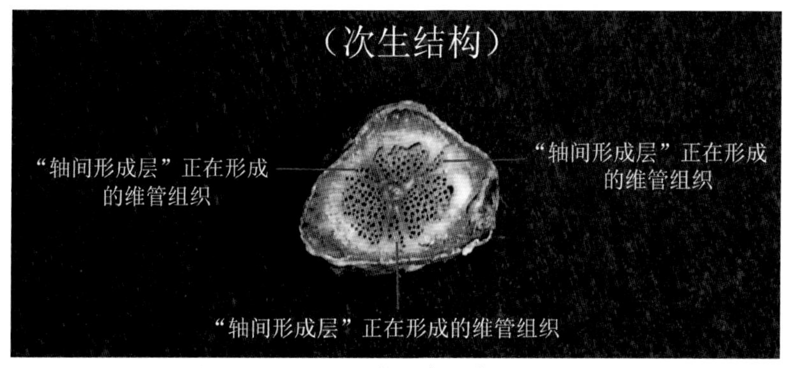

图 9-8　五爪金龙茎干节间横切面结构图

第三节　后次生生长阶段

茎干解剖结果显示，一些缠绕性藤本植物多年生老茎的结构与"次生结构"有极大的区别，这是茎干生长进入一个新阶段——"后次生生长"阶段所形成的另一种结构。

"后次生生长"是指在茎干生长的后期，"轴间形成层"的细胞分裂能力逐渐减弱，直至停止；与此同时，在茎干中产生"后次生形成层"。在茎干生长过程中，通过"后次生形成层"细胞分裂，向内产生"木质部"，向外产生"韧皮部"，从而形成"双木质部、双韧皮部"，甚至"多木质部、多韧皮部"茎干结构的阶段。在这个阶段所形成的茎干结构，称为"后次生结构"。

如前所述，缠绕性藤本植物茎干的侧芽可产生一些生长素。茎干解剖结构显示，在多年生的老茎中，各个节上的侧芽随着茎干的逐渐加粗而不断向外伸展。依据这种现象推想，当不断向外伸展的侧芽与"木栓形成层"紧密接触时，侧芽产生的生长素就会不断渗透至"木栓形成层"。受到来自侧芽的生长素刺激，"木栓形成层"中的部分薄壁细胞就会转化为"后次生形成层"，大大增强细胞分裂能力。通过"后次生形成层"细胞分裂，从而向内产生"木质部"，向外产生"韧皮部"。于是，形成"双木质部、双韧皮部"，甚至"多木质部、多韧皮部"的茎干结构。

另外，在"后次生生长"阶段，由于侧芽产生的生长素主要渗透至"后次生形成层"，因而向着"轴间形成层"供应生长素的数量相应减少。在生长素供应不足的情况下，"轴间形成层"的细胞分裂就会逐渐停止。与此同时，"轴间分离区"中原有的薄壁细胞也逐渐分化为木质部维管组织，最终消失。于是，茎干的木质部逐渐连成一体。

缠绕性藤本植物在"后次生生长"阶段所形成的茎干，其结构特点主要体现在以下两个方面。

一、"轴间分离区"消失

如前所述，缠绕性藤本植物茎干的"后次生长结构"由两股或多股"木质部小茎轴"组成。但是，当茎干生长多年，进入"后次生生长"阶段后，茎干的"轴间分离区"逐渐消失，原来被分隔的木质部围绕髓心和初生木质部，逐渐连成一体（图 9-9、图 9-10）。

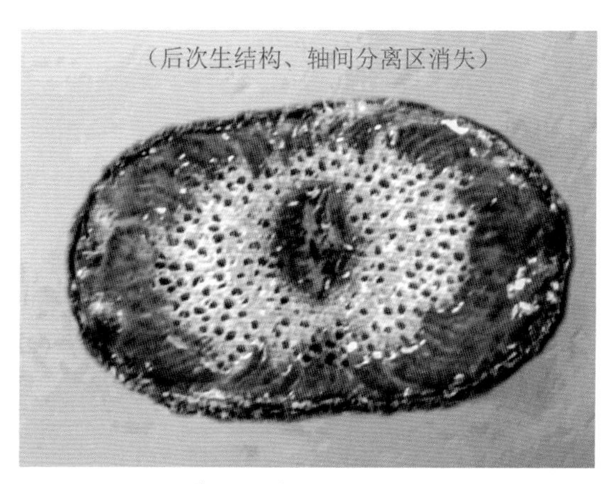

图 9-9　葛茎干节间横切面结构图

图 9-10　腰骨藤茎干节间横切面结构图

二、形成多木质部、多韧皮部结构

如前所述，在缠绕性藤本植物的茎干进入“后次生生长”阶段后，通过“后次生形成层”细胞分裂，向内产生“木质部”，向外产生“韧皮部”，于是，有的植物茎干形成“双木质部、双韧皮部”结构，如葛和篱栏网；有的植物茎干形成“多木质部、多韧皮部”结构，如罗浮买麻藤；有的植物茎干甚至出现近似于“年轮”的结构，但木纹的排列凌乱，毫无规律可言，如鸡血藤（图 9-11 至图 9-14）。

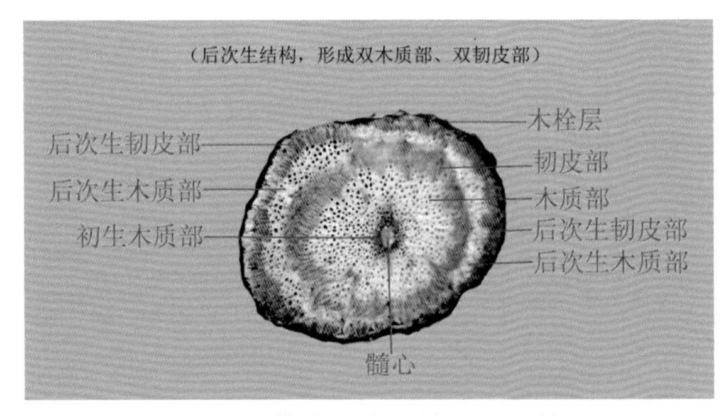

图 9-11　葛茎干节间横切面结构图

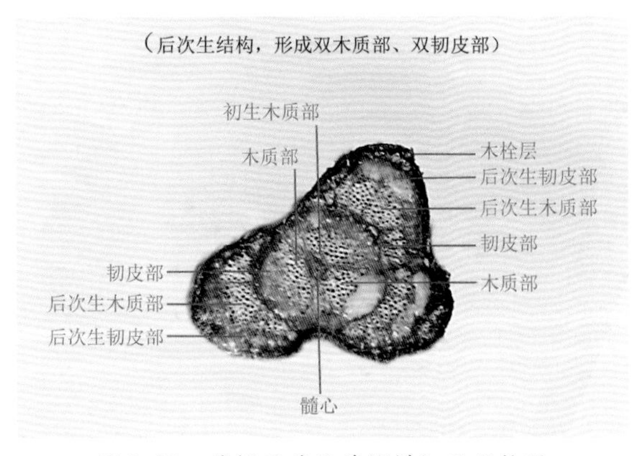

图 9-12　篱栏网茎干节间横切面结构图

图 9-13　罗浮买麻藤茎干节间横切结构图

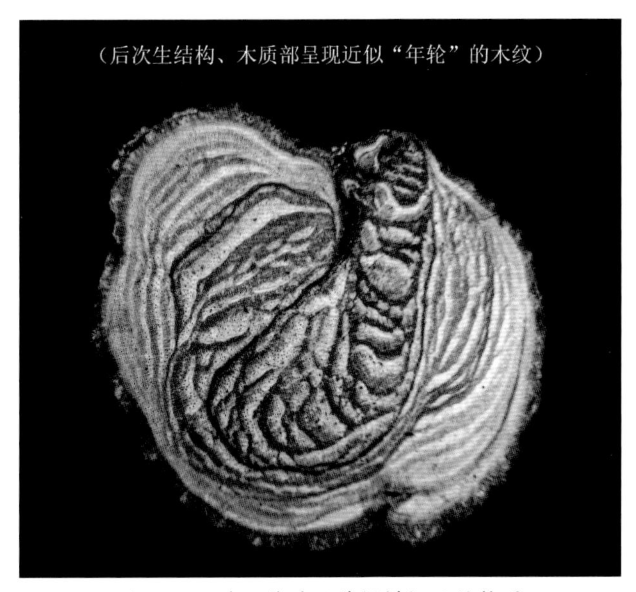

图 9-14　鸡血藤茎干节间横切面结构图

第四节　茎干其他异常结构

一、茎干木质部维管组织呈放射性分布

如前所述，在缠绕性藤本植物茎干的“次生生长”阶段，茎干中具有“维管形成层”和“轴间形成层”两种“侧生分生组织”。在茎干生长过程中，由于木质部的维管组织主要来源于“轴间形成层”细胞分裂，因而导致有些种类的茎干木质部的维管组织呈放射性分布，并且具有宽阔的射线，没有年轮（图 9-15、图 9-16）。

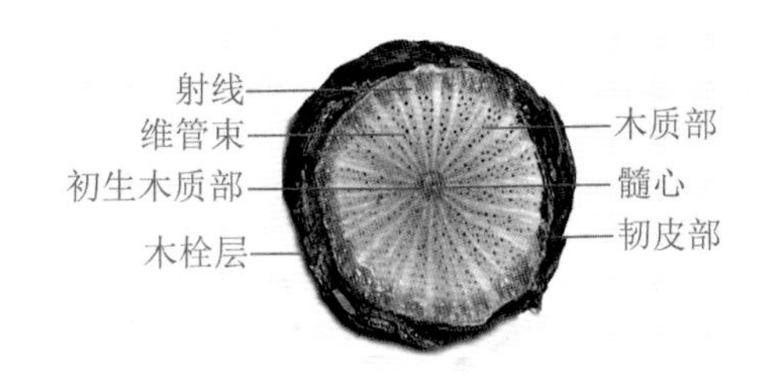

图 9-15　锡叶藤茎干节间横切面结构图

图 9-16 中华青牛胆茎干节间横切面结构图

二、“木质部小茎轴”分拆和重新组合形成的异常结构

正如第四至第八章所述，在缠绕性藤本植物生长过程中，茎干每向前伸展一个段落和形成一个节，相关的“木质部小茎轴”就会按照一定的规律，通过“假二叉分枝”进行分拆，然后遵循“连理枝”原理进行重新组合，从而导致茎干木质部在竖向结构上形成一条条浅沟。

例如，茎干由三股“木质部小茎轴”组成的五爪金龙，在第一至第二段茎干中，由“胎 C”通过“假二叉分枝”产生“轴 C1”和“轴 C2”；然后由“胎 A”和“轴 C1”遵循“连理枝”原理紧密结合在一起，形成“轴 D”（图 9-17）。在第二至第三段茎干中，由“轴 D”通过“假二叉分枝”产生“轴 D1”和“轴 D2”，然后由“胎 B”和“轴 D1”遵循“连理枝”原理紧密结合在一起，形成“轴 E”（图 9-18）。于是，茎干木质部出现了一条条浅沟（图 9-19、图 9-20，详见第六章）。

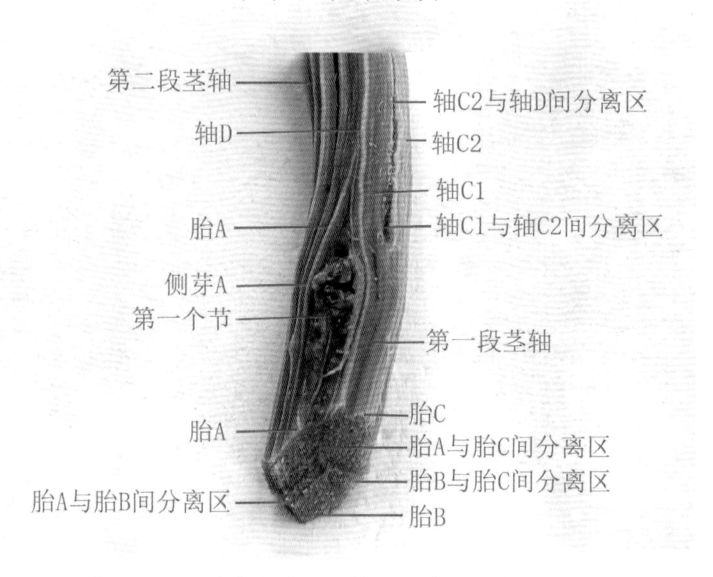

图 9-17 五爪金龙第一至第二段茎干木质部结构图

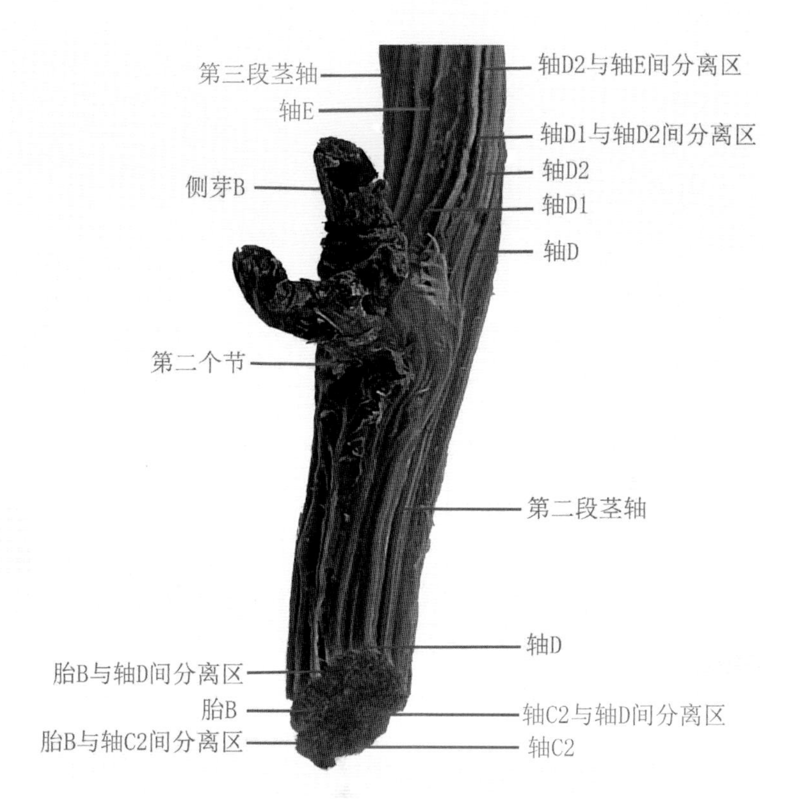

图 9-18　五爪金龙第二至第三段茎干木质部结构图

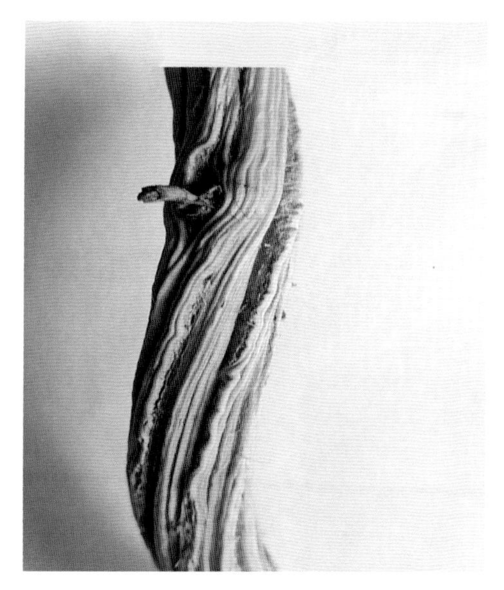

图 9-19　五爪金龙茎干木质部竖向结构图

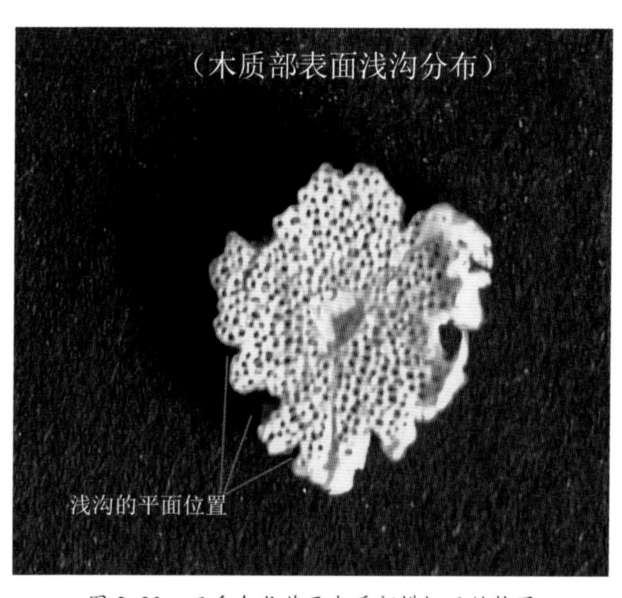

图 9-20　五爪金龙茎干木质部横切面结构图

第五节　茎干缠绕时机

如前所述，缠绕性藤植物茎干的形成过程包括“初生生长”“次生生长”和“后次生生长”三个阶段。

图 9-21 所示为鸡矢藤的幼茎。由图片可见，刚形成的幼茎，茎尖通常直指向前方，不会扭曲，只在紧随其后的、发育较为成熟的段落才开始发生扭曲。图 9-22 所示为鸡矢藤茎干节间横切面结构。由图片可见，茎干的“初生木质部”围绕“髓心”呈环状分布，没有“轴间分离区”，只在茎干的木质部中才形成了两股茎轴，并具有由薄壁组织组成的“轴间分离区”，将“木质部小茎轴”分隔。上述情况表明，处于“初生生长”阶段的幼茎尚不能缠绕。

在茎干进入“次生生长”阶段后，由于受到来自侧芽产生的生长素刺激，“轴间分离区”的部分薄壁组织脱分化，转变为“轴间形成层”，恢复细胞分裂能力。通过“轴间形成层”细胞分裂，从而使相对应“木质部小茎轴”的维管组织不断增加。随着维管组织细胞数量的不断增加及体积的不断增大，就会在相对应“木质部小茎轴”的同一方向产生推动力，从而推动茎干发生缠绕（详见第四至第八章）。

图 9-21　鸡矢藤的茎

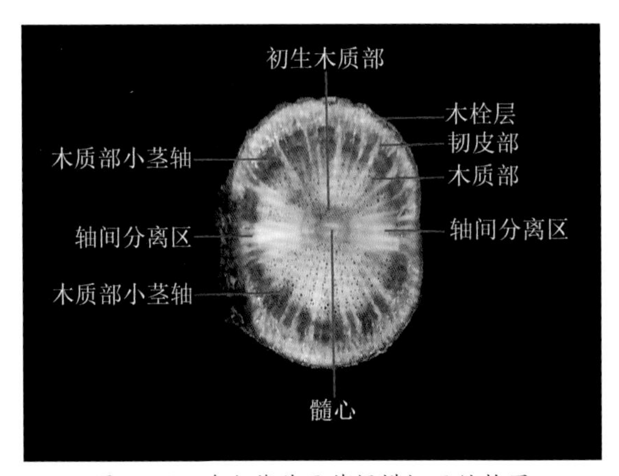

图 9-22　鸡矢藤茎干节间横切面结构图

在进入“后次生生长”阶段后，由于茎干中的“轴间形成层”已经消失，因此在这一生长阶段，茎干只会加粗，而不会进一步增加茎干的扭转和缠绕程度。

综上所述，当缠绕性藤本植物处于“初生生长”阶段时，茎干是不会扭转和缠绕的；当进入“次生生长”阶段后，茎干开始发生扭转和缠绕；在进入“后次生生长”阶段后，茎干只会加粗，不再增加扭转和缠绕程度。

第六节 补充说明

在《植物学》中，“后次生生长”与“三生生长”的区别是，“三生生长”指一些植物的变态器官（如萝卜、胡萝卜、甘薯的根或茎）的木薄壁细胞转变成额外形成层，恢复细胞分裂能力，从而产生“三生木质部”和“三生韧皮部”的现象。在本章中，“后次生生长”是指缠绕性藤本植物在进入第三个生长阶段后，茎干的“木栓形成层”部分薄壁细胞转变为“后次生形成层”，增强细胞分裂能力，向内产生“木质部”，向外产生“韧皮部”，从而形成“双木质部、双韧皮部”结构，甚至“多木质部、多韧皮部”结构的现象。

如前所述，《植物学》中的“三生生长”是指萝卜、胡萝卜和甘薯等植物的根或茎的生长，具有特定指向的含义。鉴于此，在本章中将缠绕性藤本植物茎干生长的第三阶段称之为“后次生生长”，而不套用“三生生长”这个名词。

第十章　其他缠绕性藤本植物

缠绕性藤本植物的茎干由两股或多股“木质部小茎轴”组成。在第四至第八章中分别以鸡矢藤、五爪金龙、牛白藤、青江藤和葛等植物为例，分别对不同类型缠绕性藤本植物的茎干结构及其缠绕规律进行了详细的介绍。除上述 5 种植物外，自然界中缠绕性藤本植物的种类还有很多，受笔者的认知程度和书稿篇幅的限制，书中无法逐一作详细介绍。在这种情况下，为进一步增加读者对缠绕性藤本植物的了解，在本章中再选几个较具代表性的种，作简单介绍。

第一节　广州相思子（鸡骨草）

Abrus cantoniensis Hance　蝶形花科

多年生的老茎外形扁平，在正、背两面各有一条浅沟。扭曲的茎干像两股绳纠缠在一起。茎干内部由两股“木质部小茎轴”组成，并具有由薄壁组织组成的“轴间分离区”，将两者分隔。在茎干的各个节正面，并列着生两个侧芽。各个节上的侧芽在茎干竖向结构上呈背向 180° 分布，即前一个节的侧芽位于后一个节侧芽的背面。例如，茎干第二个节的侧芽位于第一个节侧芽的背面，第三个节的侧芽位于第二个节侧芽的背面，依此类推。茎的外观结构、木质部结构和侧芽结构均具有“寄生胎”的特点。由此推想，广州相思子可能是一种“寄生胎植物”。

茎干向着“顺时针”方向扭转，向着“逆时针”方向缠绕（图 10-1 至图 10-10）。

图 10-1　广州相思子的叶

图 10-2　广州相思子的花

图 10-3 广州相思子的果

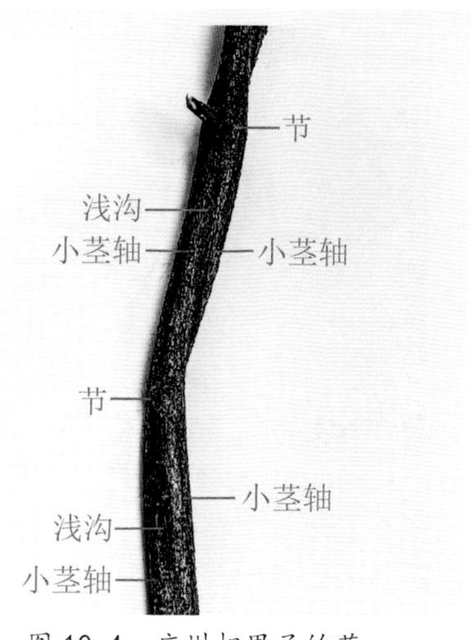

图 10-4 广州相思子的茎

（前后两个节的侧芽呈背向180度分布）

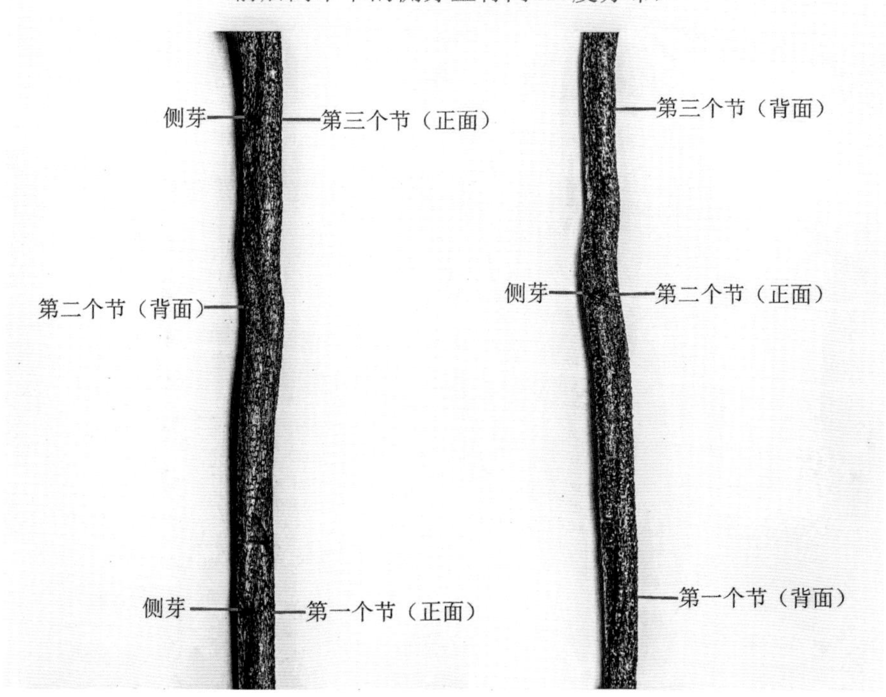

图 10-5 广州相思子茎干侧芽分布图

（节的正面并列着生两个侧芽）

图 10-6 广州相思子茎干侧芽分布图

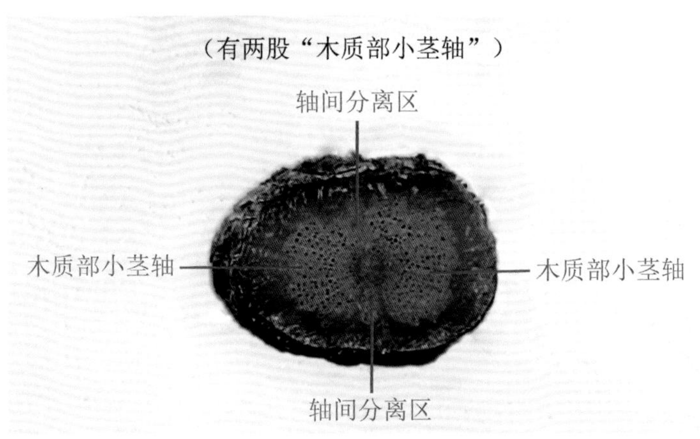

图 10-7　广州相思子茎干节间横切面结构图

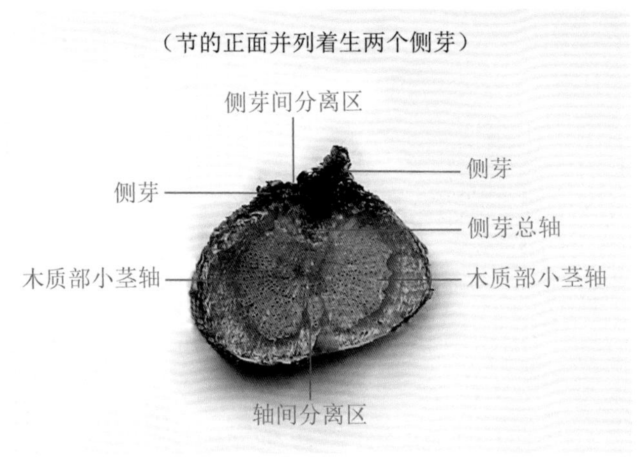

图 10-8　广州相思子茎干节横切面结构图

图 10-9　广州相思子的茎

图 10-10 广州相思子的茎

第二节 篱栏网（鱼黄草）

Merremia hederacea (Burm.f.) Hall. f. 旋花科

多年生老茎的外形近似“三棱柱”，扭曲的茎干像三股绳纠缠在一起。茎干内部由三股“木质部小茎轴”组成，并具有由薄壁组织组成的“轴间分离区”，将三者分隔。茎干的外观结构和木质部结构均具有“连体三胞胎”的特点。由此推想，篱栏网可能是一种“连体三胞胎植物”。另外，篱栏网茎干的“后次生结构”具有“双木质部、双韧皮部”。

茎干向着“顺时针”方向扭转，向着“逆时针”方向缠绕（图 10-11 至图 10-19）。

图 10-11 篱栏网的叶

图 10-12　篱栏网的花

图 10-13　篱栏网的茎

图 10-14　篱栏网的茎

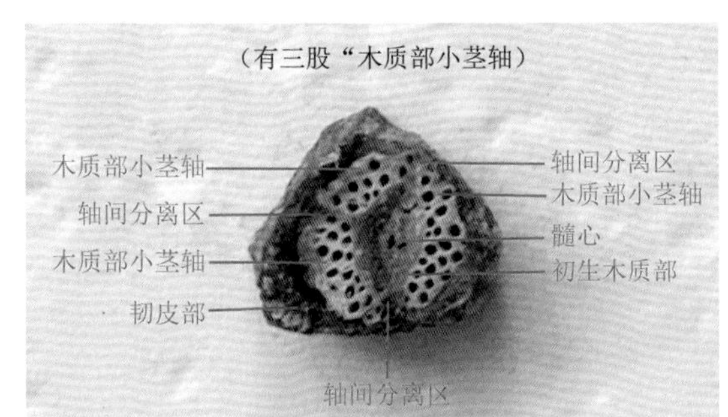

图 10-15　篱栏网茎干节间横切面结构图

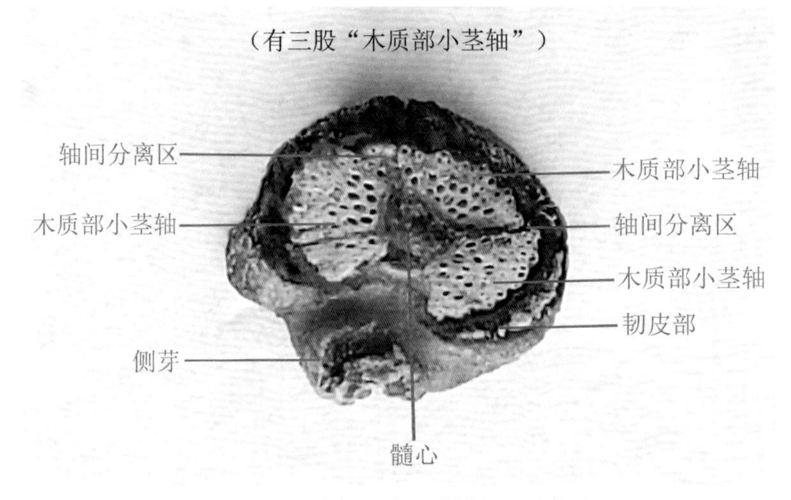

图 10-16　篱栏网茎干节横切面结构图

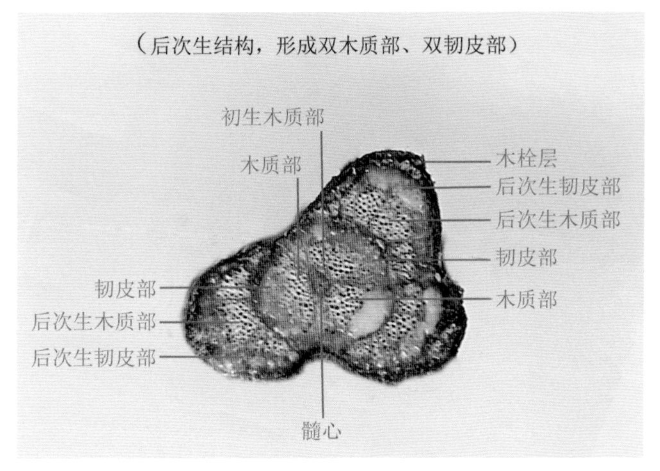

图 10-17 篱栏网茎干节间横切面结构图

图 10-18 篱栏网的茎

图 10-19 篱栏网的茎

第三节 白鹤藤

Argyreia acuta Lour. 旋花科

多年生老茎的外形近似“三棱柱”，扭曲的茎干像三股绳纠缠在一起。茎干内部由三股“木质部小茎轴”组成，并具有由薄壁组织组成的“轴间分离区”，将三者分隔。茎的外观结构和木质部结构均具有“连体三胞胎”的特点。由此推想，白鹤藤可能是一种“连体三胞胎植物”。另外，白鹤藤茎干的“后次生结构”具有“双木质部、双韧皮部”。

茎干向着“顺时针”方向扭转，向着“逆时针”方向缠绕（图 10-20 至图 10-27）。

图 10-20 白鹤藤的叶

图 10-21　白鹤藤的花

图 10-22　白鹤藤的茎

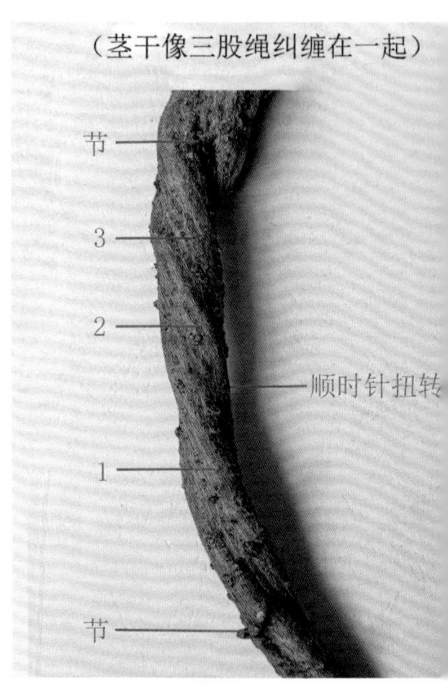

图 10-23　白鹤藤的茎

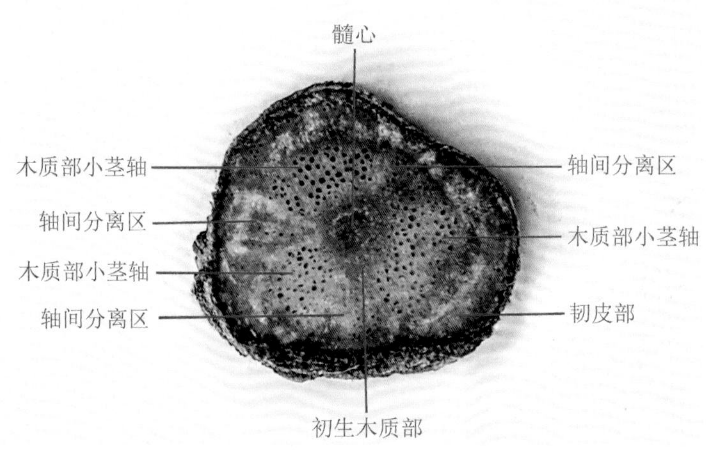

图 10-24　白鹤藤茎干节间横切面结构图

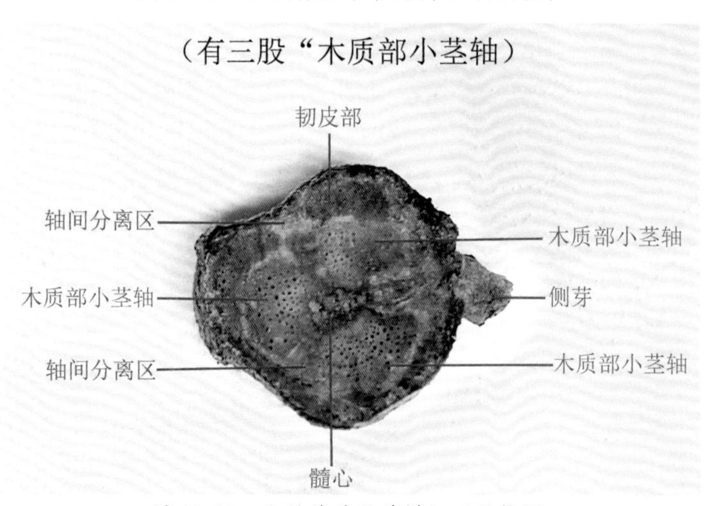

图 10-25　白鹤藤茎干节横切面结构图

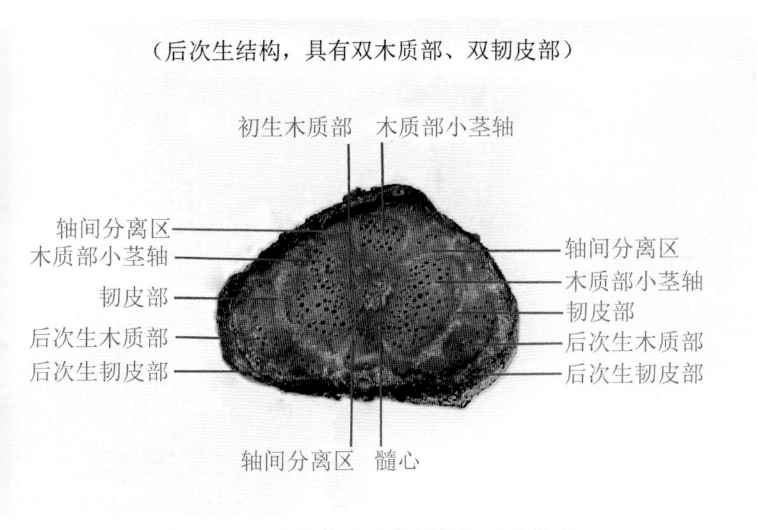

图 10-26　白鹤藤茎干节间横切面结构图

图 10-27　白鹤藤的茎

第四节　腰骨藤

Ichnocarpus frutescens（L.）W. T. Aiton 夹竹桃科

多年生老茎的外形近似“四棱柱”，扭曲的茎干像四股绳纠缠在一起。茎干内部由四股“木质部小茎轴”组成，并具有由薄壁组织组成的“轴间分离区”，将四者分隔。茎的外观结构和木质部结构均具有“连体四胞胎”的特点。由此推想，腰骨藤可能是一种“连体四胞胎植物”。另外，在腰骨藤具有“后次生结构”的茎干中，“轴间分离区”消失，木质部连成一体，没有“年轮”。

茎干向着“顺时针”方向扭转，向着“逆时针”方向缠绕（图 10-28 至图 10-35）。

图 10-28　腰骨藤的叶

图 10-29　腰骨藤的茎

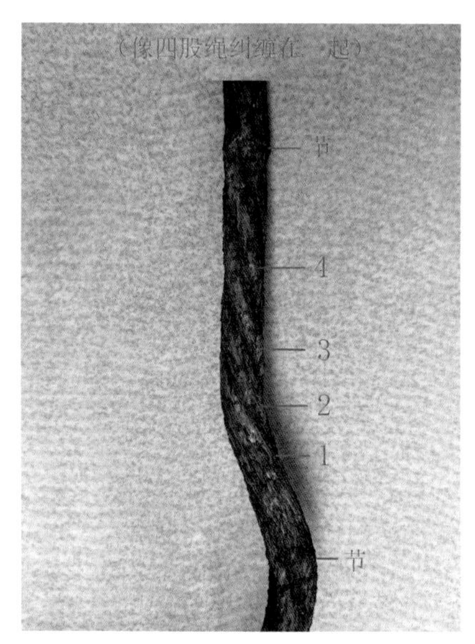

图 10-30　腰骨藤的茎

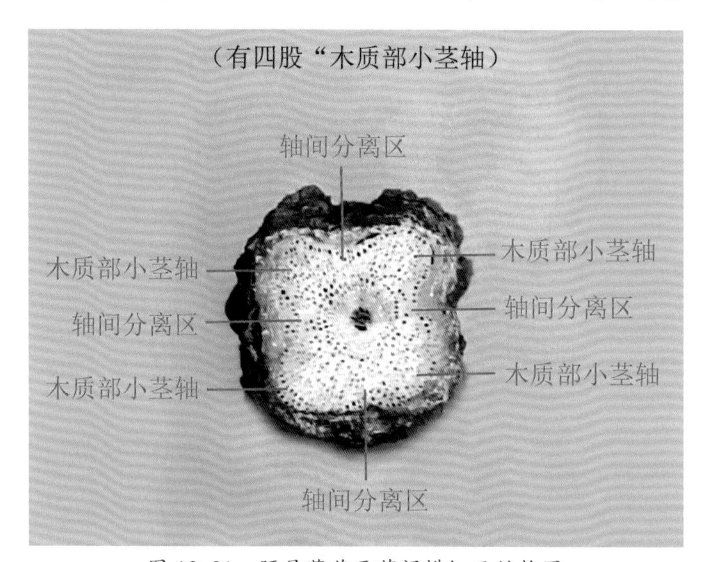

图 10-31　腰骨藤茎干节间横切面结构图

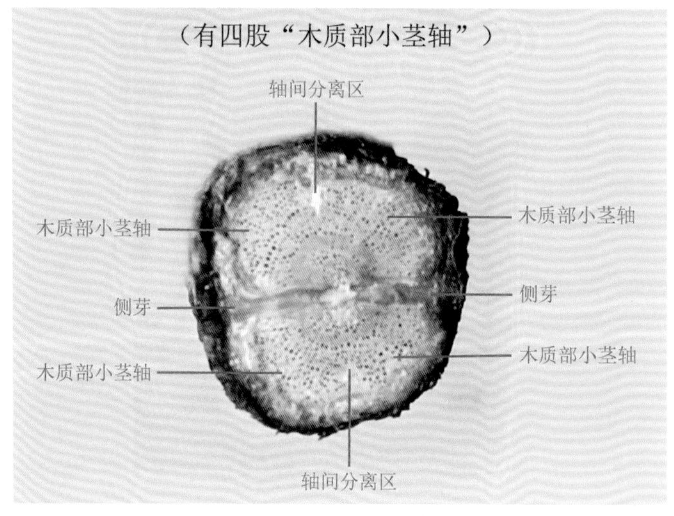

图 10-32　腰骨藤茎干节间横切面结构图

图 10-33　腰骨藤茎干节间横切面结构图

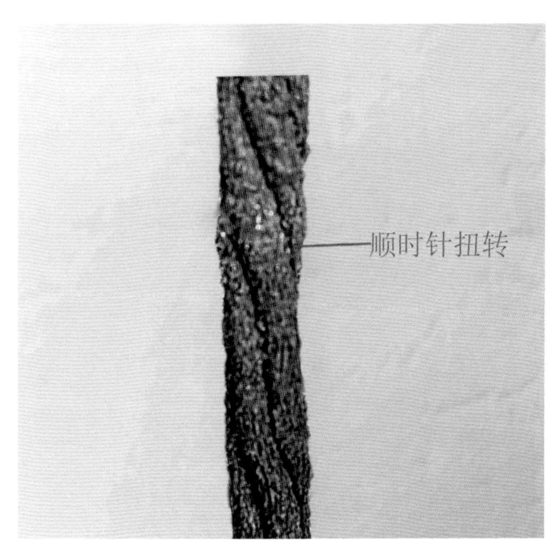

图 10-34　腰骨藤的茎

图 10-35　腰骨藤的茎

第五节　参薯

Dioscorea alata L. 薯蓣科

茎干为“四棱柱”形，节间横切面近似“正方形”或“平行四边形”。茎干内部由四股“木质部小茎轴”组成，并具有由薄壁组织组成的“轴间分离区”，将四者分隔。另外，在各“木质部小茎轴”中，靠髓心的内层维管束呈“直线”排列，从而在茎干内部又构成一个近似的“正方形”或“平行四边形”。茎的外观结构和木质部结构均具有“连体四胞胎”的特点。由此推想，参薯可能是一种“连体四胞胎植物”。

茎干向着“顺时针”方向扭转，向着“逆时针”方向缠绕（图 10-36 至图 10-41）。

图 10-36　参薯的叶

图 10-37　参薯的茎

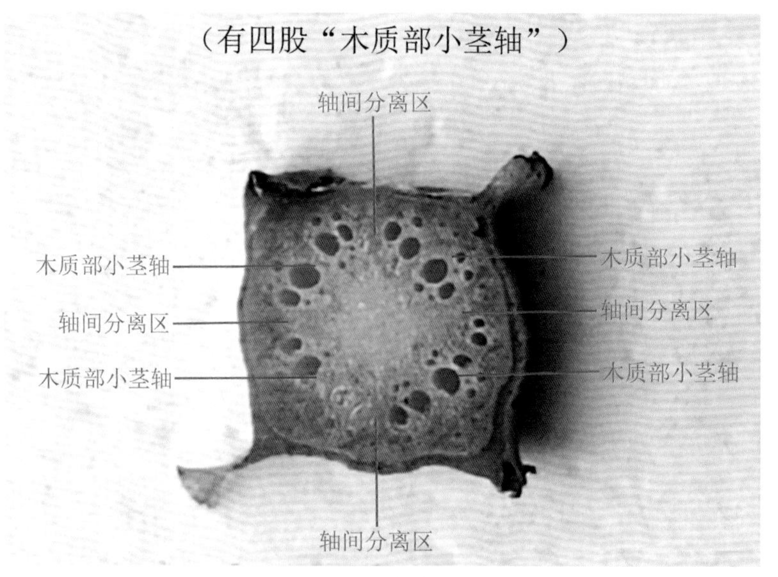

图 10-38　参薯茎干节间横切面结构图

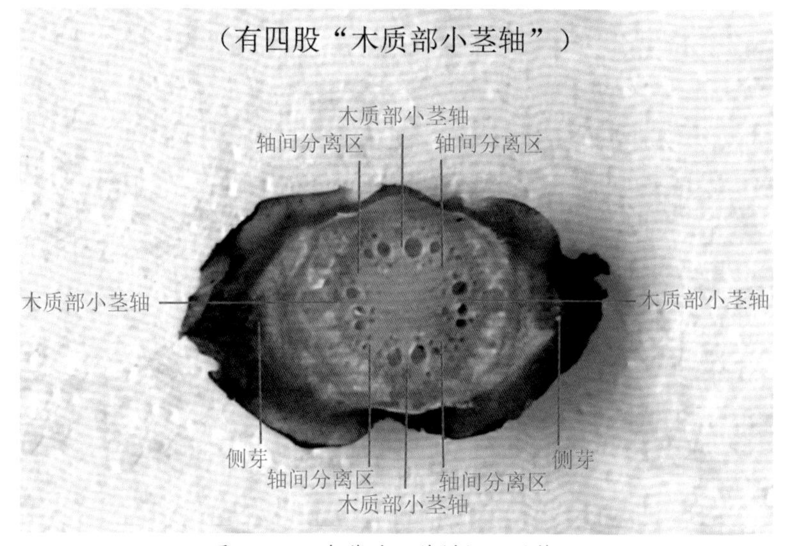

图 10-39　参薯茎干节横切面结构图

图 10-40 参薯的茎

图 10-41 参薯的茎

第六节 微甘菊

Mikania micrantha Kunth 菊科

多年生老茎的外形近似“梅花柱”（六瓣），节位膨大；着生两个侧芽（对生）。扭曲的茎干像六股绳纠缠在一起。茎干内部由六股“木质部小茎轴”组成，并具有由薄壁组织组成的“轴间分离区”，将六者分隔。在节的位置上有两个“木质部小茎轴组合体”，分别由每三股“木质部小茎轴”组成。茎的外观结构和木质部结构均具有“连体六胞胎”的特点。由此推想，微甘菊可能一种是“连体六胞胎植物”。

茎干可向着两个方向扭转和缠绕。当茎干向着“顺时针”方向扭转时，则向着“逆时针”方向缠绕；当茎干向着“逆时针”方向扭转时，则向着“顺时针”方向缠绕（图 10-42 至图 10-50）。

图 10-42 微甘菊的叶

图 10-43　微甘菊的花

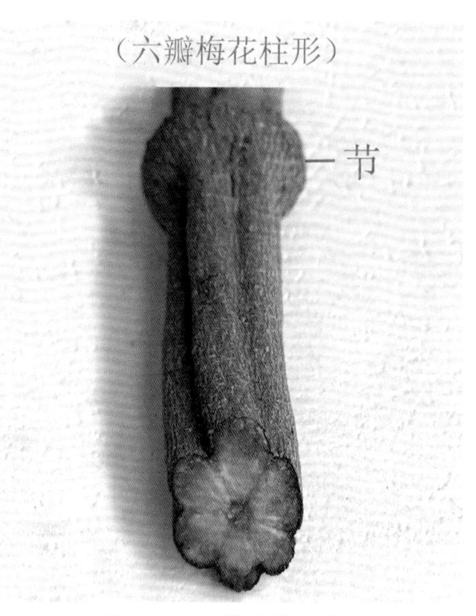

图 10-44　微甘菊的茎

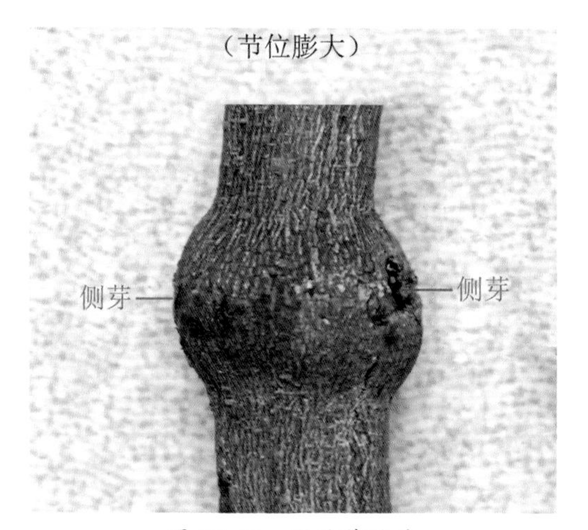

图 10-45　微甘菊的茎

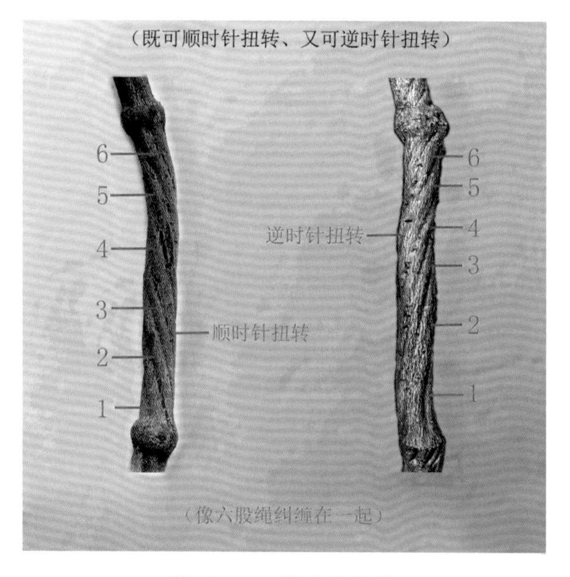

图 10-46　微甘菊的茎

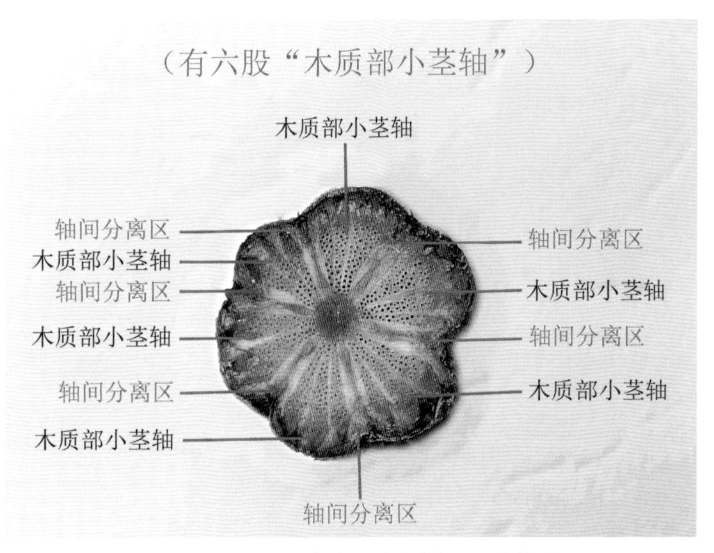

图 10-47 微甘菊茎干节间横切面结构图

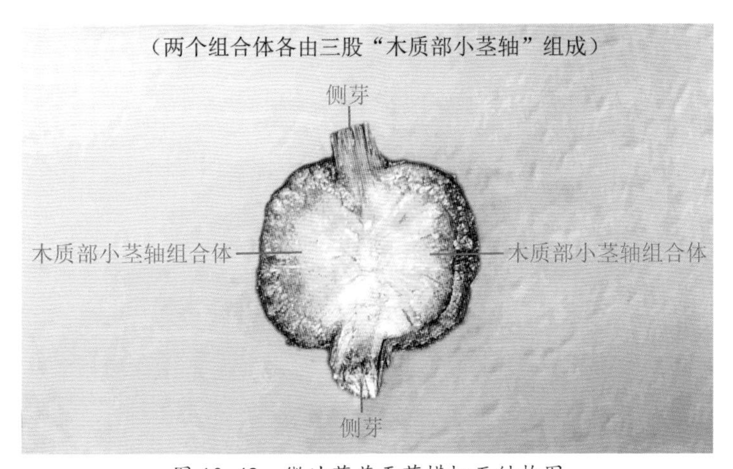

图 10-48 微甘菊茎干节横切面结构图

图 10-49 微甘菊的茎

图 10-50　微甘菊的茎

第七节　相关问题

有关参薯茎干“木质部小茎轴”数量的问题。

图 10-51 和图 10-52 为参薯茎干同一节间横切面结构。如前所述，初步研究结果显示，参薯的茎干由四股“木质部小茎轴”组成，但是，由图 10-51 和图 10-52 可见，在茎干木质部中具有八组清晰的、相对独立的“维管束群”。从缠绕性藤本植物茎干结构的角度看，这些“维管束群”是否为独立的“木质部小茎轴”？参薯的茎干究竟由四股“木质部小茎轴”组成，还是由八股“木质部小茎轴”组成？这是两个有待于进行更加深入研究的问题。

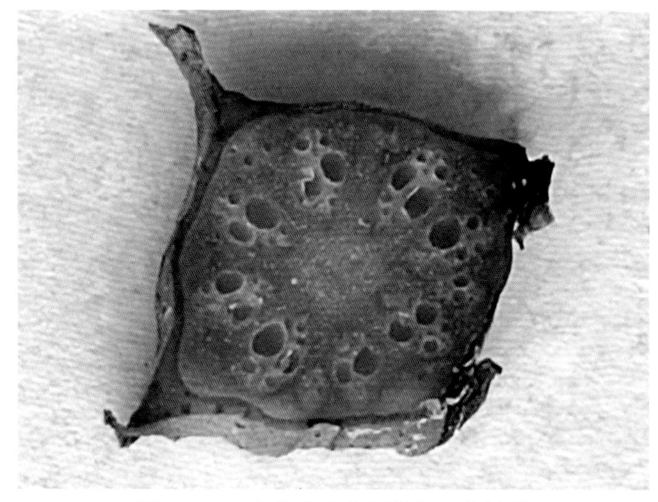

图 10-51　参薯茎干节间横切面结构图

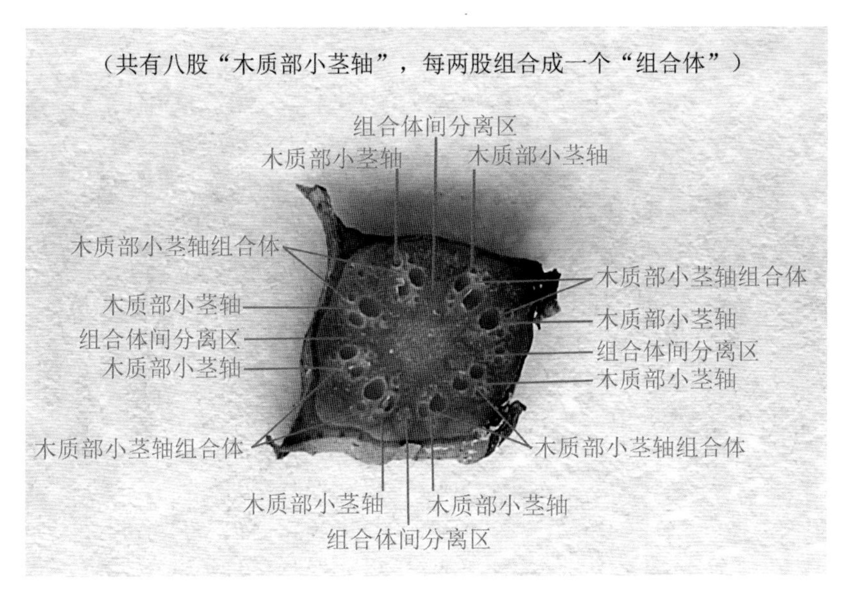

图 10-52 参薯茎干节间横切面结构图

参考文献

查莫维茨．植物知道生命的答案 [M]. 刘夙，译．湖北：长江文艺出版社，2014.
陈红锋，崔晓东，张应扬．南昆山植物 [M]. 北京：中国林业出版社，2017.
达尔文．攀援植物的运动和习性 [M]. 张肇骞，译．北京：北京大学出版社，2014.
董晓东，杨自忠．浅谈植物中的多胚现象 [J]. 大理师专学报，1996（1）：55-56.
谷安根，陆静梅，王立军．维管植物演化形态学 [M]. 长春：吉林科学技术出版社，1993.
侯宽昭，等．廣州植物誌 [M]. 北京：科学出版社，1956.
胡适宜．被子植物生殖生物学 [M]. 北京：高等教育出版社，2005.
胡正海．植物解剖学 [M]. 北京：高等教育出版社，2010.
李景功．关于缠绕性植物旋向的起源 [J]. 遗传 HFRF.DITAS（Beijing），1985，7（2）：47-48.
毛沛．科里奥利力对缠绕植物的影响 [J]. 天水师范学院学报，2004（2）：22.37.
帕拉帝．木本植物生理学 [M]. 尹伟伦，郑彩霞，李凤兰，等，译．北京：科学出版社，2011.
潘瑞炽．植物生理学 [M]. 北京：高等教育出版社，2008.
吴万春．植物学 [M]. 北京：高等教育出版社，1991.
谢从华，柳俊．植物细胞工程 [M]. 北京：高等教育出版社，2005.
邢福武，曾庆文，谢左章．广州野生植物 [M]. 贵州：贵州科技出版社，2007.
邢福武，陈竖，曾庆文，等．东莞植物志 [M]. 湖北：华中科技大学出版社，2010.
姚敦义，张慧娟，王静之．植物形态发生学 [M]. 北京：高等教育出版社，1994.
于国忠．植物生长素和植物向性运动 [J]. 生物学教学，1994（4）：38.
郑湘如，王希善．植物解剖结构显微图谱 [M]. 北京：农业出版社，1983.